计算机技术
开发与应用丛书

前端工程化
体系架构与基础建设
微课视频版

李恒谦 ◎ 编著

清华大学出版社

北京

内 容 简 介

本书以前端工程化所需掌握的技能为主线,以理论基础为核心,引导读者从基础到进阶再到实战渐进式地学习前端工程化相关知识。本书主脉络从基础的能够配置化地使用工具进行工程化搭建,到能够改善部分工程化工具,再到能够结合实际业务需求进行灵活定制工程化工具,让读者循序渐进地掌握工程化的一些实现技能,从而能够闭环开发流程、产品流程甚至企业管理流程,提升整体的效率,节约成本,为企业赋能。

本书共 21 章,分为基础篇、进阶篇及实战篇。基础篇(第 1～8 章)主要讲述了前端工程化的一些基础,包括框架、组件库、包管理、打包器、规范、测试库及 CICD 的一些业界常见工具和方法;进阶篇(第 9～14 章)从研发流程视角出发,系统深入地剖析前端工程化的相关工作流程及工程化内容,包括物料、开发、构建、测试、发布、监控;实践篇(第 15～21 章)则从产品及企业流程视角出发,结合常见的业务场景实践,例举在不同团队角色下的实践方案,为产品及企业赋能,包括产品、设计、前端、后端、测开、运维。本书项目案例丰富,涉猎范围广,能够覆盖前端工程化的常见场景,实际性和系统性较强,并配有视频讲解,助力读者透彻理解书中的重难点。

本书既适合初学者入门,也适合有多年前端工程化经验的开发者参考,并可作为高等院校和培训机构相关专业的教学参考书。

图书在版编目(CIP)数据

前端工程化:体系架构与基础建设:微课视频版 /
李恒谦编著. -- 北京:清华大学出版社,2025. 1.
(计算机技术开发与应用丛书). -- ISBN 978-7-302
-67907-3

Ⅰ. TP393.092.2

中国国家版本馆 CIP 数据核字第 20250Z9B96 号

责任编辑:赵佳霓
封面设计:吴　刚
责任校对:胡伟民
责任印制:宋　林

出版发行:清华大学出版社
　　　　网　　址:https://www.tup.com.cn, https://www.wqxuetang.com
　　　　地　　址:北京清华大学学研大厦 A 座　　　邮　　编:100084
　　　　社 总 机:010-83470000　　　　邮　　购:010-62786544
　　　　投稿与读者服务:010-62776969, c-service@tup.tsinghua.edu.cn
　　　　质量反馈:010-62772015, zhiliang@tup.tsinghua.edu.cn
　　　　课件下载:https://www.tup.com.cn,010-83470236
印 装 者:三河市君旺印务有限公司
经　　销:全国新华书店
开　　本:186mm×240mm　　印　张:22　　　　字　　数:550 千字
版　　次:2025 年 3 月第 1 版　　　　　　　　印　　次:2025 年 3 月第 1 次印刷
印　　数:1～1500
定　　价:89.00 元

产品编号:100463-01

前言
PREFACE

随着技术的不断发展,Web前端也从最初的"页面切图"逐渐变为"万物皆可JS"的大前端体系。同样地,Web前端领域的"小作坊"式的页面搭建,发展成为如今丰富且庞杂的工程体系。

笔者从业Web领域近10年,经历了前端发展的"农耕时代"到"云边端时代"的变迁,也从最初的"切图仔"渐渐成为业务工程的架构设计者。尽管目前前端工程生态已经发展得十分迅猛,但相较于软件工程领域的其他工程化建设,前端工程化仍有很长的路要走。笔者有幸参与了前端工程链路的基础建设,结合业界成熟的工程方案与工具并利用企业和团队的资源,为企业降本增效及前端工程化领域实践贡献了些许力量,所以笔者打算通过编写图书的形式,对前端工程化的体系架构进行总结,并结合基础建设的实践经验,将工程化的思想与方法分享给读者。

本书以工程化为核心,以体系架构和基础建设为出发点,通过基础篇、进阶篇及实践篇分别介绍前端工程化的体系全貌。读者可以通过阅读本书,快速地掌握前端工程化所涉及的范畴与工具,笔者希望本书能够帮助读者了解前端工程化,成为入门前端工程领域的"敲门砖"。通过编写本书内容,笔者总结了大量工程工具原理与架构设计理念,也查阅了大量的官方文档,并结合已有的项目实践复盘总结整体的前端工程化体系,这也使笔者有了更深层次的提升与感悟。

本书主要内容

基础篇包括第1~8章:

第1章主要介绍前端的发展历史及细分方向,并明确了前端工程化的定义及研究的范围。

第2章主要介绍前端工程中的Vue、React、Angular、Svelte框架的发展历史、设计哲学、生态系统及各个框架的对比总结。

第3章主要介绍前端工程中的组件库方案,以Element UI和Ant Design开源组件库体系为例,着重对指南、组件、主题、国际化、文档及资源进行介绍。

第4章主要介绍前端工程中的包管理方案,分别对NPM、YARN、PNPM、Lerna的包管理方案进行总结归纳,结合各个包管理的优劣势进行分析介绍。

第 5 章主要介绍前端工程领域的重点工具——打包器,通过对 Webpack、Rollup、Gulp 及 Vite 的实现方式及源码分析,对比总结各个打包器适用场景的优缺点。

第 6 章主要介绍前端工程中的规范管理,包括编码规范和版本管理。

第 7 章主要介绍前端工程中所涉及的测试库,通过 Jest、Karma、Jasmine 对比不同测试 粒度下的工具方案。

第 8 章主要介绍前端工程化过程中的 CICD 流程,以 Jenkins 及 GitLab CI 为例,分别 介绍常见的持续集成、持续部署、持续交付工具。

进阶篇包括第 9~14 章:

第 9 章主要介绍前端工程化在研发流程中的物料资产,包括工程模板和最佳实践。

第 10 章主要介绍前端工程化在开发领域的涉猎范围,通过脚手架、配置及 Mock 进行 介绍。

第 11 章主要介绍前端工程化的构建方案,包括本地构建、泛云端构建及多语言构建。

第 12 章主要介绍前端工程化对测试工程的介入,分别介绍单元测试、集成测试及 UI 测试的作用与区别。

第 13 章主要介绍前端工程化中的发布控制,分别对发布策略及权限控制进行阐述。

第 14 章主要介绍前端工程中的埋点监控,分别对性能监控、错误监控及行为监控所涉 及的内容进行阐述,并简单介绍整个监控体系所涉及的内容。

实践篇包括第 15~21 章:

第 15 章主要介绍前端工程化对产品设计流程进行扩展,分别对产品文档和产品原型的 工程建设进行介绍。

第 16 章主要介绍前端工程化对 UX/UI 设计流程中的支撑,分别介绍图床、设计工具 插件及走查平台的工程能力建设。

第 17 章主要介绍前端工程化在前端开发流程中的基础建设,分别通过 Lint 规范、 Babel 插件、微前端及监控 SDK 的实践方案进行介绍。

第 18 章主要介绍前端工程化在后端开发流程中的涉猎,分别通过 BFF、Serverless 及 网关实践方案进行介绍。

第 19 章主要介绍前端工程化在测试开发流程中的相关实践,包括测试套件和测试 平台。

第 20 章主要介绍前端工程的运维实践,包括故事板、私有仓库和云平台。

第 21 章主要介绍前端工程化的完整体系结构,并展望前端工程师的定位及未来发展 趋势。

阅读建议

本书是一本关于前端工程化的技术教程,既包括对架构方案的设计,又提供了核心的原 理分析。本书的原理剖析部分均来自开源仓库,案例实践提供了完整的代码示例,并将源代 码开源到线上,这样可以帮助读者更好地进行学习借鉴。

　　建议各位读者可以将本书作为入门前端工程化的"武功心法"，学习其中的思想观与方法论，做到触类旁通并可举一反三。由于本书涉猎的是前端工程化的体系化叙述，每章节所涉及的原理都着重对架构层面进行考量，而对于每个知识内容所涉及的技法与实操所述不够详细，希望各位读者能够结合本书所阐述的理念和观点，对章节中的专项内容进行重难点攻关与突破。

资源下载提示

　　素材（源码）等资源：扫描目录上方的二维码下载。

　　视频等资源：扫描封底的文泉云盘防盗码，再扫描书中相应章节的二维码，可以在线学习。

　　由于时间仓促及笔者视野所限，书中难免存在疏漏之处，请各位读者见谅，并希望能够提出宝贵意见。

李恒谦

2024 年 10 月

目录
CONTENTS

本书源码

基 础 篇

进　阶　篇

基础篇

绪　论

▶ 22min

在漫长的计算机历史长河中,IT 技术日新月异。自 1990 年第一款浏览器诞生以来,围绕浏览器生态体系的相关建设及探索从未停止。不论是早期对浏览器本身的追问,还是后续以浏览器为底层对上层应用的研究,各位技术先贤的不断探索都对后来前端开发的蓬勃发展奠定了坚实的基础。

回首过往,前端领域出现过各种各样的技术类型和探索理念。"以史为鉴,可以知兴替",每个时期都有其特定的发展与要因,因此,本章第一部分将从前端发展的历史出发,以宏观的视角带领读者大尺度回顾和把握整个前端的发展历程;第二部分则会从纵向细分视角入手,落脚于工程化体系的思考与建设,总结前端工程化的定义与范围,以期能够为读者厘清前端工程化所探讨的方向和边界。

1.1　前端发展史

在整个 IT 技术发展过程中,不同角色定位的技术职业也层出不穷。从广义的定义来讲,前端工程师是处理所有终端与视觉和交互有关部分的 IT 工程师,其也是最靠近用户侧开发的软件工程师。从狭义的定义来讲,前端工程师仅使用 HTML、CSS、JavaScript 等专业技能来完成视觉与交互相关问题的软件工程师。

通常来讲,一般认为前端工程师仅为狭义定义下的前端工程师,然而,随着技术的发展,近些年出现了所谓"大前端"和"泛前端"的概念,前端的定位也随即变得越来越模糊。为切合前端工程化主旨要义,本书所定义的前端工程师是指使用传统前端技术来解决用户体验问题的 IT 工程师。

注意: 所谓"泛前端",是指以 HTML、CSS、JavaScript 等传统前端技能来解决跨端问题的前端,包括客户端、桌面端等。所谓"大前端",则分为广义及狭义两种,其中,狭义的"大前端"是指以传统前端技术来解决后端问题的前端,而广义的"大前端"是指以传统前端技术来解决所有终端领域问题的前端,即广义"大前端"包括"泛前端"。

按照历史事件关键节点,前端发展历史可以大致划分为 6 个时期,分别是上古时代、石

器时代、农业时代、工业时代、信息时代及云边端时代,因此,本节将分别阐述这 6 个历史时期的一些里程碑事件及对前端工程领域的一些发展,以期能够给读者提供一个交叉视角下的历史进程,如图 1-1 所示。

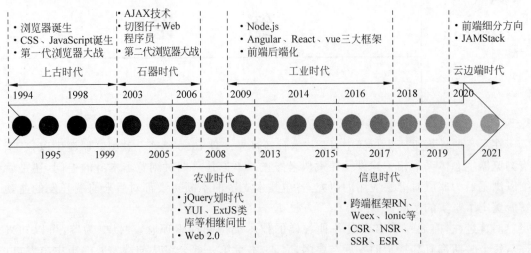

图 1-1　前端发展史的时间线

1.1.1　上古时代

随着第一款浏览器的诞生,万物洪荒的上古时代就此拉开序幕。彼时的浏览器十分屦弱,仅能依靠简单的几个标签搭建的静态页面来为用户提供信息的传递。于是,在 1994 年,网景公司(Netscape)开发了一款名为网景领航员(Netscape Navigator)的浏览器;与此同时,微软也于 1995 年发布了名为 IE(Internet Explorer)的浏览器。值得一提的是,这两款浏览器都与一款名为马赛克(Mosaic)的浏览器有着千丝万缕的联系。正因如此,网景浏览器与 IE 浏览器的互相竞争导致了第 1 次浏览器大战的爆发。除了浏览器本身的发展之外,后来奠定前端领域最为重要的三大技术也在此时相继得到完善。1993 年,第 1 版 HTML 草案问世;1994 年前后,CSS 诞生;1995 年,布兰登·艾克(Brendan Eich)只花了 10 天时间便设计出了 JavaScript 语言。最后,在 1999 年前后,随着网景公司被收购,宣告第 1 次浏览器大战结束,同时也标志着上古时代蛮荒开创时期的结束。

在上古时代,前端还处于十分基础且不断探索的阶段,毫无工程概念可言,更多的是对于浏览器最底层的探究和探索。尽管这一时期更多的是使用最原始的"刀耕火种"的方式在开垦蛮荒之地,但这也为后续前端的发展奠定了极为重要的基础。

1.1.2　石器时代

石器时代以 AJAX 技术(Asynchronous JavaScript And XML)的应用作为其起始标志,到 2006 年前后第 2 次浏览器大战为止,前端经历了极为重要的身份融合阶段。在上古时代,随着浏览器基础的不断完善,各大开发者开始在服务器端进行动态生成页面,然而,服务器端动态生成页面的方案却带来了一个极为重要的体验灾难,即服务器端更新而引起的浏览器侧频繁渲染问题。为了解决这一问题,AJAX 技术的出现提供了一个很好的解决方案,其在不更新整个页面的前提下而可以迅速响应用户行为、提升用户体验。石器时代下的前端工程师,其工作内容主要是进行页面的搭建与切图,也因此获得了"切图仔"的戏谑称呼。尽管第 1 次浏览器大战以网景公司被收购而结束,但瞄准浏览器赛道的各大厂商并不愿意就此放弃如此重要的市场。最后,在 2006 年前后,经历过激烈的角力厮杀后,浏览器市场形成了"五大浏览器四大内核"的局面,见表 1-1。至此,第 2 次浏览器大战以五大浏览器互相制衡的局面而收尾,也标志着石器时代的结束。

注意:谷歌公司后来居上,Chrome 浏览器内核从最开始的 Webkit 内核切换为自研的 Chromium 内核,这也成为目前具有实际统治地位的浏览器内核,因而,目前应该称为"五大浏览器五大内核",对于整个浏览器家族发展史感兴趣的读者可以搜索相关资料进行了解。

表 1-1 五大主流浏览器对比

公 司	浏览器名称	浏览器内核	JS 引擎	排版引擎
谷歌(Google)	Chrome	Webkit Chromium	V8	WebCore:Chrome 32 之前 Blink:Chrome 32+
微软(Microsoft)	IE/IE Edge	Trident	JScript/Chakra	Trident
欧朋(Opera)	Opera	Presto	Linear A:Opera 4.0 ～ 6.1 Linear B:Opera 7.0 ～ 9.2 Futhark:Opera 9.5 ～ 10.2 Carakan:Opera 10.5+	Elektra:Opera 4～6 Presto:Opera 7+
苹果(Apple)	Safari	Webkit	JavaScriptCore:Safari 4 之前 Nitro(SquirrelFish):Safari 4.0+	WebCore
火狐(Mozilla)	Firefox	Gecko	SpiderMonkey:Firefox 1.0 ～ 3.0 Rhino:Firefox 3.1 ～ 3.4 TraceMonkey:Firefox 3.5～3.6 JagerMonkey:4.0+	Gecko

在石器时代,整个前端工程以写静态页面配合服务器端渲染方案为主。此时的工程化方案仍比较简单,多以手动书写为主,并没有压缩打包等相关概念的出现。不但如此,整个工程还局限于如何还原设计稿及搞定动效的琐碎细节上,零散而无章法,体系尚不健全,但不可否认,此时局部加载的理念却给后续"前后端分离"思想提供了重要的启发与思路。

1.1.3 农业时代

农业时代以 jQuery 的发布为起点,伴随着众多 JavaScript 的库的诞生与繁荣。同时,农业时代也是整个 Web 2.0 的蓬勃发展的时期,大致从 2006 年到 2009 年前后。由于众多浏览器竞争的白热化,不同浏览器山头林立,每个厂商都形成了各自独立的规范,这就带来了前端领域最为常见的兼容性问题。面对如此棘手的问题,jQuery 横空出世,其封装了统一的 API 供开发者使用,使开发十分简便及易于上手使用。与此同时,诸如 YUI、ExtJS 等各类 JavaScript 库也相继出现,呈现出 JavaScript 类库百家争鸣的格局,同时也是 Web 2.0 各类业务不断发展的时期。

在农业时代,由于各种 JavaScript 类库的出现,前端工程师有了相较于前两个时代更多的责任担当。在这种背景下,业务开发的前移也迫使前端工程领域开始有了模块化开发的理念。由于 JavaScript 这门语言最开始设计的缺陷,模块化问题一直是前端领域的"阿喀琉斯之踵",也一直引得无数先贤竞相提出各自的解决方案。为了解决命名冲突问题,这一时期的模块化主要是以闭包的形式进行解决的,即使用自执行函数(IIFE)来提供库的模块化方案,然而,更为严重的问题是这一时期的主流打包方案还是借助于后端的非 JavaScript 的打包方案,如 Maven 及 YUI Compressor 等。正是由于这一时期暴露的诸多问题,前端工程化才有了明确的研究切入方向,不断完善工程体系。

1.1.4 工业时代

工业时代以 Node.js 诞生为起始,时间大致可追溯到 2009 年。作为一个基于 V8 引擎的 JavaScript 运行环境的 Node.js,其对整个前端来讲具有划时代意义,可谓是给前端领域带来了火种。同时,也在此基础上,前端逐步后端化,竞相逐步形成了以 Angular、React、Vue 为主的三大前端框架。在 Node.js 出现之前,前端主要领域集中在浏览器这一封闭的运行环境中,而在此之后,Node.js 完全释放了前端的开发边界,也让 JavaScript 成为与 PHP、Python、Perl、Ruby 等服务器端语言平起平坐的脚本语言。在前几个时期,所有的动态内容都由后端语言拼接而成,后端语言也形成了诸如 Java 领域的 SSM(Spring+Spring MVC+MyBatis)或者 SSH(Struts+Spring+Hibernate)的 MVC 的架构风格。随着 JavaScript 也可以作为服务器端语言来使用,其同样也应该可以实现类似后端语言架构风格的前端框架,因此,不久之后,以 AngularJS(2010 年)、React(2013 年)、Vue(2014 年)为代表的三大主流前端框架随即接踵而至。

注意:Angular 在第 2 版之后进行了大幅度重构,以 AngularJS 和 Angular 两个名称来区分,其可以视为两个完全不同的框架,Angular 大概在 2016 年之后重新发布。

在工业时代,才可以说前端真正意义上有了工程化的概念。通过 JavaScript 语言构建前端的打包器,来替换上一时期的非 JavaScript 构建器,成为工业时代最为重要的工程化生

态发展方向。同时,随着 Node.js 的诞生,前端模块也呈现出纷繁复杂的局面。不但如此,在 2015 年前后,随着欧洲计算机制造商协会(ECMA)下的专门技术委员会 39(TC39)提出第 6 版的 ECMAScript 标准,JavaScript 语言也进行了大幅度变化和革新,其中,JavaScript 语言也有了自己的模块,加上 Node.js 自身的 CommonJS 模块,以及在历史过程中沉淀下来的模块化方案,前端模块化方案大致包括以下几种,即 IIFE、AMD、UMD、CommonJS、ESM。如此纷繁复杂的模块化方案,也给后来的前端工程化方案提出了挑战和选择。除此之外,加之还需要兼容 ECMAScript 5 之前的语法,前端工程化问题变得越来越复杂。

1.1.5 信息时代

以手机端 App 的无线化战争为起始,到各终端领域的前端化渲染方式的提出为终点,信息时代的大致时间阶段范围可以划定到从 2016 年到 2019 年前后。随着终端能力的大幅度提高,越来越多的计算渲染压力交给了终端侧,包括手机端、桌面端、物联网端等。在这一时期,以前端技术为基础的各种混合开发模式层出不穷,前端也提出了各自跨端的不同方案,例如 React Native、Weex、Inoic 等技术方案。大体上,这一时期最为关键的区分点在于如何渲染的问题上,因此,前端渲染方式有了几种方案,分别为浏览器端渲染(Client Side Rendering)、服务器端渲染(Server Side Rendering)、原生客户端渲染(Native Side Rendering)及边缘渲染(Edge Side Rendering)。至此,前端有了更广泛的配合和使用,也有了所谓"大前端"或者"泛前端"的概念。

在信息时代,前端工程化的主要任务在于对不同渲染方案的工程模板构建,提供不同场景、不同领域的模板渲染和混合使用成为工程领域的重要课题。除此之外,由于端侧的类小程序形态的出现,跨越不同小程序的打包构建也成为工程化中的一个重要方向。

1.1.6 云边端时代

云边端时代是以资源的计算、存储、通信所处物理位置的不同作为区分,呈现出以"端"作为区分技术工种的理念。同时,各前端细分方向逐步纵向出现,大致时间范围可追溯至 2019 年到现在。随着对资源的利用和调度的不同,对资源的计算、存储和通信进行拆分和组合,出现了诸如云计算、雾计算、边缘计算等新兴概念,因而,前端在此时期也利用不同的计算方案实现 JAMStack(JavaScript＋BFF＋Serverless)等不同的技术理念。同时,前端也在各个细分方向上呈现出纵向深入的领域建设,其大致可以划分为中后台方向、可视化方向、智能化方向、互动方向、音视频方向、跨端方向及工程化方向等。

在云边端时代,前端工程化既是前端领域的一个细分方向,也是利用资源构建前端方案的重要基础底座,构建包括以持续集成(CI)、持续部署(CD)、无服务(Serverless)等前端工程化方案。由于前端构建体系变得越来越庞大,不同语言的跨语言方案作为前端构建的新兴方案,提供诸如 Go 和 Rust 语言的生态体系,因此,前端工程化也变得越来越重要,其也成为工程效能体系中一个不可或缺的部分。

1.2　前端工程化

在了解了整个前端发展历程之后,工程化作为 IT 领域的一个重要组成部分,其在前端领域也必定有对应的含义与范围,因此,本节将从前端工程化的定义及范围进行论述,以期对后续将要讨论的前端工程化的内容起到一个提纲挈领的作用。

1.2.1　定义

所谓"正本清源",在探究"前端工程化"要义之前,必定首先要追问"何为工程化"。从软件工程角度而言,工程化是指通过一定的技术和方法论,能够系统、标准、规范地处理问题的过程,因此,从本质上来讲,工程化是一个过程,然而,限定在计算机领域去讨论工程化,其通常来自软件工程的指导理念和思想。

注意:对于软件工程中思想和方法论感兴趣的读者,可以查询相关资料进行学习,对于后续的前端工程化学习也有帮助。

在明晰了"工程化"的含义之后,"前端工程化"似乎看上去只是"前端+工程化"的简单组合。实际上,前端工程化确实属于工程化的范畴,只不过对研究问题的范围进一步地进行了约束,因此,所谓前端工程化,是指通过软件工程中的技术和方法论将前端开发中的流程、经验、工具等进行规范化和标准化,系统地解决在前端开发中遇到的问题的过程。

1.2.2　范围

可以看出,前端工程化是对前端开发中的流程、经验和工具进行相关探究。事实上,流程、经验及工具三者相辅相成,也可以看作前端工程化的"三大核心支柱",如图 1-2 所示。

图 1-2　前端工程化三要素

具体来讲,流程贯穿整个前端工程化探究的始终。相对于流程而言,经验则是对客观事物获得的认识,也是前端在开发过程中产生的实践感知,通常会以模板、文档等形式进行呈现。最后,所有的过程都会沉淀出能够被开发者所落地实践的产物,这通常会变成一个工具被开发者或用户所使用。

因此,流程对应于系统化、经验对应于规范化、工具对应于标准化,所有对前端工程化的研究都可以落脚到三者的框架之内。本书后续的章节,也都是基于这三要素的探讨和思考,以流程串联起前端工程化的整个过程,形成对应的经验和工具,从而可以落地到工程实践中。

1.3 本章小结

本章从前端发展的历史开始讲解,介绍了前端发展过程中所经历的各个阶段,以及穿插叙述了前端工程化的发展与整个前端历史演进过程中的地位与作用。在了解了前端发展历程之后,本章对前端工程化的定义与范围进行了约束和探讨,也对本书所讨论问题的方向和范围进行了简要阐述。

本书整体脉络主要包括三大篇章,分别为基础篇、进阶篇和实践篇,其中,基础篇主要从工具和经验角度出发,介绍工程化所需要使用的工具及常见的已经在业界广泛使用的方案和经验,以期能够给读者形成一些散点状的思考和影响;进阶篇则是以流程视角统揽整个工程化过程,对基础篇中的工具和经验进行连线,形成二维的平面认识和感知,以期能够帮助读者利用已有的工具和经验,能够基于不同的场景对现有的通用方法进行改进和改造;最后,实践篇则是将进阶篇中的线性思考提升到三维立体化的视野,不仅能基于已有工具和经验进行改进和使用,还能够基于场景创造出适合或者更加丰富的工程体系,以期能够影响甚至推动整个前端工程化的发展。

最后,本书希望能够给读者提供一些前端工程化的认识和启迪,有些论述仅为笔者拙见,难免管窥蠡测,但希望能够抛砖引玉,以期能够和各位读者共同努力为前端工程化发展贡献力量。从第2章开始,将会进入框架的探讨中,这也是前端工程化中经验的一种探讨。对于不同框架的选择,其实也是体系架构和基础建设的一部分,希望能与读者一起探索其中的玄机与奥妙。

2min

第2章

CHAPTER 2

框　架

———————————————————————————

回望整个 IT 发展历史,绝大多数语言体系随着业务领域的发展而产生了对应的提高工程效能的方法。在这些方式方法中,最重要的一个方案便是通用框架或者库的建立。对于框架和库的区别,最关键的区分点在于对控制权所属问题的判定,其中,库主要针对的是使用者去调用其中的方法或者暴露的 API,使用者对于库具有绝对的控制权;与之相对应,框架则是通过某些机制将一部分主动权包含进了框架之中,使用者让渡了一部分控制权给框架,框架内部有一套自闭环的运行机制,能够帮助使用者以更便捷的方式进行开发及使用,从而减少了使用者的心智负担。

本章主要简单介绍前端业界中常见的 4 个框架,分别是 Vue、React、Angular 及 Svelte。尽管到目前为止,React 官方仍然称其为一个库,但不可否认的是 React 本身已经脱离了单纯的库的范畴,因而,这里也将 React 纳入框架的讨论课题中。对于前端工程而言,合理地选择框架也是确定工程方案的重要一环。最后,本章也会简单对比分析各大框架的优势及选择考量维度,以便各位工程师在确定工程方案时能够着眼全局,做出最合理的选择。

14min

2.1　Vue 全家桶

本节介绍 Vue 的一些核心理念及其设计哲学,同时介绍与之配套的全家桶中所需要掌握的一些核心工具。整个框架介绍着重从设计理念到原理进行展开,具体的使用则会简单介绍,对应具体每个 API 的使用方法,读者可阅读官方文档进行深入学习和练习。

在介绍 Vue 全家桶的具体核心工具之前,先大致回顾下整个 Vue 的发展历程。Vue 的整体发展大致可以划分为几个阶段,分别是库阶段、框架阶段、通用框架阶段及编译/运行时混合阶段,如图 2-1 所示。

库阶段大致可以从 2013 年首次以 Vue 命名为起始,到 2015 年左右为止,这一阶段的设计重点在于基于响应式系统实现模板数据的绑定,其使用方式主要通过 script 标签直接简单应用。紧接着,到了 2015 年 10 月左右,Vue 发布了 1.0 版本,这也是框架阶段的起始标志。在这一阶段,Vue 稳定了一些语法及作用域的设计。随着框架的逐步完善,一个通用型的能够包含工程链路、业务生态及领域建设的框架设计规划便被提上日程,因而,这一阶

图 2-1　Vue 发展历程

段的设计重点在于如何渐进维护及推进不同渲染方式的融合与发展,并且也同步配合 Webpack 等打包工具完成了包含路由管理、状态管理及不同渲染方式的全链路生态,然而,到了 2019 年左右,随着框架应用的瓶颈出现,Vue 也开始着力去探索编译时与运行时的平衡发展,这一时期的重点在于对现代语法的支持及全面提升性能及效率。到目前为止,Vue 仍在不断探索,这更加能提升用户体验和开发体验的模式方案与工程效能。

通过上述对 Vue 的发展历史的介绍,大致了解了 Vue 的由来与发展历程。如果非要给 Vue 归纳出一个核心理念,则大致可以聚焦到"响应性"与"渐进性"这两个关键词上,如图 2-2 所示。

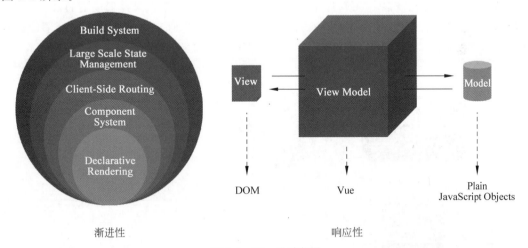

图 2-2　Vue 设计哲学

所谓响应性,准确来讲是响应式编程,而这其实是一种编程范式,其是一种面向数据流和变化传播的声明式编程范式。在 Vue 中,变化传播主要是面向页面显示的响应,并且 Vue 重点通过双向数据绑定实现了响应式,不仅数据可以影响视图,视图也可以通过一些输入/输出变化反作用于数据,从而实现用户使用的简化与便捷。除了响应性的特性之外,随着 Vue 生态的不断壮大,各个基于 Vue 相关的拓展也不断发展,包括状态管理、路由管理等。正是在这种背景下,为了能更好地整合各种扩展功能,Vue 采取了"如无必要,勿增实体"的渐进式设计理念,即基于核心逐步前进、循序发展,根据不同的场景合理地进行选择及扩展。

Vue 的发展历史及设计理念是 Vue 全家桶生态的基石与纲领,以下部分将分别通过 Vue、Vuex、Vue Router 来介绍框架管理、状态管理、路由管理等对应的概念与原理。"千里之行,始于足下",相信在学习完以下内容后,各位读者一定会对 Vue 全家桶有一个全新的认识。

2.1.1 Vue

作为 Vue 哲学两大核心支柱之一,响应性在 Vue 生态中有着无可替代的作用。本节将针对框架层面中的"响应性"的核心原则,结合不同版本的 Vue 的实现思路,对比总结 Vue 的响应式原理的变化与发展。从 Vue 1.x 版本开始,到目前已经发布的 Vue 3.x 版本,通过对比 3 个大版本的实现思路变化,将为读者提供一个更加动态增进的视角,以期能够让读者更加深入地理解响应式的变化原理。

1. Vue 1.x

在 Vue 的第 1 个版本中,对响应式的实现主要通过对变化的追踪进行相关对象的响应式变化。在这里,对于响应式的处理使用的是 Object.defineProperty 的 getter/setter 特性。由于这是 ECMAScript 5 的特性,并且无法通过早期语法进行模拟实现,因而,对于 IE 8 及更低版本默认为无法支持。在软件工程中,通常会对软件设计的耦合程度进行相关优化。也正是基于这样的理念,Vue 通过一个 Watcher 模块将变化通知与指令操作进行了解耦操作,如图 2-3 所示。

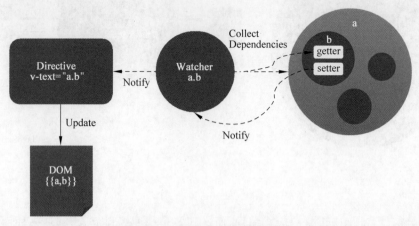

图 2-3 Vue 1.x 响应式原理

通过图 2-3 所示 Vue 1.x 的响应式原理可以看出,指令其实是 Vue 中一个十分重要的概念。不得不说,技术的发展通常也会受环境的影响。彼时的 AngularJS 正如日中天,对当时所有框架开发者的影响可谓深远且重大,Vue 对指令的选择也是基于当时所处时代背景下所做出的最佳方案。除了指令的显著特征外,对 DOM 的直接操作也是 Vue 第 1 个版本的特点,因而,对于 Vue 1.x 而言,其特点可以大致总结为变化追踪、指令优先、真实更新。

2. Vue 2.x

随着时间的发展,前端涉猎的范围不再局限于浏览器内部的运行与操作。对比第 1 版本的 Vue,可以明显地看出对指令的依赖其实是过于严重的。与此同时,React 框架创造性地引入了虚拟 DOM(Virtual DOM)的概念,这一崭新的思路打破了前端只能与浏览器环境深入绑定的格局。对于任何跨平台语言的领域特定语言(Domain Specific Language)而言,其实通过虚拟 DOM 都可以进行映射转化。除此之外,对于数据频繁更新变化的场景,引入虚拟 DOM 减少了直接操作真实 DOM 而引起的重排重绘损耗,从而对性能进行了提升,如图 2-4 所示。

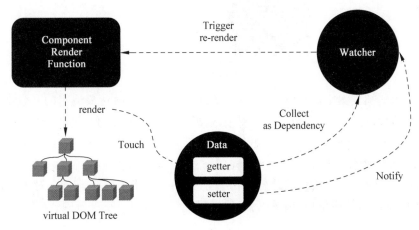

图 2-4 Vue 2.x 响应式原理

在将指令依赖转化成对虚拟 DOM 的依赖之后,对于虚拟 DOM 的比对 diff 操作就成了所有沿袭这一思路框架的重点技术攻关方向。不同于传统的树的 diff 比对算法,由于本身 DOM 的比对是有现实实际场景意义的,因而,Vue 和 React 等框架都通过各自的优化思路将原本时间复杂度为 $O(n^3)$ 的 diff 算法进行降级。除此之外,Vue 2.x 也对上一版本中的解耦方案利用面向对象编程中的发布订阅设计模式更加优雅地进行了重构和规约,因此,对于 Vue 2.x 而言,其特点可以进行总结为依赖收集、发布订阅、虚拟映射。

注意:对于 Vue 和 React 的 DOM Diff 算法,实现思路不太一样,而且不同大版本的实现方案也有所不同。读者可以重点关注 Vue 2.x、Vue 3.x、React 16.8 之前和 React 16.8 之后这 4 个节点源码方案的实现,查阅相关资料后更深入地进行学习与理解。

3. Vue 3. x

在农业时代,如果说各大前端开发者还对是否使用框架有所质疑,则在进入工业时代之后,对各大前端工程师而言,使用框架进行开发则是一个毋庸置疑的抉择。与此同时,工业时代的各大框架也都如雨后春笋一般蓬勃发展,Vue 3. x 所面对的正是这样一个框架"百家争鸣、百花齐放"的格局。随着各大框架的竞相产生,框架与框架之间也都不断地进行借鉴和革新。在 Vue 的第 1 个版本和第 2 个版本的基础之上,Vue 3. x 则开始对编译时和运行时的平衡有了更好的把控与取舍,如图 2-5 所示。

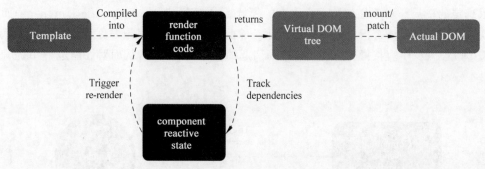

图 2-5　Vue 3. x 响应式原理

在之前的解耦方案中,设计模式的使用更多的是基于面向对象编程的开发范式。除了面向对象的编程范式之外,函数式编程对前端领域而言,其实是更加贴合和易于应用的。不仅是因为 JavaScript 语言中"函数是第一等公民"的特性,还因为函数式编程本身也更加灵活和简单易用。此外,随着 ECMAScript 第 6 个版本的普及和应用,Vue 3. x 也将基于 Object. defineProperty 的依赖追踪转变为基于 Proxy 的代理实现,因而,对于 Vue 3. x 而言,大致可以总结为效应依赖、函数编程、编运同行。

2.1.2　Vuex

任何一种生态的蓬勃发展都不可能只由核心团队进行维护和贡献。同样地,Vue 全家桶生态的发展也需要提供一种机制来满足非核心功能的集成与组合。在这里,Vue 全家桶提供了一种渐进增强的方式来建构以响应式为核心的扩展生态,这也是渐进性的体现。本节将重点通过以对状态管理机制中设计思路的分析为主基调,借由 Vuex 的实现机制进行举例论证。由于 Vuex 3. x 和 Vuex 4. x 的整体实现并没有特别大的区别,最主要的不可兼容升级主要来源于 Vue 3. x 和 Vue 2. x 所带来的变革,因而,本节将不区分 Vuex 的版本,重点介绍 Vuex 的状态管理中的概念和设计思想。

在使用 Vue 框架进行开发的过程中,对于组件粒度的数据传递,通常会面临跨组件的数据通信需求。为了实现跨组件通信的需求,在考虑到逐级传递的复杂与烦琐之后,Vue 采用集中式数据存储来管理所有组件的状态,并采用单向数据传递的机制来保证数据流向的可控与可预测。在不同框架的状态管理中都会自定义各自的概念来处理 Web 应用程序中的交互问题。如何自定义概念，其实也是有不同的架构方案的。在这里，Vuex 采用的是被称为 Elm 的体系结构（The Elm Architecture）。基于 Elm 体系结构的设计理念，Vuex 提出了 State、Actions、Mutations 的基础概念，用于保证数据的集中管理且单向传递，如图 2-6 所示。

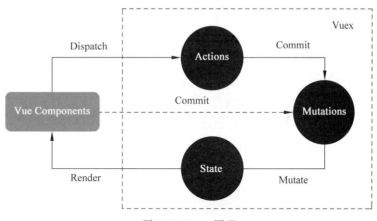

图 2-6　Vuex 原理

通过图 2-6 可以看出，整个状态管理的核心其实是 State。不同于其他的状态管理方案，由于 Vue 生态的渐进性理念，Vuex 中的 State 其实直接使用 Vue 实例中的 data 进行数据处理，以 Vuex 3.x 中的 State 实现为例，代码如下：

```
//第2章/store.js
class Store {
  constructor() {
    this._vm = new Vue({
      data: {
        $ $ state: state
      }
    })
  }
  get state () {
    return this._vm._data. $ $ state
  }
}
```

从上述代码可以看出，Vuex 的 State 的本质还是依赖于 Vue 的核心响应式原理。那么，为了实现交互方式的处理必然要涉及如何处理事件的机制。在 Vuex 中，对于同步和异步问题，其分别通过 Actions 和 Mutations 进行了相关处理。所有 State 的更改，必须通过 Mutations 中的操作才能改变，而 Actions 中的操作也需要 commit 到 Mutations 中等待进行相应处理。这样，就实现了 View 视图到 State 统一状态的单向数据传递，从而避免了数据预测和管理的复杂性。

注意：上述代码进行了简化和省略，对于具体的 State 的实现，读者可以直接查看 Vuex 源码仓库进行阅读学习。

2.1.3　Vue Router

在框架生态中,除了状态管理,路由管理也是一个重要的组成部分。作为单页应用(Single Page Web Application)中最重要的一个特性,路由跳转不再依赖于后端请求资源后重新加载,而是依赖于前端行为的控制。简而言之,路由改变对应的页面改变不再会向后端发送资源重新加载,仅在前端进行相关的路由变化后渲染页面。基于这一思路,各大框架生态中的路由管理提出了自己的实现方案,因此,本节将通过阐述 Vue Router 核心原理的方式重点介绍 Vue 生态中路由管理的实现。

对于 Vue 全家桶而言,Vue Router 目前有 3.x 和 4.x 两个版本,其核心区别在于所依赖的 Vue 2.x 和 Vue 3.x 在页面渲染方面的 API 使用变化,这也从侧面体现了以 Vue 响应式原理为核心渐进地提供生态插件的设计哲学。尽管 Vue Router 的 3.x 和 4.x 版本在实现上有所不同,但整体的原理思路不外乎路由变化,从而改变页面加载,因而,Vue Router 的核心实现思路大致可以拆分为 History、Router、Matcher 三大模块,如图 2-7 所示。

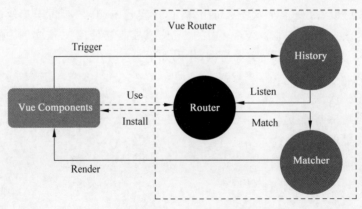

图 2-7　Vue Router 原理

从图 2-7 可以看出,路由的变化会触发对应 History 模块的变化。在单页应用中,触发的机制会有所不同。通常来讲,在浏览器环境中,触发路由变化的行为通常是通过浏览器对象模型(Browser Object Model)提供的 API 来对浏览器中的导航信息做出改变,因此,在浏览器环境下,History 模块中通常会提供两种模式,分别对应前端路由中路由信息的改变方式,即通过 onhashchange 和 onpopstate 的两个浏览器事件实现触发监听的机制。除了浏览器环境,前端应用拓展的场景也越来越多,因而,Vue Router 也配合实现了不依赖于浏览器 API 的路由变化方式,通常应用于跨端渲染和服务器端渲染等场景中。下面,以 Vue Router 3.x 中的 History 模块实现为例,来讲解几种不同模式的核心实现方案。

在 Vue Router 3.x 中,第 1 种模式称为 hash 模式,即通过监听 hash 变化实现对应的路由更新,代码如下:

```
//第 2 章/hash.js
class HashHistory extends History {
  setupListeners () {
    const eventType = supportsPushState ? 'popstate' : 'hashchange'
    window.addEventListener(
      'popstate',
      handleRoutingEvent
    )
    this.listeners.push(() => {
      window.removeEventListener(eventType, handleRoutingEvent)
    })
  }
}
```

第 2 种模式称为 history 模式，即通过 HTML5 所提供的新的 API 实现对路由变化的监听，代码如下：

```
//第 2 章/html5.js
class HTML5History extends History {
  setupListeners () {
    window.addEventListener('popstate', handleRoutingEvent)
    this.listeners.push(() => {
      window.removeEventListener('popstate', handleRoutingEvent)
    })
  }
}
```

第 3 种模式则是 abstract 模式，由于不再通过浏览器 API 实现监听，因而，其内部通过模拟一个记录栈实现相应的变化，代码如下：

```
//第 2 章/abstract.js
class AbstractHistory extends History {
  index: number
  stack: Array<Route>
  constructor (router: Router, base: ?string) {
    super(router, base)
    this.stack = []
    this.index = -1
  }
}
```

可见，在 Vue Router 中大致包含了 3 种路由模式。

注意：Vue Router 3.x 和 4.x 对于几种模式的命名有所不同，但大致实现了 3 种路由模式。

对于 Matcher 模块，其核心功能是提供对于用户输入路由表的处理与匹配。通常来讲，对于路由信息的匹配只需建立一个映射关系，然而，由于 Vue 中整个组件粒度控制下的树形结构组成,所以对于路由表中的数据处理就涉及父子关系的先后匹配问题。在 Vue Router 3.x 中,主要通过建立一个记录栈和一个映射表的形式,实现了用户输入路由表信息的拍平后匹配。

在 Vue Router 3.x 中,建立映射关系,通过 createRouteMap()方法,返回拍平后的路径记录、路径映射表和名称映射,代码如下:

```
//第2章/create-route-map.js
function createRouteMap (
  routes: Array < RouteConfig >,
  oldPathList?: Array < string >,
  oldPathMap?: Dictionary < RouteRecord >,
  oldNameMap?: Dictionary < RouteRecord >,
  parentRoute?: RouteRecord
) {}
```

最后,通过建立的记录栈和映射关系,对 Matcher 模块对外进行暴露,包括匹配、动态添加路由、获取路由等方法,代码如下:

```
//第2章/create-matcher.js
type Matcher = {
  match: (raw: RawLocation, current?: Route, redirectedFrom?: Location) => Route;
  addRoutes: (routes: Array < RouteConfig >) => void;
  addRoute: (parentNameOrRoute: string | RouteConfig, route?: RouteConfig) => void;
  getRoutes: () => Array < RouteRecord >;
};
function createMatcher (
  routes: Array < RouteConfig >,
  router: VueRouter
): Matcher {}
```

23min

2.2 React 全家桶

本节将介绍 React 相关的一些核心原理,重点从 React 全家桶的生态及其对应组合方式入手,分别介绍全家桶生态中的状态管理和路由管理。同样地,React 全家桶的介绍主要落脚于框架的设计原理。对于具体的使用方法,笔者认为官方文档才是最好的学习资料。

与 Vue 全家桶类似,在介绍 React 全家桶之前,先大致回顾下 React 的发展历程。如果将 React 的发展按照生命周期的时间维度进行划分,则其发展大致可以划分为原始阶段、起步阶段、稳定阶段及爆发阶段,如图 2-8 所示。

随着工业时代的到来,同时伴随着 Node.js 的发展和完善,前端也在不断拓展自己的边界。彼时的 Web 领域仍以服务器端渲染为主,PHP、Java 等传统后端语言渲染模板才是主流方案。同样地,也正是在这样的背景之下,Facebook 于 2010 年左右推出了 XHP,其本质是一种新型 PHP 的书写方式。尽管在当时看来,这是一个看似与前端领域无关的技术栈

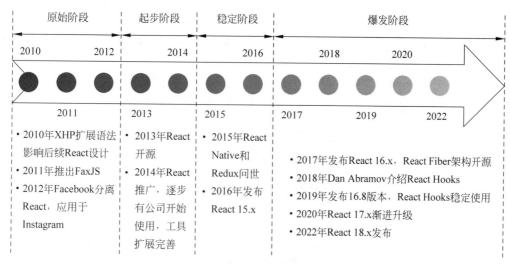

图 2-8　React 发展历程

方案,但是却在后来深深影响了 React 的设计思路。从某种意义来讲,XHP 可以看作 JSX(JavaScript and XML)的前身。

除了提出自己的领域特定语言,乔丹·沃尔克(Jordan Walke)在 2011 年左右推出了 FaxJS。FaxJS 的诞生源于 Facebook 为了解决 XHP 构建方案在对状态变化时全局重新渲染而带来的用户体验问题,这其实也对应了后续整个 React 的设计哲学。大概到了 2012 年左右,随着 Instagram 被 Facebook 收购,React 才正式从 Facebook 中被单独抽离出来。React 随即被应用于 Instagram 的构建中,也标志着 React 的原始阶段结束。

随着 React 在内部使用上的不断优化,在 2013 年 5 月的 JSConf 上,React 正式开源。乘着开源的东风,React 开始在 2014 年极力进行推广使用,并且逐步完善工具生态,这也完成了 React 的起步阶段。如果从目前回顾整个 React 已有的时间发展线,则可以说 2015 年到 2016 年这一段时间的稳定发展才是真正为 React 的后续全面爆发奠定及夯实基础的历史时期。

在稳定阶段,React Native 和 Redux 相继问世。在这一时期,React 发布了最为重要的 React 15.x 版本。尽管在整个 React 发展历史中看起来十分短暂且不华丽,但这一时期的蛰伏却为后续爆发阶段的蓬勃发展起到了极为重要的作用。

自 2017 年起,历经了前期的稳固沉淀之后,React 进入了爆发阶段。在这一时期,React 发布了具有划时代意义的 React 16.x 版本,同时开源了具有操作系统级理念的 React Fiber 架构,并且对应地推出了颇具函数式编程意味的 React Hooks 理念。不得不说,React Hooks 的提出,才真正意义地让前端又回到了函数式编程理念的道路上,并且对后续的框架升级提供了重要的前进方向。从 React 16.x 到目前已有的 React 18.x,React 的整体发展呈爆发式增长,即使在目前有如此多框架选择的情形下,React 仍然是大部分前端工程师构建大型项目时的首选。

从 React 的整个发展历史可以看出,所有的出发点都源于对 UI 与 Data 关系的认知与理解。在 React 的哲学中,通过一个十分简洁且优雅的等式很好地阐释了二者之间的关系,即 UI＝f(Data),如图 2-9 所示。

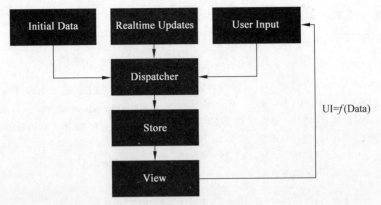

图 2-9　React 设计哲学

在形形色色的视图模型中,各个框架设计者都提出了自己的设计理念。在 React 中,其框架设计者却认为"UI 是一种数据"。基于这一设计理念,React 十分禅意化地解释了 UI 与 Data 之间的相互转化关系,并通过上述公式进行了更加唯美的通用性简化。正所谓"大道至简",繁杂的现象背后总是充满着简单的原理与本质,而要透视这一本质就需要框架开发者运用智慧来很好地落地如此美妙的规约。不论经过 Dispatcher、Store 等多少中间概念的传递与过渡,最终都能落脚于一个简单的公式上。一言以蔽之,React 的设计哲学便可归纳为一句话,即 UI 即数据。

和 Vue 一样,React 生态的发展也涉及框架管理、状态管理及路由管理等。尽管 React 的设想可能更为广阔,但是其在跨端方面的涉猎相较于其他框架显得更为突出和卓越。由于篇幅限制,本节仍以 React、Redux、React Router 来介绍对应的全家桶生态。对于跨端等方面中的 React 生态,只会在对应的部分简单提及。对于希望深入相关内容的读者,可通过阅读相关文档资料进行学习。"行百里者半九十",各位读者应继续探索,相信会对 React 全家桶有一个不一样的理解。

2.2.1　React

在 React 的设计哲学中,UI＝f(Data)公式中的核心在于函数 f( )的实现。为了能实现上述设计理念,只有对数据结构进行合理设计与组合才能更好地进行落地。在常见的视图实现中,一般会使用树的数据结构对程序进行设计与组合,然而,基于浏览器渲染原理及 JavaScript 语言的单线程特性,承载自 Facebook 一直以来的模板化渲染方案在实现过程中就会很难避免由此带来的用户体验及性能问题,因而,React 在 16.x 版本之后便开始采用新的数据结构方案进行构建设计,如图 2-10 所示。

本节将针对框架层面中"UI 是一种数据"的核心设计理念,通过对比总结不同的 React

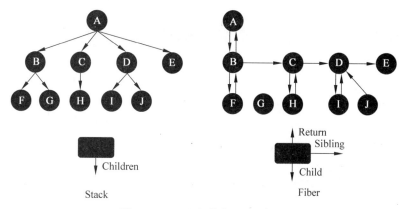

图 2-10　Stack 架构与 Fiber 架构

版本,分析 React 团队是如何一步步地不断完善和解决用户体验及性能问题的。本节将从稳定阶段的 React 15.x 开始,延伸到具有划时代意义的 React 16.x。同时,通过对比 Fiber 架构下的 React 17.x 及 React 18.x 的不同细节,以期能够为读者呈现一个全面貌下的 React 格局。

1. React 15.x

不同于前期以 0.x 为命名的非稳定版本,React 突变性地从 0.14.x 直接跳到了以次版本号代替主版本号的 React 15.x,这也可以看作 React 进入稳定阶段的一个标志。为了更好地实现数据对应视图变化,React 没有采用 Vue 的双向绑定机制,而是选择了通过协调阶段的触发更新来找出对应组件的变化进而渲染视图的机制。相较于 Vue 而言,React 本身产生的背景及其背后 Facebook 强大的公司支撑,其在定位之初便立足于多端的应用实现,因而,在协调阶段完成后,React 会根据不同的平台相应地进行渲染,即渲染器阶段,如图 2-11 所示。

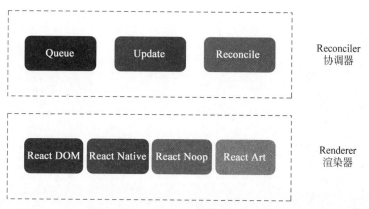

图 2-11　React 15.x 架构

在 React 15.x 中,协调阶段仍然采用的是通用的树的结构。对于树形结构而言,各个组件间的更新传递采用的是递归机制,所以更新一旦开始,期间就无法中断。当层级很深时,递归更新时间较长,交互就会产生卡顿,从而产生用户体验问题,因而,对于 React 15.x 而言,其特点可以大致总结为栈式协调、递归更新、多端渲染。

2. React 16.x

尽管在 React 15.x 中已经利用栈调和方案实现了数据更新时的组件探测,但基于树形结构而会不可避免地产生递归卡顿隐患,因而,在 React 16.x 发布之初,React 官方团队便对 React Fiber 架构进行了开源。React 16.x 架构核心是通过新的 Fiber 结构设计并新增调度器机制实现不同任务优先级的调度与中断,如图 2-12 所示。

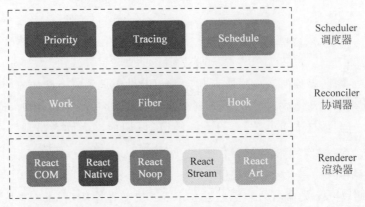

图 2-12 React 16.x 架构

对于 Fiber 数据结构的设计,代码如下:

```
//第 2 章/ReactFiber.js
export type Fiber = {
  tag: WorkTag,
  key: null | string,
  elementType: any,
  type: any,
  stateNode: any,
  return: Fiber | null,
  child: Fiber | null,
  sibling: Fiber | null,
  index: number,
  ref: null | (((handle: mixed) => void) & {_stringRef: ?string}) | RefObject,
  pendingProps: any,
  memoizedProps: any,
  updateQueue: UpdateQueue < any > | null,
  memoizedState: any,
  mode: TypeOfMode,
  effectTag: SideEffectTag,
  nextEffect: Fiber | null,
  firstEffect: Fiber | null,
  lastEffect: Fiber | null,
  expirationTime: ExpirationTime,
```

```
childExpirationTime: ExpirationTime,
alternate: Fiber | null
}
```

通过 Fiber 数据结构的设计,在协调阶段便可对调度阶段中的不同优先级的任务进行切片处理、重置并复用。Fiber 的原意为"纤程",是微软为了更好地将程序移植到操作系统而增加的一种操作系统概念。纤程是一种轻量级的线程,也可被认为是协程的一种实现。React 团队在这里借用了 Fiber 的概念,其对 React 的核心定位也可见一斑。通过 Fiber 的数据结构,利用工作单元处理不同阶段的任务,并在对应阶段中提供 Hooks 钩子函数来为用户提供操作。这在很大程度上优化了协调过程中的压力及性能损耗,从而提升了用户体验。在 React 16.8 之后,React Hooks 被大量地用在 React 应用的开发中,其也可看作 React 新型架构的典型特征。除了在调度阶段及协调阶段的改进之外,React 在渲染阶段也新增了流式渲染的概念,其也为后续提出 React Server Component 的概念奠定了基础,因而,对于 React 16.x 而言,其特点可以总结为协程调度、中断更新、流式渲染。

注意: 纤程和协程的概念一致,都是线程的多对一模型,其区别在于纤程是操作系统级别的概念,而协程是语言级别的概念。

3. React 17.x

相较于 React 16.x 的实现方案,React 17.x 对调度器及协调器进行了一定程度的优化。此外,React 17.x 作为后续版本的基石,其本身就是一个承上启下的版本。从另一个意义上来讲,React 17.x 也开启了 React 渐进升级的新篇章,如图 2-13 所示。

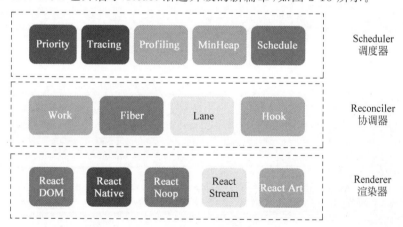

图 2-13 React 17.x 架构

从图 2-13 可以看出,React 17.x 在调度器层面引入了小顶堆的数据结构,代码如下:

```
//第 2 章/SchedulerMinHeap.js
type Heap = Array < Node >;
```

```
type Node = {
  id: number,
  sortIndex: number,
};
export function push(heap: Heap, node: Node) {}
export function peek(heap: Heap) {}
export function pop(heap: Heap) {}
function siftUp(heap, node, i) {}
function siftDown(heap, node, i) {}
function compare(a, b) {}
```

在协调器中,React 17.x 引入了 Lane 模型,其实现思路是通过将不同优先级赋值一个
位,通过 31 位的位运算来操作优先级,代码如下:

```
//第 2 章/ReactFiberLane.js
export opaque type LanePriority =
  | 0
  | 1
  | 2
  | 3
  | 4
  | 5
  | 6
  | 7
  | 8
  | 9
  | 10
  | 11
  | 12
  | 13
  | 14
  | 15
  | 16
  | 17;
  /* NoLanes                        0b0000000000000000000000000000000 */
  /* NoLane                         0b0000000000000000000000000000000 */
  /* SyncLane                       0b0000000000000000000000000000001 */
  /* SyncBatchedLane                0b0000000000000000000000000000010 */
  /* InputDiscreteHydrationLane     0b0000000000000000000000000000100 */
  /* InputDiscreteLanes             0b0000000000000000000000000011000 */
  /* InputContinuousHydrationLane   0b0000000000000000000000000100000 */
  /* InputContinuousLanes           0b0000000000000000000000011000000 */
  /* DefaultHydrationLane           0b0000000000000000000000100000000 */
  /* DefaultLanes                   0b0000000000000000000111000000000 */
  /* TransitionHydrationLane        0b0000000000000000001000000000000 */
  /* TransitionLanes                0b0000000000111111111000000000000 */
  /* RetryLanes                     0b0000011110000000000000000000000 */
  /* SomeRetryLane                  0b0000010000000000000000000000000 */
  /* SelectiveHydrationLane         0b0000100000000000000000000000000 */
```

```
/* NonIdleLanes           0b0000111111111111111111111111111 */
/* IdleHydrationLane      0b0001000000000000000000000000000 */
/* IdleLanes              0b0110000000000000000000000000000 */
/* OffscreenLane          0b1000000000000000000000000000000 */
```

因而,React 17.x 的特点可以总结为车道模型并发更新、渐进升级。

4. React 18.x

在有了 React 17.x 的垫脚石版本的基础之后,React 18.x 采用更加成熟的并发模式实现应用的及时响应,并能根据用户设备性能和网速进行适当调整。如果用一句话来概述 React 18.x 的更新,则可以表述为"从同步不可中断更新升级为异步可中断更新",如图 2-14 所示。

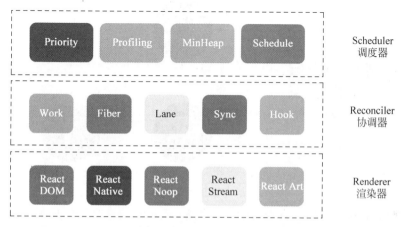

图 2-14 React 18.x 架构

在 React 18.x 中,不再有多种模式,而是以是否使用并发特性作为是否开启并发更新的依据。对于未开启并发模式的场景而言,其并不会开启自动批处理,因而也就无法开启并发更新,但是,对于开启并发模式的场景,并不意味着都会使用并发更新处理,能够确定的仅仅是只会默认开启自动批处理,因此,对于 React 18.x 的特点可以总结为时间分片、局部更新、并发渲染。

2.2.2 Redux

不同于 Vue 全家桶中的管理理念,React 的生态体系则显得格外"佛系"。秉承 Linux 的"市集"模式(The Bazaar),React 也同样采用了这样一种生态风格。相较于"大教堂"模式(The Cathedral)的完整与封闭,React 生态体系也在不同的核心插件中提供了官方的管理方案。到目前为止,React 的状态管理方案大致包含七八种之多,诸如 Mobx、Redux、Recoil、Zustand 等不胜枚举。本节将以 Redux 作为 React 状态管理的主要例证,尽管 Redux 在 React 状态管理方案中的评价一直都不高,但其简洁而优雅的函数式编程实现技巧仍值得去学习和品味。到目前为止,Redux 已经发布了 4.x 版本,但其不同版本的核心思想精髓都未曾改变,本节将以 Redux 3.x 的代码作为范本进行论述,以期能给读者展现出其最核心的一些实际。

注意:"大教堂模式"与"市集模式"是埃里克·斯蒂芬·雷蒙(Eric Steven Raymond)所撰写的《大教堂与市集》(*The Cathedral and the Bazaar*)提出的软件工程方法论。

同样地,Redux 也是基于 Elm 的体系结构而实现的。与同样秉承了 Elm 架构风格的 Flux 相比,Redux 并没有 Dispatcher 的概念。在 Redux 中,主要提出了 Action、Store、Reducer 这样几种概念,如图 2-15 所示。

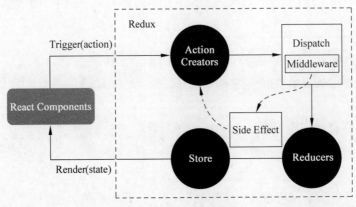

图 2-15　Redux 原理

相比于 Vuex 中利用 Vue 自身的响应式机制,Redux 其自身定位并不完全和 React 强绑定,因而,Redux 在实现行为与数据交互的方案中,必然要实现一套更加优雅合理的机制。这里,Redux 自己实现了类似"发布-订阅"的机制,代码如下:

```javascript
//第 2 章/createStore.js
export default function createStore(reducer, preloadedState, enhancer) {
  function getState() {
    return currentState
  }
  //订阅
  function subscribe(listener) {}
  //发布
  function dispatch(action) {
    const listeners = [];
    for (let i = 0; i < listeners.length; i++) {
      const listener = listeners[i]
      listener()
    }
    return action
  }
}
```

除此之外,不同于 Vuex 对于异步的处理,Redux 的异步数据处理,则需要通过中间件进行辅助,而实现中间件的方式是函数式编程的经典范式,代码如下:

```
//第 2 章/applyMiddleware.js
export default function applyMiddleware(...middlewares) {
  return (createStore) => (reducer, preloadedState, enhancer) => {
    const store = createStore(reducer, preloadedState, enhancer)
    let dispatch = store.dispatch
    let chain = []
    //中间件 compose 函数
    chain = middlewares.map(middleware => middleware(middlewareAPI))
    dispatch = compose(...chain)(store.dispatch)
    return {
      ...store,
      dispatch
    }
  }
}
```

从上述代码中可以看出,Redux 对中间件的托管完全是基于函数式编程中的组合函数的实现。对于使用多个纯函数进行嵌套组合的场景,"洋葱代码"的深层嵌套就会使代码的维护变得复杂与沉重,这其实也是与函数式编程的开发理念相违背的,因而,为了能让代码更加优雅及方便维护,函数的组合就能将细粒度的函数重新整合成一个新的函数,从而实现可以使函数更加简单易用且保持稳定。在 Redux 中,compose()函数的实现代码如下:

```
//第 2 章/compose.js
export default function compose(...funcs) {
  if (funcs.length === 0) {
    return arg => arg
  }
  if (funcs.length === 1) {
    return funcs[0]
  }
  return funcs.reduce((a, b) => (...args) => a(b(...args)))
}
```

注意:"洋葱代码"是指函数式编程中多个函数的嵌套调用,因其代码结构酷似"洋葱"而得名,如 h(f(g(x)))。

2.2.3 React Router

在所有的单页应用中,要想实现真正意义上的应用,路由管理一定是不可或缺的部分。同样地,作为 React 生态中的重要核心插件,React Router 也对应实现了 3 种路由模式。相较于 Vue Router 中的 hash 模式、history 模式及 abstract 模式,React Router 将其命名为 browser 模式、hash 模式及 memory 模式,因此,本节将重点阐述 React Router 核心实现原理及其在配合 React 生态进行的升级与扩展。

和大多数生态核心插件一样,React Router 也伴随着 React 核心库的升级而经历了几个大的版本的迭代。到目前为止,React Router 已经发布了 6 个大版本。通常来讲,可以将这 6 个版本按层级划分为 React Router 4.x 之前、React Router 4.x/5.x 及 React Router 6.x。React Router 4.x 之前的版本,以 React Router 3.x 最具有代表性,其主要是以静态路由的方式进行相关展现,然而,对于前端业务而言,单纯的静态路由有时很难实现业务权限的隔离与划分,因而,自 React Router 4.x 开始便有了动态路由的相关实现,而 React Router 5.x 则对代码结构进行了修改和整理。对于 React Router 6.x 的变化,则是由于 React 升级到了 16.x 之后带来的核心 API 的变化而进行的升级改造。React Router 6.x 的代码可谓是秉承了最为现代化的 React 语法风格,因而其不再兼容 React 15.x 之前的 API。本节综合之后,决定采用 React Router 5.x 的经典核心代码作为切入点来阐述整个 React Router 的设计理念,如图 2-16 所示。

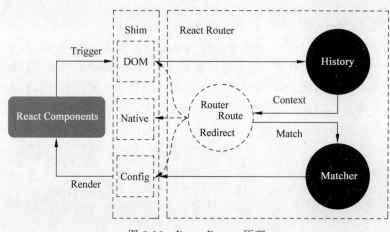

图 2-16　React Router 原理

由图 2-16 可以看出,不同于 Vue Router 集中于统一的包管理理念,React Router 则是对于不同的跨平台及核心包进行了分拆。从 React Router 5.x 之后,React Router 分别将核心路由机制收敛到 React Router 的包中,而对不同的平台分别提供 React Router DOM、React Router Native 及 React Router Config 的分包进行相应具体场景的实现。由于 React 自身的特性,其对外使用更多的是以组件的形式进行提供,提供诸如 Router、Route、Redirect 等组件。

在 React Router 几个大版本的变化过程中,各种组件的消亡与变化可谓纷繁复杂,但是,对于路由系统中 History 模块的核心功能实现,React 生态体系中却几乎不曾变化。相较于 Vue Router 将 History 模块包含在一个集成环境中,React 则对最核心的 History 模块进行了抽离,并将其以 history 的名称单独发包,这也算是 React 团队处处彰显"市集"模式理念风格的体现。尽管 React Router 5.x 对应的是 history 的第 4 个版本,但 history 的第 5 个版本对整种类型的整合却更加清晰,因而,本节将以 history 的第 5 个版本代码为主,

抽离出最重要的核心代码,其实这也可以算是绝大多数路由系统要去实现的代码总纲,对应代码如下:

```ts
//第2章/react-router.ts
export enum Action {
  Pop = 'POP',
  Push = 'PUSH',
  Replace = 'REPLACE'
}
export interface History {
  readonly action: Action;
  readonly location: Location;
  createHref(to: To): string;
  push(to: To, state?: any): void;
  replace(to: To, state?: any): void;
  go(delta: number): void;
  back(): void;
  forward(): void;
  listen(listener: Listener): () => void;
  block(blocker: Blocker): () => void;
}
export interface BrowserHistory extends History {}
export interface HashHistory extends History {}
export interface MemoryHistory extends History {
  readonly index: number;
}
//browser 模式
export function createBrowserHistory(
  options: BrowserHistoryOptions = {}
): BrowserHistory {
  //browser 模式调用 API
  window.addEventListener(PopStateEventType, handlePop);
}
//hash 模式
export function createHashHistory(
  options: HashHistoryOptions = {}
): HashHistory {
  //hash 模式调用 API
  window.addEventListener(HashChangeEventType, () => {});
}
//memory 模式
export function createMemoryHistory(
  options: MemoryHistoryOptions = {}
): MemoryHistory {}
```

注意:可以看出,上述仓库中的代码实现范式在 Vue Router 中也有相应的体现。对于想要实现自己路由系统的读者,可以对 history 仓库进行学习及借鉴。

对于 Matcher 模块,React Router 4.x 之后则直接使用 path-to-regexp 库实现,代码如下:

```
import pathToRegexp from "path - to - regexp";
//解析路径
function compilePath(path, options) {}
//匹配路径
function matchPath(pathname, options = {}) {}
```

注意：在 React Router 4.x 之前的版本中，对于 Matcher 模块的实现和 Vue Router 3.x 大致相同。感兴趣的读者，可以参考 React Router 3.x 的源码进行学习。

21min

2.3　Angular 全家桶

本节将介绍 Angular 相关的一些核心理念，包括介绍 Angular 全家桶生态中的状态管理和路由管理。不同于 Vue 和 React，由于 Angular 自身的历史问题，Angular 1 和 Angular 2.x 之后版本的核心设计发生了十分巨大的变化。通常来讲，Angular 1 会以 AngularJS 进行命名，而 Angular 2.x 则会被统称为 Angular，因而，除了在对应阐述框架过程中会分别对 AngularJS 和 Angular 进行介绍外，其他状态管理和路由管理均默认以 Angular 作为核心框架进行说明。

注意：AngularJS 在被谷歌收购之后，谷歌直接放弃了之前 AngularJS 的设计思路而进行了版本的重构，因此，可以不严谨地认为 AngularJS 和 Angular 是两个不同的框架。

与介绍其他全家桶一样，对于 Angular 全家桶，仍然是先大致回顾下其发展历程。由于 Angular 特殊的历史原因，本节将 Angular 的发展按照特殊历史节点相应地进行划分，其大致可以划分为初始阶段、革新阶段、成熟阶段及长青阶段，如图 2-17 所示。

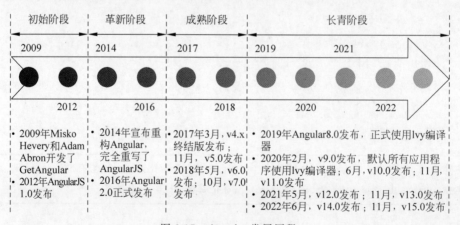

图 2-17　Angular 发展历程

　　无论目前对 Angular 的评价如何，作为首个真正意义上广泛流传的 Web 框架，Angular 在整个工业时代都是风向标一般的存在。尽管在 2009 年，Java 进行 Web 应用构建无疑仍是一个主流方案，但 Angular 的横空出世似乎在某种程度上对 Web 领域开发前移提供了新的可能。追溯过往，当时庞大的诸如 GWT（Google Web Toolkit）等技术方案使整个 Web 应用开发变得十分臃肿，米斯科夫（Misko Hevery）和亚当·阿布伦（Adam Abron）利用 JavaScript 语言实现了同样的功能，这也算得上是最初前端框架的雏形。最终，两人在业余时间开发的 GetAngular 将原本有 17 000 行代码的谷歌内部 Feedback 项目重构到了仅有 1500 行代码。于是，谷歌开始资助二人招募团队进行全职开发。在 2012 年左右，谷歌发行了 AngularJS 1.0，这也标志着 Angular 初始阶段完成了。

　　在所有的开源项目中，以独立开发者身份能形成特定商业模式的开源项目可谓屈指可数。很多时候，过早地接受外界的资助不利于独立开发框架的演进。因为随着大公司或者投资人的介入，框架的开发者或者创建者有时不能按照自己最初的设计思路来推进自己创建框架的落地。尽管 AngularJS 取得了工业时代的先机，但随着团队的扩大及谷歌的介入，整个框架的演化慢慢就偏离了最初的设计思路。最终，经过长达 3 年的推翻重建后，一个从底层完全解构的 Angular 诞生了。除了保留了最初从 GWT 那里获取的设计理念，其余早已物是人非。不论 Angular 是否真正解决了 AngularJS 中存在的各种各样的问题，但这种断崖式的变革无疑对使用框架的开发者来讲是一场灾难。不得不说，这其实也导致了 Angular 在那个框架开始初露头角的时期，从本应占得先机的大好局面而最终变得落于下风。随着 Angular 2.0 的正式发布，Angular 和 AngularJS 从此分道扬镳。至此，变革时代以 Angular 的革新破离画上了句号。

注意：2022 年 1 月 12 日，Angular 团队宣布对 AngularJS 的长期支持正式停止。

　　随着 Angular 团队将所有核心注意力都集中到革新的 Angular 身上，Angular 也经历了变革过后的阵痛，其中，以 Angular 3.x 的夭折作为代价，Angular 团队开始重新审视自己的行业定位。最终，作为第一款真正意义上的前端框架先驱，Angular 意识到了自身的特殊价值，即作为前端界的先行者而进行 Web 技术领域激进的技术探索。例如，Angular 早在 2017 年便开始推行默认使用 TypeScript 语言进行前端应用编写，这在当时可谓又是一个"劝退"操作，但不得不说，Angular 真有先见之明，其思想远见至少看到了 5 年之后的技术流行趋势。不同于前两个时期，进入成熟阶段的 Angular 团队对版本进行了更为频繁的发布，同时也在这一时期不断地对工程链路及生态进行完善和建设。

　　每个框架的核心理念都有其背景和历史积淀，并且大多数时候很难改变自身基因中携带的偏执。在了解了上述几个时期的变化和推演之后，相信各位读者也不难发现，Angular 就是一个用 JavaScript 语言或者 TypeScript 语言编写的后端设计理念的前端框架。换言之，Angular 是最好的后端前端化的实践者，因而，Angular 在对自身问题不断地进行优化的过程中，寻找到了一条和 React 不同的道路。不同于作为现行前端框架最为流行的虚拟

DOM方案,Angular最擅长的仍然是在编译时的优化与探索,因而,Angular选择了一条更为艰深的道路,即增量DOM。作为最好的前端领域编译方案的代表,相较于React的Fiber架构,Angular也提出了自己的Ivy架构方案。自2019年的Angular 8.0开始,后续所有的Angular版本都基于Ivy架构之上进行构建。到目前为止,Angular团队通常每隔半年会发布一个大的版本。虽然不断频繁地革新发版,已经很难提起最早弃用Angular使用者的兴趣,但Angular作为整个前端领域极为特殊的存在,当在前端开发过程中难以突破时,Angular永远是你最好的宝典。

正如上述分析,Angular本身承载了Java时代的Web框架理念,其在设计之初便几乎照搬了Java领域最经典的Web框架,即Spring框架。相较于Java的Spring框架,作为前端框架的Angular提出了许多本框架的概念,诸如模块(Module)、组件(Component)、模板(Template)、元数据(Metadata)、指令(Directive)等,但是,Angular从本质上来讲还是延续了Java后端的Spring框架设计精髓,因而,Angular的设计哲学可以说与Spring框架的设计理念如出一辙,即依赖注入(Dependency Injection)、控制反转(Inversion Of Control)及面向切面编程(Aspect Oriented Programming),如图2-18所示。

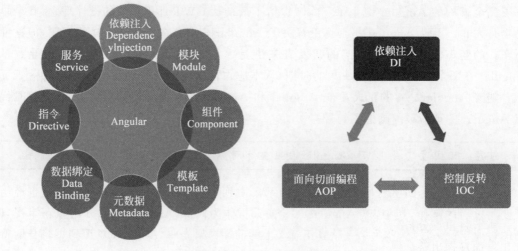

图2-18   Angular设计哲学

注意:控制反转是一种软件工程中常见的解耦思想,依赖注入只是实现这一思想的一种方式,而面向切面编程则只是一种编程范式,需要明确3种概念之间的联系与区别。

与分析其他框架一样,Angular的介绍也将涉及框架管理、状态管理及路由管理等。除了在框架介绍中会分析AngularJS之外,状态管理及路由管理的分析均以Angular为主,其中,状态管理主要以NgRx为主进行介绍,而路由管理则着重以Angular Router进行分析。"仰之弥高,钻之弥坚",业界对于Angular的分析相对较少,希望能通过本节的学习给各位读者提供一些研究Angular的思路和方法。

2.3.1　Angular

纵观整个 Angular 的架构设计思路,不论是最早的 AngularJS,还是经历变革后的 Angular,整个 Angular 团队都一直致力于对编译时进行探索。换言之,不同于 React 将自己的重心倾注于对"前端界操作系统"的用户心智打造,Angular 对自己的定位则着眼于一个"编译器"的角色,因而,在 Angular 团队不断深耕自身系统的编译能力下,终于在 8.x 版本之后,Angular 全面推行了新的编译模型,即 Ivy 编译模型。Ivy 编译模型的提出,可以看作 Angular 团队继 AngularJS 断代升级之后的又一重大变革。基于自身团队强大的编译构建能力,配合 TypeScript 语言的特性优势,Ivy 编译器更好地利用了即时编译(Just In Time)和提前编译(Ahead Of Time)的混合能力,对代码编译体积及构建时间都进行了优化,如图 2-19 所示。

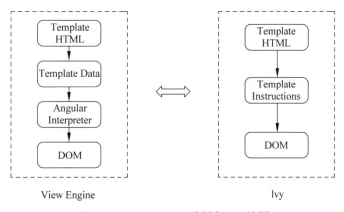

图 2-19　View Engine 编译与 Ivy 编译

正是基于 Angular 强大的编译能力,Angular 才得以落地其三大核心设计理念。虽然 Angular 和 AngularJS 都践行了 Angular 的核心设计理念,但是其实现方式却有着天壤之别。本节将重点分析 AngularJS 和 Angular 在核心设计哲学实现上的差别,以期能够从核心出发而窥探出整个 Angular 的变革心路历程。

1. AngularJS

起初的 Angular 受当时 Web 技术发展理念的影响,AngularJS 本身完全遵循了传统的 MVC(Model-View-Controller)体系结构。传统 Web 解耦模型的 MVC 体系结构完全承载自传统后端渲染时代的方案,该体系结构包括模型(Model)、视图(View)和控制器(Controller),然而,在浏览器环境中,JavaScript 本身具有和视图渲染层进行交互的能力,直观感受便是 JavaScript 可以操控 HTML 和 CSS,因此,传统的 MVC 模型似乎不太能够完全适配整个前端渲染的方案,这也为后续 Angular 等 Web 前端框架衍生出诸如 MVP(Model-View-Presenter)、MVVM(Model-View-ViewModel)等类 MVC 模型埋下了伏笔。在 AngularJS 中,典型的 MVC 架构是十分清晰的,但或多或少也为此付出了一定的代价,如图 2-20 所示。

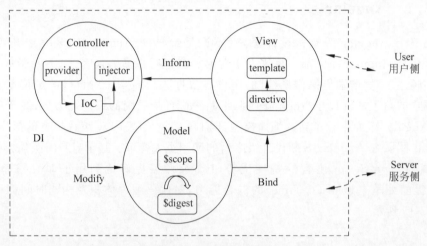

图 2-20 AngularJS 架构

可以看出,整个 AngularJS 的实现风格和 Java 体系的 Spring 框架有着诸多共通之处,这其中最关键的核心便是对依赖注入的实现。在 AngularJS 中,实现依赖注入是通过 toString()解析函数参数列表后进行模块的依赖项查找后注入实现的,代码如下:

```
//第 2 章/injector.js
function annotate(fn) {
  var $ inject,
      fnText,
      argDecl,
      last;
  if (typeof fn == 'function') {
    if (!( $ inject = fn. $ inject)) {
      $ inject = [];
      //通过 toString 解析
      fnText = fn.toString().replace(STRIP_COMMENTS, '');
      argDecl = fnText.match(FN_ARGS);
      forEach(argDecl[1].split(FN_ARG_SPLIT), function(arg){
        arg.replace(FN_ARG, function(all, underscore, name){
          $ inject.push(name);
        });
      });
      fn. $ inject = $ inject;
    }
  }
  return $ inject;
}
function createInjector(modulesToLoad) {
  function provider(name, provider_) {}
  //工厂模式
  function factory(name, factoryFn) { return provider(name, { $ get: factoryFn }); }
```

```
function service(name, constructor) {
  return factory(name, ['$ injector', function($ injector) {
    return $ injector.instantiate(constructor);
  }]);
}
function decorator(serviceName, decorFn) {}
}
```

因而,对于 AngularJS 而言,其特点为脏值检查、函参依赖、事件机制。

2. Angular

在软件工程中,降低软件复杂度的方式有很多种,其中依赖倒置原则(Dependency Inversion Principle)就是一种解耦的设计原则,而实现该原则的思路之一便是通过控制反转实现。尽管在 Ivy 架构推出前后,Angular 的编译方案发生了较大变化,但是对于依赖注入的核心理念实现却几乎不曾变化,或者说反而进行了一定程度的增强。不同于 AngularJS 中典型的 MVC 架构设计,Angular 则强化了其自定义的模块(Module)的设计,而这本身则强依赖于容器的设计与集成,如图 2-21 所示。

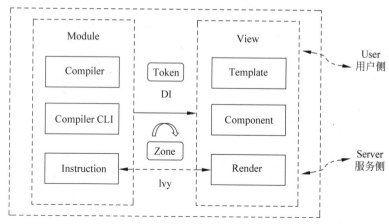

图 2-21　Angular 架构

通常来讲,实现控制反转需要利用控制反转容器(IoC Container)实现,这也可以看作依赖注入方法的基石。在 Angular 中,不同于 AngularJS 中的字符串解析注入依赖,Angular 则是利用 TypeScript 语言中的装饰器注解功能来依赖类型指定令牌(Token)进行依赖注册,代码如下:

```
//第2章/di.ts
//抽象类
export abstract class Injector {}
//记录判断 prodiver 的数据结构
interface Record {
  fn: Function;
  useNew: boolean;
```

```
    deps: DependencyRecord[];
    value: any;
}
//依赖记录
interface DependencyRecord {
    token: any;
    options: number;
}
//实现抽象类
export class StaticInjector implements Injector {
    get(token: any, notFoundValue?: any, flags: InjectFlags = InjectFlags.Default): any {
      const records = this._records;
      //record的缓存队列
      let record = records.get(token);
      //利用record避免循环问题
      if (record === undefined) {}
    }
    //对比Angular 1.x toString方法
    toString() {}
}
//解析Provider的函数
function resolveProvider() {}
//处理循环依赖的问题
function recursivelyProcessProviders() {}
//解析Token的函数
function resolveToken() {}
//计算依赖函数
function computeDeps() {}
```

除了依赖注入方案实现的重构之外,对于 AngularJS 中的脏值检查依赖及事件传递层级较深等问题,Angular 都通过引入业界先进方案进行整合,诸如 ZoneJS 及 RxJS 等。

因而,Angular 的特点可以表述为空域拦截、令牌解析、响应编程。

2.3.2 NgRx

相比于其他框架体系中会定义各自独特的模型概念,Angular 生态体系则直接借鉴业界中更加成熟且完善的状态管理方案进行集成和融合。作为 Angular 全家桶的官方状态管理方案,NgRx 采用的是基于响应式扩展(Reactive Extension)来对 Redux 进行架构升级改造,如图 2-22 所示。

有了对 Redux 的学习和理解之后,本节对于 NgRx 中各种模型概念将不再赘述,而是着重对如何进行响应式状态管理的改进实现进行阐述。正如对于框架中重构所描述的方案一样,Angular 生态体系的状态管理中也同样使用了业界先进的响应式扩展方案,即 RxJS。RxJS 的字面意思是 JavaScript 的响应扩展(Reactive Extensions for JavaScript),其是一个基于事件程序的利用可观察序列和查询操作符来处理异步的 JavaScript 库。不同的开发者对于视图模型有着不同的理解,较之于以数据视角来对视图进行切分,RxJS 则是以事件粒

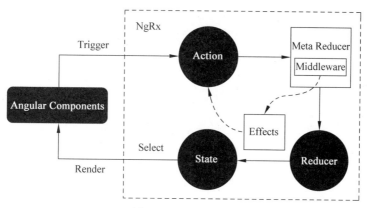

图 2-22　NgRx 原理

度来流式(Stream)整理数据。如果说传统的视图模型可以描述为 $UI = f(Data)$，则基于 RxJS 进行响应式构建可以描述为 $UI = r(f(Data))$。

在通过 RxJS 来对 Redux 进行改进之后，整个 NgRx 使用体验焕然一新，也产生了不同于 Redux 的风格特点，因此，本节将以经典的 NgRx 10.x 中的代码为例，来对比 Redux 相同概念下实现的不同之处，以期能给读者提供一个横向对比视角。

对于 Store 的实现，由于 RxJS 本身实现了发布-订阅机制，所以 NgRx 无须重复实现类似机制，而是重点提供了 select() 操作方法，该方法可通过 Selector 来解耦 Store 与 Component 之间的关系，代码如下：

```typescript
//第 2 章/NgRx.ts
@Injectable()
export class Store < T = object > extends Observable < T > implements Observer < Action > {
  constructor(
    state$ : StateObservable,
    private actionsObserver: ActionsSubject,
    private reducerManager: ReducerManager
  ) {
    super();
    this.source = state$;
  }
  select() {}
  lift() {}
  dispatch() {}
  next() {}
  error() {}
  complete() {}
  addReducer() {}
  removeReducer() {}
}
export const STORE_PROVIDERS: Provider[] = [Store];
export function select() {}
```

不同于 Redux 中间件函数式组合的实现方案,NgRx 则通过拆分组合的方式来管理和处理中间件,其中,Meta Reducer 用来定义中间件类型,代码如下:

```
//第 2 章/Middleware.ts
export interface ActionReducer< T, V extends Action = Action > {
  (state: T | undefined, action: V): T;
}
export type MetaReducer< T = any, V extends Action = Action > = (
  reducer: ActionReducer< T, V >
) => ActionReducer< T, V >;
```

可以看出,Meta Reducer 最后返回的仍是一个 ActionReducer,其中,创建 Action 的实现代码如下:

```
//第 2 章/action_creator.ts
export function createAction < T extends string, C extends Creator >(
  type: T,
  config?: { _as: 'props' } | C
) {
  REGISTERED_ACTION_TYPES[type] = (REGISTERED_ACTION_TYPES[type] || 0) + 1;
  if (typeof config === 'function') {
    return defineType(type, (...args: any[]) => ({
      ...config(...args),
      type,
    }));
  }
  const as = config ? config._as : 'empty';
  switch (as) {
    case 'empty':
      return defineType(type, () => ({ type }));
    case 'props':
      return defineType(type, (props: object) => ({
        ...props,
        type,
      }));
    default:
      throw new Error('Unexpected config. ');
  }
}
```

对于异步任务,则需要通过 Effect 进行处理,其中,创建 Effect 的代码如下:

```
//第 2 章/effect_creator.ts
export function createEffect(
  source,
  config
) {
  const effect = source();
  const value: EffectConfig = {
    ...DEFAULT_EFFECT_CONFIG,
```

```
    ...config, //Overrides any defaults if values are provided
  };
  Object.defineProperty(effect, CREATE_EFFECT_METADATA_KEY, {
    value,
  });
  return effect as typeof effect & CreateEffectMetadata;
}
```

除此之外，Reducer 是关联 Action 和 State 的桥梁，其中，创建 Reducer 的代码如下：

```
//第 2 章/reducer_creator.ts
export function on(
  ...args: (ActionCreator | Function)[]
): { reducer: Function; types: string[] } {
  const reducer = args.pop() as Function;
  const types = args.reduce(
    (result, creator) => [...result, (creator as ActionCreator).type],
    [] as string[]
  );
  return { reducer, types };
}
export function createReducer(
  initialState,
  ...ons
) {
  const map = new Map();
  for (let on of ons) {
    for (let type of on.types) {
      if (map.has(type)) {
        const existingReducer = map.get(type);
        const newReducer = (state, action) =>
          on.reducer(existingReducer(state, action), action);
        map.set(type, newReducer);
      } else {
        map.set(type, on.reducer);
      }
    }
  }
  return function (state, action) {
    const reducer = map.get(action.type);
    return reducer ? reducer(state, action) : state;
  };
}
```

而对于多个 Reducer 则必然涉及管理的问题，NgRx 是通过 Reducer Manager 来管理整个中间件的，代码如下：

```
//第 2 章/reducer_manager.ts
@Injectable()
export class ReducerManager extends BehaviorSubject implements OnDestroy {
  constructor(
```

```
    private dispatcher: ReducerManagerDispatcher,
    @Inject(INITIAL_STATE) private initialState: any,
    @Inject(INITIAL_REDUCERS) private reducers: ActionReducerMap < any, any >,
    @Inject(REDUCER_FACTORY)
    private reducerFactory: ActionReducerFactory < any, any >
) {
    super(reducerFactory(reducers, initialState));
}
addFeature() {}
addFeatures() {}
removeFeature() {}
removeFeatures() {}
addReducer() {}
addReducers() {}
removeReducer() {}
removeReducers() {}
private updateReducers() {}
ngOnDestroy() {}
}
```

注意：整个 NgRx 底层的实现涉及了大量的 RxJS 库中的 API，由于本节的重点在于对整个 Angular 生态进行阐述，对于其中 RxJS 库的源码不再进行细节分析。

2.3.3 Angular Router

和 Angular 全家桶中的其他生态一样，Angular Router 也被高度集成进 Angular 之中。可以明显地看出，Angular 团队管理生态体系与 React 团队采取了完全相反的风格，其使用的是"大教堂"模式风格。同样地，Angular 要想实现路由管理也需要和其他框架一样实现对应的功能模块。以 Angular Router 为例，其核心功能模块可以划分为 Router 模块、URL 模块及 Recognizer 模块，如图 2-23 所示。

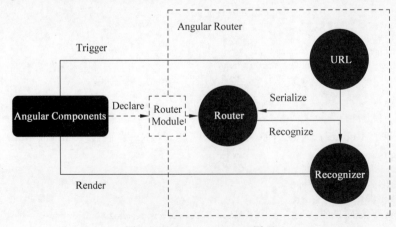

图 2-23 Angular Router 原理

不同于其他路由方案，Angular Router 的路由中没有提供非浏览器场景下的模式，仅仅包括 HashLocationStrategy 和 PathLocationStrategy 两种模式。对于跨平台的路由支持，Angular 生态采用了通用的抹平方案进行抽象化构建，常见的场景包括服务器端渲染时的路由场景及客户端渲染时的路由场景等。

对于整个 Router 模块，实现代码如下：

```
//第 2 章/router.ts
export class Router {
  constructor(
      private rootComponentType: Type < any >|null,
      private urlserializer: Urlserializer,
      private rootContexts: ChildrenOutletContexts,
      private location: Location,
      injector: Injector,
      loader: NgModuleFactoryLoader,
      compiler: Compiler,
      public config: Routes
  ) {
    //一些初始化配置
  }
  //设置内部的 navigate 事件,如路由劫持等
  private setupNavigations() {}
  //设置 location 的监听事件
  setUpLocationChangeListener() {
    //zone.js 重写了 onPopState
    if (!this.locationSubscription) {
      this.locationSubscription = this.location.subscribe((change) => {
        let rawUrlTree = this.parseUrl(change['url']);
        const source: NavigationTrigger = change['type'] === 'popstate' ? 'popstate' :
'hashchange';
        const state = change.state && change.state.navigationId ? change.state : null;
        setTimeout(
            () => { this.scheduleNavigation(rawUrlTree, source, state, {replaceUrl: true});
}, 0);
      });
    }
  }
  get url() {}
  //创建 URL 树
  createUrlTree() {}
  //基于 URL 跳转
  navigateByUrl() {}
  //跳转方法
  navigate() {}
  serializeUrl() {}
  //使用 promise 处理 navigate 的调度
  private scheduleNavigation() {
    let resolve: any = null;
```

```
      let reject: any = null;
      const promise = new Promise < boolean >((res, rej) => {
        resolve = res;
        reject = rej;
      });
      const id = ++this.navigationId;
      this.setTransition({
        id,
        source,
        restoredState,
        currentUrlTree: this.currentUrlTree,
        currentRawUrl: this.rawUrlTree, rawUrl, extras, resolve, reject, promise,
        currentSnapshot: this.routerState.snapshot,
        currentRouterState: this.routerState
      });
      return promise.catch((e) => { return Promise.reject(e); });
    }
  }
```

注意：上述代码进行了简化和省略，对于 Router 的实现，读者可以直接查看 Angular Router 源码仓库中的 Router 部分进行阅读学习。

对于 Angular 而言，组件(Component)和模块(NgModule)之间的整合需要通过声明 (declarations)的方式进行整合，因而，对于 Router 模块还需要通过 Router Module 进行接入，代码如下：

```
//第 2 章/router - module.ts
export class RouterModule {
  constructor() {}
  static forRoot() {
    return {
      ngModule: RouterModule,
      providers: [],
    };
  }
  static forChild(routes: Routes) {
    return {
      ngModule: RouterModule,
      providers: [provideRoutes(routes)]
    };
  }
}
```

Angular Router 中对于路由的切换则通过基于 URL 生成对应树的解析进行相关的序列化(serialize)处理，代码如下：

```
//第2章/url_tree.ts
export class UrlTree {
  get queryParamMap() {}
  toString() {}
}
export class UrlsegmetGroup {}
export class Urlsegment {}
export abstract class Urlserializer {}
class UrlParser {
  parseRootSegment() {}
  parseQueryParams() {}
  parseFragment() {}
  private parseChildren() {}
  private parseSegment() {}
  private parseParam() {}
  private parseQueryParam() {}
  private capture() {}
}
```

对于路由的识别处理，Angular Router 中使用 Recognizer 模块实现，代码如下：

```
//第2章/recognize.ts
export function recognize() {
  return new Recognizer().recognize();
}
class Recognizer {
  recognize() {}
  processSegmentGroup(): {}
  processChildren(){}
  processSegment() {}
}
interface MatchResult {
  consumedSegments: Urlsegment[];
  lastChild: number;
  parameters: any;
}
function match(segmentGroup, route, segments) {
  const matcher = route.matcher;
  const res = matcher(segments, segmentGroup, route);
  return {consumedSegments: res.consumed, lastChild: res.consumed.length};
}
function split() {}
function getOutlet() {}
function getData() {}
function getResolve() {}
```

▶ 13min

2.4　Svelte 全家桶

近年来,随着软件领域开源化思潮的迸发和发展,越来越多的软件开发者投入到了框架的开发中。事实上,每位框架设计者都秉承着各自对计算机领域的理解与思考,不断地相互借鉴及交流学习。仅前端领域而言,在众多后起的新兴框架里尤为瞩目的"新秀"框架非Svelte莫属。不同于其他框架,Svelte本身将响应式内置在其框架之中,因而,本节将仅仅介绍Svelte框架本身设计及其生态中的路由管理。

尽管Svelte的历史并不悠久,但回顾其发展历程也有助于各位读者了解其整个设计理念的演化,因而,本节仍将依照以往框架的介绍方式,按其历史大版本的发布时间点将其发展阶段划分为启航阶段、破局阶段及完善阶段,如图2-24所示。

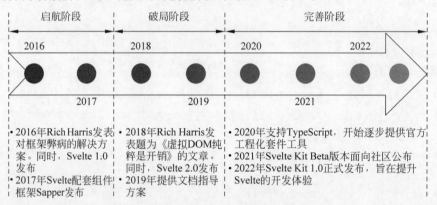

图 2-24　Svelte 发展历程

自工业时代以来,以 Angular、React、Vue 为主的三大框架占据了前端框架领域的绝大部分市场份额,大多数前端开发者在首次学习框架时会在这三大框架之中进行抉择,然而,随着框架的不断演化,其内在核心及开发体验变得越来越沉重。正是在这种背景下,里奇·哈里斯(Rich Harris)化繁为简地提出了对时下框架弊病的解决方案,这可以说是从工业时代走向信息时代下前端框架的一次新的变革。于是,在 2016 年,Svelte 1.0 发布;紧接着,配合 Svelte 使用的 Sapper 配套组件框架也于第二年发布了,因而,Sapper 及 Svelte 1.0 的发布标志着以 Svelte 为首的新兴框架正式向以三大巨头为代表的传统框架发起挑战,同时也标志着 Svelte 启航阶段的完成。

尽管信息时代之后各种框架如雨后春笋般层出不穷,但 Svelte 能够真正从诸多新兴框架中脱颖而出,进入广大前端开发者的视野还要源自一篇批判性文章的发表。时至 2018 年,里奇·哈里斯以一篇名为《虚拟 DOM 纯粹是开销》(*Virtual DOM is pure overhead*)的文章在前端领域掀起了轩然大波,其中,争议的焦点在于其对虚拟 DOM 设计方案的全盘否定,进而引发框架开发者对框架设计应该侧重编译时还是运行时的思考,这也算是点燃了前端框架发展方向的话题大讨论。毫无疑问,Svelte 很明显站队了"编译时"方案,其以"无运行时"作为宣传口号受到了诸多前端开发者的青睐。借助快速的开发体验及蒸蒸日上的势头，Svelte 于 2018 年发布了 2.0 版本，并且在 2019 年配套提供的颇具实操性的文档指导方案，也使一批持观望态度的前端开发者加入了 Svelte 的开发和使用当中。至此，Svelte 算是从传统三大框架牢牢把控前端框架市场的局面中找到了突破之法，这也可以看作破局阶段的完成。

作为新兴框架的代表，虽然其自身理念相对传统框架较为先进且历史包袱较轻，但由于其发展时间短、生态积淀浅等劣势也逐渐暴露到了日常生产化使用场景中，因而，Svelte 近几年不断地打磨其开发生态及工程化能力。在 2020 年，Svelte 宣布支持 TypeScript，并且开始逐步提供官方工程化套件工具，其中，最具代表性的工程化产品当属 Svelte Kit，其目的在于提升 Svelte 的开发速度。在 2021 年，Svelte Kit Beta 版面向社区公布，并且仅隔一年之后，Svelte Kit 1.0 便正式发布。到目前为止，Svelte 仍在不断完善其自身的生态及工具链路。

同 Angular 一样，Svelte 也以编译作为其立身之本。从某种意义上讲，Svelte 似乎和 AngularJS 十分相似，但这种"复古"风格却又包含现代框架的理念与设计，因而，抛却纷繁复杂的概念与术语，Svelte 的设计哲学可以用一句话进行表述，即编译即框架，如图 2-25 所示。

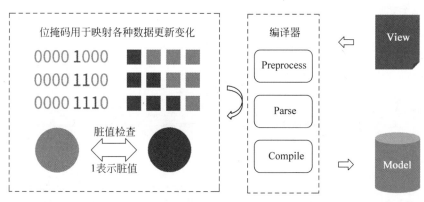

Compile as Framework

图 2-25　Svelte 设计哲学

不同于其他传统框架，作为新兴框架的 Svelte 本身理念有着更为现代化的设计思路。为了更好地进行响应式处理，Svelte 框架内置了状态管理，因而，Svelte 本身不存在额外的状态管理方案，并且现代化框架体系中路由管理也会配合服务器端渲染等方案进行展开。本节中，为了更好地和其他 3 个传统框架全家桶的方案进行对比展示，路由管理不采用通用的 Svelte Kit 中的路由管理进行介绍，而是以 Svelte Spa Router 为例对传统的前端路由方案进行概述。"兼取众长，以为己善"，框架的发展在不断借鉴中渐进升级和逐步前行，同时在不断的权衡与抉择之中进行取舍，希望通过本节以 Svelte 为例的新兴框架的介绍能够让读者对框架设计有更好的理解和思考。

注意：Svelte Kit 中的路由管理是基于内部实现的类似 Express 及 Koa 的 Node.js 框架的路由处理,感兴趣的读者可查阅相关资料进行学习。

2.4.1 Svelte

正如 Svelte 最初诞生时的设计思路,起初的 Svelte 本身仅想作为一个编译器对指定语法进行编译,因而,从 Svelte 1.0 到 Svelte 2.0,其核心编译逻辑几乎不曾变化,然而,随着框架的不断发展,单纯依靠编译时进行处理很难完成庞大的框架生态。自 Svelte 3.0 开始,Svelte 也加入了运行时相关的逻辑。虽然有了运行时相关的处理,但 Svelte 本质上还是一个基于编译时的框架,其核心思路仍然是从最初的编译器设计理念进行探究,因而,本节将以 Svelte 3.0 的代码为主对核心设计思路进行阐述。

在了解过 AngularJS 及 Vue 1.x 的框架设计理念之后,相信各位读者或多或少会从 Svelte 的核心设计中探寻到了一些相似之处,例如模板化方案、脏值检查等。尽管 Vue 1.x 和 Svelte 都可以看作继承了 AngularJS 的衣钵,但在实现方式上,这两个框架却有着天壤之别。在 Svelte 中,其核心思路是通过模板语法的编译处理而直接建立起状态与 DOM 节点之间的对应关系,如图 2-26 所示。

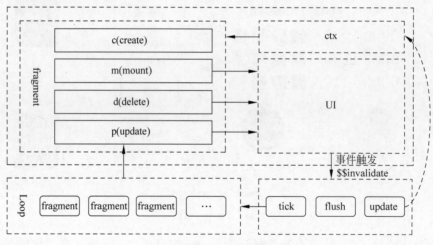

图 2-26　Svelte 架构

在 Compiler 中,以.svelte 为结尾的自定义组件文件被 parse 解析为抽象语法树(Abstract Syntax Tree)。随后,compile 将抽象语法树转换为 Component,再转换为 JavaScript 可运行的代码,其中,parse 和 compile 部分分别借助了 acron 和 estree-walker 这两个核心包。到目前为止,Compiler 核心部分一直不曾变化,这也从侧面展现了 Svelte 的"编译即框架"的设计初衷。

在 Runtime 中,通过 create_fragment()方法创建 Fragment,其中定义了 c、m、d、p 等操

作,代码如下:

```ts
//第2章/Component.ts
export interface Fragment {
    key: string | null;
    first: null;
    /* create */ c: () => void;
    /* claim */ l: (nodes: any) => void;
    /* hydrate */ h: () => void;
    /* mount */ m: (target: HTMLElement, anchor: any) => void;
    /* update */ p: (ctx: any, dirty: any) => void;
    /* measure */ r: () => void;
    /* fix */ f: () => void;
    /* animate */ a: () => void;
    /* intro */ i: (local: any) => void;
    /* outro */ o: (local: any) => void;
    /* destroy */ d: (detaching: 0 | 1) => void;
}
```

不同于 AngularJS 中的脏值检测方案,Svelte 则通过位掩码的方式进行脏值检查,代码如下:

```ts
//第2章/Component.ts
function make_dirty(component, i) {
    if (component.$$.dirty[0] === -1) {
        dirty_components.push(component);
        schedule_update();
        component.$$.dirty.fill(0);
    }
    component.$$.dirty[(i / 31) | 0] |= (1 << (i % 31));
}
```

同样地,对于整个脏值的检测机制也需要有一套调度方案进行处理。这里,Svelte 采用的是浏览器事件循环(Event Loop)的微任务机制进行处理,代码如下:

```ts
//第2章/scheduler.ts
export function schedule_update() {}
export function tick() {}
export function flush() {
    do {
        while (flushidx < dirty_components.length) {
            const component = dirty_components[flushidx];
            flushidx++;
            update(component.$$);
        }
        dirty_components.length = 0;
        flushidx = 0;
        while (binding_callbacks.length) binding_callbacks.pop()();
        for (let i = 0; i < render_callbacks.length; i += 1) {
            const callback = render_callbacks[i];
```

```
                    if (!seen_callbacks.has(callback)) {
                        seen_callbacks.add(callback);
                        callback();
                    }
                }
            render_callbacks.length = 0;
        } while (dirty_components.length);
        while (flush_callbacks.length) {
            flush_callbacks.pop()();
        }
        update_scheduled = false;
        seen_callbacks.clear();
        set_current_component(saved_component);
    }
    function update( $ $ ) {
        if ( $ $ .fragment !== null) {
            $ $ .update();
            run_all( $ $ .before_update);
            const dirty =  $ $ .dirty;
            $ $ .dirty = [ - 1];
            $ $ .fragment &&  $ $ .fragment.p( $ $ .ctx, dirty);
            $ $ .after_update.forEach(add_render_callback);
        }
    }
```

注意：对于想要了解 AngularJS 中脏值检查调度方案的实现，可参看 AngularJS 的 rootScope 中的 $ digest()方法进行对比学习。

最后，为了更好地实现响应式，Svelte 内置了状态机制，代码如下：

```
//第 2 章/svelte - store.ts
export function readable() {}
export function writable() {
    const subscribers = new Set();
    function set() {}
    function update() {}
    function subscribe() {}
    return { set, update, subscribe };
}
export function derived() {
    return readable();
}
```

因而，对于 Svelte 而言，其特点为静态编译、位掩记录、响应内置。

2.4.2 Svelte Spa Router

与其他全家桶一样，Svelte 也同样需要路由管理相关的生态建设。在 Svelte 生态中，其本身没有提供官方方案，社区中较为活跃的路由方案主要有两个，即 Svelte Routing 和

Svelte Spa Router,其中,前者更偏向于 React Router 的实现思路,而后者更像 Vue Router 的实现方案,因此,本节将主要以 svelte-spa-router 库的代码实现方案进行介绍。在 Svelte Spa Router 的源码中,主要包括 router、spa_router 及 components 文件目录,其中,依照与 Vue Router 的对比,可按功能将 Svelte Spa Router 拆分为几个模块,即 URL Parser 模块、Finder 模块及为实现功能相关的 path、route、current 及 redirect 函数功能模块,如图 2-27 所示。

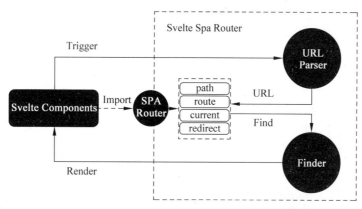

图 2-27　Svelte Spa Router 原理

不同于 Vue Router,Svelte Spa Router 中也只提供了 BrowserHistory 和 HashHistory 两种模式,其是通过 updateBrowserHistory 的标志位变量进行判断的,代码如下:

```
//第2章/current.js
if (updateBrowserHistory) {
  window.history.pushState({ page: pathAndSearch }, '', pathAndSearch);
}
```

在 URL Parser 模块中,其本质是一个函数,会返回一个包含 URL 的各种参数的对象,代码如下:

```
//第2章/url_parser.js
const UrlParser = (urlstring, namedUrl = '') => {
  const urlBase = new URL(urlstring);
  function hash() {}
  function host() {}
  function hostname() {}
  function namedParams() {}
  function port() {}
  function pathname() {}
  function protocol() {}
  function search() {}
  function queryParams() {}
  function pathNames() {}
```

```
    return Object.freeze({
      hash: hash(),
      host: host(),
      hostname: hostname(),
      namedParams: namedParams(),
      pathNames: pathNames(),
      port: port(),
      pathname: pathname(),
      protocol: protocol(),
      search: search(),
      queryParams: queryParams(),
    });
}
```

在 Finder 模块中,其实际上返回的是一个 currentRoute 对象,代码如下:

```
//第 2 章/finder.js
function RouterFinder({ routes, currentUrl, routerOptions, convert }) {
  function findActiveRoute() {}
  function searchActiveRoutes() {}
  function matchRoute() {}
  function parseCurrentUrl() {}
  function setCurrentRoute() {}
  return Object.freeze({ findActiveRoute });
}
```

注意:Svelte Routing 的实现思路与 React Router 十分相似,源码结构也十分简洁明了,各位读者可以参考源码进行学习。

▷ 4min

2.5 本章小结

本章从前端业界最流行的几大框架入手,分别介绍了 Vue、React、Angular 以及 Svelte 全家桶的框架设计、状态管理及路由管理等内容,也简要地介绍了每个框架对应解决方案中的最佳实践。为了更好地对比框架的广度与深度,本节将通过对比框架总体设计方向及全家桶集合来对本章做一个总结。

正如每个框架所分析的论述一样,所有框架的设计其实最终都可以规约为对编译时和运行时的权衡与把控。对框架设计而言,编译时和运行时的概念事实上是对编译原理中的相关概念进行了相应扩展。对于传统编译器而言,整个编译过程可以大致划分为词法分析、语法分析、语义分析、生成中间代码、优化及生成目标代码等几个阶段,其中,传统编译器将词法分析、语法分析、语义分析划分为编译器的前端,而将剩下的部分划分为编译器的后端。随着编译技术的不断发展,编译器生成中间代码及优化也变得越来越复杂,故而将这部分定义为中端,甚至对于中间代码(Intermediate Representation)有了诸如高(High Intermediate Representation)、中(Middle Intermediate Representation)、低(Low Intermediate Representation)等更为细致的区分。

注意:编译原理作为一门计算机领域极为重要的课程,需要不断深入钻研及琢磨,对于此方面感兴趣的读者可以参考编译原理中相关的学习资料进行学习。

在前端领域中,框架设计的本质其实是提供一套特定语言或者语法规则来帮助开发者提升开发效率及应用性能,因此,基于框架的前端应用开发过程都需要涉及编译转换的流程,这也从某种程度上增加了前端开发工程的复杂性。事实上,所有的前端工程模型都是基于 HTML、CSS、JavaScript 三大核心技术进行展开的,而其中以 JavaScript 最具控制能力,因而,绝大多数前端框架特定语言经过编译转化后会落脚到以 JavaScript 为主导的模型中。那么,对前端框架而言,所谓"编译时",是指将框架特定语言或语法规则转化编译为宿主环境下或者符合框架运行规则的可以识别目标代码的过程;同样地,所谓"运行时",是指在宿主环境中执行符合框架设定的运行规则的过程。

注意:编译时的输出产物可以是宿主环境可以直接执行的代码,也可以是符合框架运行时规则的代码。

因此,对于本章所介绍的几大框架可以如下横向对比,如图 2-28 所示。

运行时vs编译时

图 2-28 框架设计对比

对于一个成熟的框架体系而言,除了框架本身性能优越、操作优雅之外,对于"大前端"或者"泛前端"的扩展也是必不可少的。对于本章介绍的几大框架进行了如下的体系工程常见方案总结,见表 2-1。

表 2-1 框架体系工程常见方案对比

框架名称	Web 端	桌面端	移动端	小程序端	服务器端
Vue	Vue 全家桶	Electron NW. js	Weex	uni-app mpvue	Nuxt
Angular	Angular 全家桶	Electron NW. js Codava Ionic	Codava Ionic	--	Universal
React	React 全家桶	Electron NW. js React Native	React Native	Taro Rax	Next
Svelte	Svelte 全家桶	Electron	Svelte Native	--	Svelte Kit

　　最后,希望各位读者能够通过框架篇章的学习,在实际业务场景中进行框架选择时有一个较为清晰且宏观的视野。接下来,第 3 章将会进入组件库的学习中。现代化的前端工程都离不开组件库的设计与构建,作为与界面打交道最为频繁的开发工程师,希望各位读者能通过组件库的学习构建符合各自工程的组件库方案,提升开发及用户体验。

第3章
CHAPTER 3

组 件 库

▶5min

　　在近三十年的前端发展过程中,前端和设计之间似乎总是有着千丝万缕的联系。诚然,前端工程师作为一个单独的职业被提及还要追溯到农业时代,而作为"初代目"前端工程师的各位先哲们则多全知全能。实际上,形成首批前端工程师的群体大都来自网页制作人员,而这些人群中又可以划分为两个方向,即网页设计人员和网页开发人员。在农业时代之前,彼时最为流行的 Web 架构方案是以 JSP(Java Server Pages)、ASP(Active Server Pages)等为主的服务器端渲染技术,并且浏览器中的网页仅仅包括文字、图片等媒体的展示。在这样的时代背景下,通常会将 Web 页面的设计交由网页设计人员来完成,而将业务数据拼接到页面中进行展示的工作交给网页开发人员来完成,因而,在前后端分离大势的催化下,多元文化融合下诞生的前端程序员通常兼有美学意识和开发功底。

　　随着业务开发需求的增加,有着多元理念下的前端工程师也在不断追寻开发过程中的效率,考虑实用与美学兼具。于是,在大量工程实践的提炼下,前端业界抽象出了一套功能复用、界面美观、交互流畅的功能体系,即组件库体系。组件库体系是凝结了最初网页设计人员审美和网页开发人员技术的智慧结晶,其在颗粒度与复用度方面都对前端工程效能进行了提升。事实上,前端技术都是基于 HTML、CSS、JavaScript 三大基石进行拓展的,而其各自虽然都可以形成独立的架构与设计方案,但融合三大基础能力的组件库体系似乎才是高效工程的最优解,因而,所谓"组件库",其本质是高度抽象的以 HTML、CSS、JavaScript 为基底能够复用的最细粒度单元的体系集成方案。

　　通常来讲,为了解决业务场景中的复用问题,前端工程师都会分别封装对应的组件,然而,这些组件的封装一般涉及两个问题,即颗粒度问题与开闭性问题。基于这两个维度来考量组件的封装性是非常好的评价指标,同时也是多个组件组合是否能形成内聚体系最关键的核心所在,因此,要想实现体系化的组件库就必须对业务抽象层次很好地进行划分,即范围决定层次。

　　前端工程业界通常可将组件库区分为通用型组件库和业务型组件库,本章则主要介绍通用型组件库,因而,本章以工业时代下前端业界中两个常见的通用型组件库体系进行阐述,分别是 Element UI 和 Ant Design。不得不说,尽管前端业界中的组件库方案大都在框架体系的大背景下进行讨论,但实际上农业时代也有很多诸如以 jQuery＋Bootstrap 为基础封装的十分优秀的组件方案,因而,组件库方案并不能只着眼于基于框架限制下的工程构建。对于前端工程而言,有效地对工程方案进行合理划分及核心单元抽离才是关键。最后,本章也会简单总结设计与开发组件库所考量维度的建设思考,以期能够给读者提供更多的设计方面的参照。"学而不思则罔",Why 有时要比 How 更重要,单纯地照搬照抄很难撼动现有组件库市场的固有格局,差异性才更能体现出价值。

▷ 16min

3.1　Element UI

在中国互联网历史上曾发生过无数次经典战役,时至今日仍被人津津乐道的"千团大战"绝对称得上是这些经典战役中尤为浓墨重彩的一笔。时间拨回 2016 年,从"千团大战"中杀出一条血路来的饿了么,随着其商户端 PC 业务量激增而产生了大量的同公司内部高度类似的管理后台类项目,并且此时野蛮生长下的饿了么也急需有足够辨识度的品牌标识出现在公众视野之中。于是,适逢 Vue 的兴起且饿了么又以 Vue 作为其前端技术选型等多方综合因素考量下,由饿了么 UED 部门操刀设计、大前端部门落地实现的面向中后台的组件库诞生了。以今日之视角观昨日之事态,彼时 Vue 生态下也刚好缺少适合进行二次开发的中后台组件库。到目前为止,尽管后续 Vue 的组件库万物丛生,但在 Vue 领域下能与之争锋者亦如凤毛麟角。正是在这样的天时地利下,饿了么团队出品的 Element UI 成为 Vue 生态下 PC 端组件库的标配首选。

除了配合 Vue 框架外,Element UI 也提供了满足 React 和 Angular 框架下的对应实现。相较于 Vue 体系下的统治地位,Element UI 在其他框架下的表现却并不尽如人意,先声夺人往往才能掌控优势。除此之外,配合 Element UI 组件库的二次开源最佳实践也层出不穷,以后台管理系统为例,就有十分多的 GitHub 开源项目,例如 Vue Element Admin 及 Vue Pure Admin 等。

本节将通过指南、组件、主题、国际化、文档及资源等几部分来分别介绍 Element UI 的整个组件库体系,以期能够让读者从多个维度了解 Element UI 的构成与价值。

3.1.1　指南

所谓"知止而后有定",组件库的体系建构离不开设计理念的提炼与表达,谋定而动,知止方才有得,因此,本节将通过设计哲学、设计风格及设计样式 3 个方面来阐述 Element UI 的设计理念,以思考理念如何指导组件库体系的落地与实践。

1. 设计哲学

"思想决定意识,意识决定行为",在设计体系中也不例外,每个设计体系语言都有其自身所需要遵循的原则。在 Element UI 中,可将这些原则总结为 4 个关键词,即一致、反馈、效率及可控,其中,一致性体现在界面与生活中的一致,反馈在于行为与界面的响应,而效率与可控则重点讲究的是快速与正确。设计哲学体现的是设计师及设计团队整体的思想与调性,其对整个组件库体系而言具有决定性作用,如图 3-1 所示。

图 3-1　Element UI 设计哲学

2. 设计风格

在用户界面(User Interface)设计风格中,通常可以将其划分为拟物风格、扁平风格及轻拟物风格等。对 Element UI 而言,其遵循的是扁平化的设计理念。相较于拟物化风格对实际物体的模仿重现,扁平化风格则更强调抽象、极简和符号化,其通过去除冗余、厚重和繁杂的装饰效果来凸显信息本身的核心要义,如图 3-2 所示。

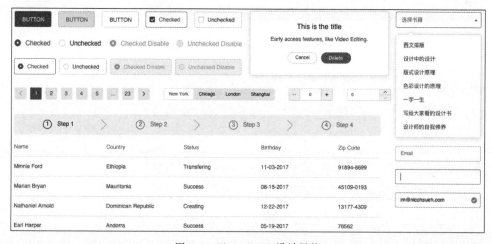

图 3-2　Element UI 设计风格

3. 设计样式

三大构成是现代艺术设计基础的重要组成部分,其主要包括平面构成、色彩构成及立体构成。所谓"构成",其含义是将不同形态的单元重新组成一个新的单元。同样地,UI 设计中通常也会包括上述三大构成所需的要素,其具体表现为色彩、布局及字体的设计与呈现。

在 Element UI 中,其色彩体系主要通过"主色＋功能色"的方式对色彩广度进行展现,而在深度方面则通过灰度对色彩层级进行递进,如图 3-3 所示。

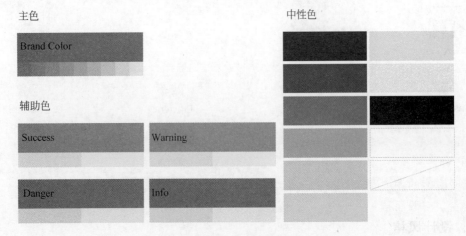

图 3-3　Element UI 色彩样式

对于布局体系而言,Element UI 同样采用弹性(Flex)栅格布局进行自适应排布,其采用的是 24 分栏而非 12 栅格体系,如图 3-4 所示。

图 3-4　Element UI 布局样式

对于字体而言,Element UI 采用统一的字体规范,提供不同的字体家族、字重等设计方案,力求在各个操作系统下都有最佳的展示效果,如图 3-5 所示。

图 3-5　Element UI 字体样式

3.1.2　组件

随着时代的发展,以 IT 技术为基础利用网络平台提供服务的互联网企业逐步登上了历史舞台。一般而言,互联网企业提供服务的形式通常以终端层作为其业务流量的入口,其中,通过需求分析来对功能进行梳理,从而便可进行流程分解与设计,以形成不同形式的页面来串联起整个商务活动。因此,为了更好、快速、高效地提供业务开发能力,以功能层、页面层、组件层对业务形态进行析构分解便可将组件库体系按一定规则归纳收敛到提供所需不同组件类型的划分之中。在 Element UI 中,其可规划为六大类组件,分别为通用类组件(Basic)、表单类组件(Form)、数据类组件(Data)、通知类组件(Notice)、导航类组件(Navigation)及其他类组件(Others),如图 3-6 所示。

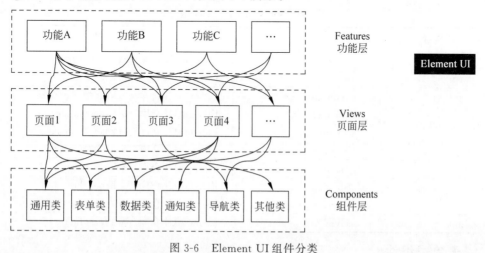

图 3-6　Element UI 组件分类

毋庸置疑,对于组件库的构建也同样离不开工程模板。同时,基于不同框架的组件库构建需要符合其对应框架的语法规则,因而,本节以 Element UI 2.x 版本代码为例相应地进行实现及分析,其所依赖的框架为 Vue 2.x。

在 Vue 2.x 中,Vue 提供了 component()的组件注册方法,同时也提供了 use()方法进行插件接入,代码如下:

```
//封装 install 方法,用于注册组件及指令
const install = function(Vue, opts = {}) {};
if (typeof window !== 'undefined' && window.Vue) {
  install(window.Vue);
}
```

相应地,对于每个组件而言,需要提供一个 install()方法,模板代码如下:

```
//从 src 目录下引入组件,组件名称按照对应分类进行命名
import ComponentA from './src';
//提供 install 方法,用于注册
ComponentA.install = function(Vue) {
    Vue.component(ComponentA.name, ComponentA)
};
//导出组件
export default ComponentA;
```

注意:上述代码为抽象出来的组件收敛入口模板代码,对于具体的每个组件的实现思路可以查看源码进行学习,具体可见表 3-1～3-6 的备注中对应的源码网址。

1. 通用类组件

在通用类组件中,Element UI 提供了布局组件(Layout)、布局容器组件(Container)、图标组件(Icon)、按钮组件(Button)及文字链接组件(Link)等,见表 3-1。

表 3-1　Element UI 通用类组件

组件名称	组件包	备　注
Layout	el-row	ElementUI 仓库/packages/row
	el-col	ElementUI 仓库/packages/col
Container	el-container	ElementUI 仓库/packages/container
	el-header	ElementUI 仓库/packages/header
	el-main	ElementUI 仓库/packages/main
	el-footer	ElementUI 仓库/packages/footer
Icon	el-icon	ElementUI 仓库/packages/icon
Button	el-button	ElementUI 仓库/packages/button
	el-button-group	ElementUI 仓库/packages/button-group
Link	el-link	ElementUI 仓库/packages/link

2. 表单类组件

在表单类组件中,Element UI 提供了单选框组件(Radio)、复选框组件(Checkbox)、输入框组件(Input)、计数器组件(InputNumber)、选择器组件(Select)、级联选择器组件

（Cascader）、开关组件（Switch）、滑块组件（Slider）、时间选择器组件（TimePicker）、日期选择器组件（DatePicker）、上传组件（Upload）、评分组件（Rate）、颜色选择器组件（ColorPicker）、穿梭框组件（Transfer）及表单组件（Form）等，见表3-2。

表 3-2　Element UI 表单类组件

组 件 名 称	组 件 包	备　　注
Radio	el-radio	ElementUI 仓库/packages/radio
	el-radio-group	ElementUI 仓库/packages/radio-group
	el-radio-button	ElementUI 仓库/packages/radio-button
Checkbox	el-checkbox	ElementUI 仓库/packages/checkbox
	el-checkbox-group	ElementUI 仓库/packages/checkbox-group
	el-checkbox-button	ElementUI 仓库/packages/checkbox-button
Input	el-input	ElementUI 仓库/packages/input
	el-autocomplete	ElementUI 仓库/packages/autocomplete
InputNumber	el-input-number	ElementUI 仓库/packages/input-number
Select	el-select	ElementUI 仓库/packages/select
	el-option	ElementUI 仓库/packages/option
	el-option-group	ElementUI 仓库/packages/option-group
Cascader	el-cascader	ElementUI 仓库/packages/cascader
	el-cascader-panel	ElementUI 仓库/packages/cascader-panel
Switch	el-switch	ElementUI 仓库/packages/switch
Slider	el-slider	ElementUI 仓库/packages/slider
TimePicker	el-time-select	ElementUI 仓库/packages/time-select
	el-time-picker	ElementUI 仓库/packages/time-picker
DatePicker	el-date-picker	ElementUI 仓库/packages/date-picker
Upload	el-upload	ElementUI 仓库/packages/upload
Rate	el-rate	ElementUI 仓库/packages/rate
ColorPicker	el-color-picker	ElementUI 仓库/packages/color-picker
Transfer	el-transfer	ElementUI 仓库/packages/transfer
Form	el-form	ElementUI 仓库/packages/form
	el-form-item	ElementUI 仓库/packages/form-item

3. 数据类组件

在数据类组件中，Element UI 提供了表格组件（Table）、标签组件（Tag）、进度条组件（Progress）、树形组件（Tree）、分页组件（Pagination）、标记组件（Badge）、头像组件（Avatar）、骨架屏组件（Skeleton）、空状态组件（Empty）、描述列表组件（Descriptions）、结果组件（Result）及统计数值组件（Statistic）等，见表3-3。

表 3-3　Element UI 数据类组件

组件名称	组件包	备　注
Table	el-table	ElementUI 仓库/packages/table
	el-table-column	ElementUI 仓库/packages/table-column
Tag	el-tag	ElementUI 仓库/packages/tag
Progress	el-progress	ElementUI 仓库/packages/progress
Tree	el-tree	ElementUI 仓库/packages/tree
Pagination	el-pagination	ElementUI 仓库/packages/pagination
Badge	el-badge	ElementUI 仓库/packages/badge
Avatar	el-avatar	ElementUI 仓库/packages/avatar
Skeleton	el-skeleton	ElementUI 仓库/packages/skeleton
	el-skeleton-item	ElementUI 仓库/packages/skeleton-item
Empty	el-empty	ElementUI 仓库/packages/empty
Descriptions	el-descriptions	ElementUI 仓库/packages/descriptions
	el-descriptions-item	ElementUI 仓库/packages/descriptions-item
Result	el-result	ElementUI 仓库/packages/result
Statistic	el-statistic	ElementUI 仓库/packages/statistic

4. 通知类组件

在通知类组件中,Element UI 提供了警告组件(Alert)、加载组件(Loading)、消息提示组件(Message)及通知组件(Notification)等,见表 3-4。

表 3-4　Element UI 通知类组件

组件名称	组件包	备　注
Alert	el-alert	ElementUI 仓库/packages/alert
Loading	v-loading	ElementUI 仓库/packages/loading
Message	message	ElementUI 仓库/packages/message
Notification	notify	ElementUI 仓库/packages/notification

5. 导航类组件

在导航类组件中,Element UI 提供了导航菜单组件(NavMenu)、标签页组件(Tabs)、面包屑组件(Breadcrumb)、页头组件(PageHeader)、下拉菜单组件(Dropdown)及步骤条组件(Steps)等,见表 3-5。

表 3-5　Element UI 导航类组件

组件名称	组件包	备　注
NavMenu	el-menu	ElementUI 仓库/packages/menu
	el-menu-item	ElementUI 仓库/packages/menu-item
	el-menu-group	ElementUI 仓库/packages/menu-item-group
	el-submenu	ElementUI 仓库/packages/submenu

组件名称	组件包	备 注
Tabs	el-tabs	ElementUI 仓库/packages/tabs
	el-tab-pane	ElementUI 仓库/packages/tab-pane
Breadcrumb	el-breadcrumb	ElementUI 仓库/packages/breadcrumb
	el-breadcrumb-item	ElementUI 仓库/packages/breadcrumb-item
PageHeader	el-page-header	ElementUI 仓库/packages/page-header
Dropdown	el-dropdown	ElementUI 仓库/packages/dropdown
	el-dropdown-menu	ElementUI 仓库/packages/dropdown-menu
	el-dropdown-item	ElementUI 仓库/packages/dropdown-item
Steps	el-steps	ElementUI 仓库/packages/steps
	el-step	ElementUI 仓库/packages/step

6. 其他类组件

对于上述未分类但开发中复用程度又很高的组件,Element UI 将其划分到了其他类组件中,包括对话框组件(Dialog)、文字提示组件(Tooltip)、弹出窗组件(Popover)、气泡确认框组件(Popconfirm)、卡片组件(Card)、走马灯组件(Carousel)、折叠面板组件(Collapse)、时间线组件(Timeline)、分割线组件(Divider)、日历组件(Calendar)、图片组件(Image)、回到顶部组件(Backtop)、无限滚动组件(InfiniteScroll)及抽屉组件(Drawer),见表 3-6。

表 3-6 Element UI 其他类组件

组件名称	组件包	备 注
Dialog	el-dialog	ElementUI 仓库/packages/dialog
Tooltip	el-tooltip	ElementUI 仓库/packages/tooltip
Popover	el-popover	ElementUI 仓库/packages/popover
Popconfirm	el-popconfirm	ElementUI 仓库/packages/popconfirm
Card	el-card	ElementUI 仓库/packages/card
Carousel	el-carousel	ElementUI 仓库/packages/carousel
	el-carousel-item	ElementUI 仓库/packages/carousel-item
Collapse	el-collapse	ElementUI 仓库/packages/collapse
	el-collapse-item	ElementUI 仓库/packages/collapse-item
Timeline	el-timeline	ElementUI 仓库/packages/timeline
	el-timeline-item	ElementUI 仓库/packages/timeline-item
Divider	el-divider	ElementUI 仓库/packages/divider
Calendar	el-calendar	ElementUI 仓库/packages/calendar
Image	el-image	ElementUI 仓库/packages/image
Backtop	el-backtop	ElementUI 仓库/packages/backtop
InfiniteScroll	v-infinite-scroll	ElementUI 仓库/packages/infinite-scroll
Drawer	el-drawer	ElementUI 仓库/packages/drawer

3.1.3 主题

对于通用型组件库而言,一套成熟的组件库体系并不应该仅服务于某一种或几种特定的场景,而是应该定位于可扩展且支持各种定制化复用的生态平台,因此,对于多业务领域场景的主题配置方案便是组件库体系中不可或缺的部分。在 Element UI 中,其是通过修改变量映射对应色值的方式来完成个性化主题的定制功能,如图 3-7 所示。

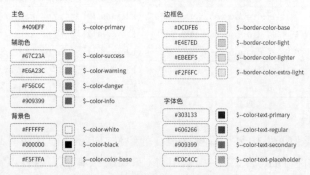

图 3-7 Element UI 主题配置

在 Element UI 2.x 中,其实现主题变量的代码如下:

```
//第 3 章/var.scss
$ -- color - primary: #409EFF !default;

$ -- color - white: #FFFFFF !default;

$ -- color - black: #000000 !default;

$ -- color - success: #67C23A !default;

$ -- color - warning: #E6A23C !default;

$ -- color - danger: #F56C6C !default;

$ -- color - info: #909399 !default;

$ -- color - text - primary: #303133 !default;

$ -- color - text - regular: #606266 !default;

$ -- color - text - secondary: #909399 !default;

$ -- color - text - placeholder: #C0C4CC !default;
```

3.1.4 国际化

正如前述的业务复杂化及拓展需求的不断深耕,商业化出海也成为各大国内互联网厂商竞相追逐获取更多新兴市场下的战略方向,因此,国际化方案不仅是前端工程领域的一项重要课题,就组件库体系而言也同样是一项不可忽视的重要内容。在 Element UI 中,其国际化方案主要提供了 t()、use() 及 i18n() 3 个功能函数,如图 3-8 所示。

其中,对于 i18n() 及 use() 的实现方式,代码如下:

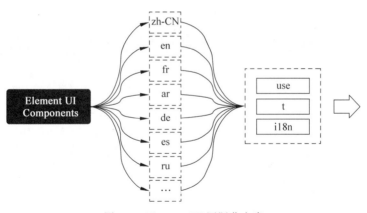

图 3-8 Element UI 国际化方案

```
//第 3 章/locale.js
const format = Format(Vue);
let i18nHandler = function() {
  const vuei18n = Object.getPrototypeOf(this || Vue). $ t;
  if (typeof vuei18n === 'function' && !!Vue.locale) {
    if (!merged) {
      merged = true;
      Vue.locale(
        Vue.config.lang,
        deepmerge(lang, Vue.locale(Vue.config.lang) || {}, { clone: true })
      );
    }
    return vuei18n.apply(this, arguments);
  }
};
export const t = function(path, options) {
  let value = i18nHandler.apply(this, arguments);
  if (value !== null && value !== undefined) return value;
  const array = path.split('.');
  let current = lang;
  for (let i = 0, j = array.length; i < j; i++) {
    const property = array[i];
    value = current[property];
    if (i === j - 1) return format(value, options);
    if (!value) return '';
    current = value;
  }
  return '';
};
export const use = function(l) {
  lang = l || lang;
};
export const i18n = function(fn) {
  i18nHandler = fn || i18nHandler;
}
```

对于 t(),则需要用到 format() 的字符串模板转化,其代码如下:

```
//第3章/format.js
const RE_NARGS = /(%|)\{(([0-9a-zA-Z_]+)\}/g;
export default function(Vue) {
  function template(string, ...args) {
    if (args.length === 1 && typeof args[0] === 'object') {
      args = args[0];
    }
    if (!args || !args.hasOwnProperty) {
      args = {};
    }
    return string.replace(RE_NARGS, (match, prefix, i, index) => {
      let result;
      if (string[index - 1] === '{' &&
        string[index + match.length] === '}') {
        return i;
      } else {
        result = hasOwn(args, i) ? args[i] : null;
        if (result === null || result === undefined) {
          return '';
        }
        return result;
      }
    });
  }
  return template;
}
```

3.1.5　文档

在成熟的组件库体系中,为了能让开发及设计等人员更好地使用和了解组件库功能及价值,通常来讲也会对应提供官方文档以展现组件样例及设计理念。在 Element UI 2.x 中,由于其本身基于 Vue 2.x 的框架建设,故而其文档构建也采用了基于 Vue 全家桶的工程化方案,然而,不同于以 HTML 为主的网页应用建设,开发人员通常会选用以 MarkDown 为主的轻量级标记语言对文档进行编写,因此,对于组件库文档而言,就需要能够对 MarkDown 语法与 HTML 语法进行相应转化,然而,由于 Element UI 2.x 是基于 Vue 全家桶文档进行构建的,故而只需对.md 文件配合.vue 文件进行相应处理,如图 3-9 所示。

在 Element UI 2.x 中,其使用的是基于 Webpack 的打包构建,因而对于.md 文件需要通过 md-loader 和 vue-loader 进行处理,代码如下:

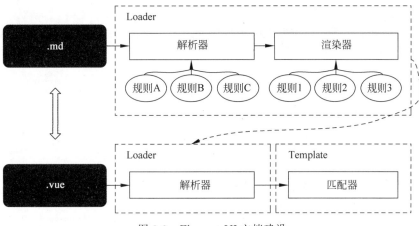

图 3-9　Element UI 文档建设

```
//第 3 章/webpack.demo.js
const webpackConfig = {
  module: {
    rules: [
      {
        test: /\.md$/,
        use: [
          //vue-loader
          {
            loader: 'vue-loader',
            options: {
              compilerOptions: {
                preserveWhitespace: false
              }
            }
          },
          //md-loader
          {
            loader: path.resolve(__dirname, './md-loader/index.js')
          }
        ]
      }
    ]
  }
}
```

在 Element UI 2.x 中，其通过 markdown-it 及其相关插件实现了 md-loader，代码
如下：

```
//第 3 章/md-loader.js
module.exports = function(source) {
  //输出逻辑
  return `
```

```
    <template>
      <section class = "content element - doc">
        ${output.join('')}
      </section>
    </template>
    ${pageScript}
  `;
}
```

注意：loader 是 Webpack 中处理模块资源的一种转换器，其本质是一个函数且支持自定义，对于 Webpack 的具体分析会在后续章节中进行阐述。

其中，经过.md 文件到.vue 文件的转换后，配合自定义的 demo-block 显示组件便可实现组件及源码的同步展现，代码如下：

```
<!-- 第 3 章/demo - block.vue -->
<template>
  <div
    class = "demo - block">
    <div class = "source">
      <!-- 源码 -->
      <slot name = "source"></slot>
    </div>
    <div class = "meta" ref = "meta">
      <div class = "description" v - if = "$slots.default">
        <slot></slot>
      </div>
      <div class = "highlight">
        <slot name = "highlight"></slot>
      </div>
    </div>
  </div>
</template>
```

3.1.6 资源

为了更好地提供资产沉淀，组件库体系同样也需要提供相应的资源文件来支持业务方的自定义扩展。通常来讲，资源文件默认会提供设计规范说明书、设计组件包及设计工具插件等内容。在 Element UI 中，其提供了 Axure 及 Sketch 相关设计软件的设计组件包，如图 3-10 所示。

图 3-10   Element UI 设计资源

3.2   Ant Design

22min

如果说"千团大战"是中国互联网巨头在团购市场的一次"烧钱大赛",则促使现象产生背后而颠覆用户商业行为的底层原始推动力完全源自支付方式的彻底变革。毋庸置疑,诞生于 2004 年的支付宝起初的作用仅仅是为了解决阿里巴巴旗下的淘宝平台交易当中的信任问题,然而,随着移动互联网的发展,由于其为用户提供了极大便利,支付宝逐渐渗入衣食住行的各个环节中,同时也极大地改变了人们的行为和生活方式。在 2013 年"All In 无线"之后,随着支付宝前线业务的开疆拓土,中后台需求与日俱增,而缺少与之相应的成熟体系方案却成为用户增长的瓶颈。再者,加之肯德基接入支付宝的不顺,终于成为压死受中后台羸弱弊病困扰下支付宝的最后一根稻草。面对如此量级的中后台产品,建立统一的 UI 设计/前端框架便成为支付宝时下的当务之急。于是,在 2015 年4 月,为了未来能支撑起庞大的中后台业务,也为各自的专业发展,与支付宝母公司蚂蚁金服同名且同时寓意着"艺术与科技"(Art and Technology)的组件库体系——Ant Design终于呱呱坠地。

Ant Design 从诞生以来,大致经历了 6 个时间发展节点。在 2015 年,Ant Design 以0.6 版本首次向世人掀开自己的神秘面纱;仅隔一年之后,Ant Design 1.0 版本正式发布。随着体系的不断沉淀,2.0 版本的 Ant Design 同时提供了面向移动端的 Ant Design Mobile及交互动效规范的 Ant Motion 及 Ant Landing 等。到了 3.0 时代,Ant Design 则推出了提升设计工作效率的 Sketch 工具集——Kitchen。更进一步,Ant Design 4.0 又对插画资产提出了自己的最佳解决方案,即海兔(HiTu)插画组件库。到目前为止,以 5.0 规范下的领域子模型的提出为例,Ant Design 组件库体系一直都致力于通过科技与艺术来不断地提升用户体验,如图 3-11 所示。

正如 Ant Design 版本升级之路一样,相较于 Element UI,Ant Design 庞大的生态体系则包罗万象,其成熟的生态产品包括 Ant Design Pro、HiTu、Tech UI、Ant Design Vue、AntLanding、Ant Motion、Kitchen、Ant Design Mobile 等。

同样地,本节仍将通过指南、组件、主题、国际化、文档及资源等几部分来分别展开介绍

图 3-11　Ant Design 历史背景

Ant Design 的整个组件库体系,以期能够让读者更加全面地透析成熟组件库体系所必须涵盖的范围与层次。

3.2.1　指南

　　所谓"内正其心,外正其容",组件库体系的价值判断决定了组件库的价值选择,也为设计者提供评价设计好坏的内在标准,并且对组件库本身的使命与意义提供最本质的衡量基准,启示并激发了组件库体系中趋向发展的判定,进而为具体设计问题提供向导和一般解决方案,因此,本节仍将通过设计哲学、设计风格及设计样式 3 个方面来阐述 Ant Design 的设计理念,以对比不同价值体系下的组件库方案的具体呈现。

1. 设计哲学

　　"知性始于感性,理性行于知性",在人机交互设计中,无意识与有意识常常造成了人与系统的力量融合和互相影响。不同于其他设计体系的理念坚持,Ant Design 有 4 点与众不同,可将这些不同归纳为自然、确定、生长及意义,这也可看作其设计原则。其中,自然主要体现在感知自然和行为自然,其为解决数字世界的复杂化与注意力资源稀缺化的矛盾提供了追寻的方向;确定主要表现为设计确定及用户确定,其决定了人机交互的高确定性与低合作熵的状态;生长则重点包括价值连接和人机共生,其表达了设计者对产品功能价值的可发现性及创造性;意义更多是承载用户的需求与产品的使命,其可分为结果的意义和过程的意义。设计哲学高度凝练地归纳总结了设计体系的价值体现与表达诉求,其能大幅度提升研发团队的确定性且保持系统一致性,如图 3-12 所示。

2. 设计风格

　　同样地,对 Ant Design 而言,其遵循的也是扁平化的设计理念。不同于 Element UI,Ant Design 结合时下设计趋势及企业发展变化,在不同版本中对扁平化风格相应地进行了细节调整。以 Ant Design 5.x 为例,其设计风格变得更加轻量与简洁,如图 3-13 所示。

3. 设计样式

　　用户界面作为系统和用户之间进行交互和信息交换的媒介,其不仅包括界面美观的设

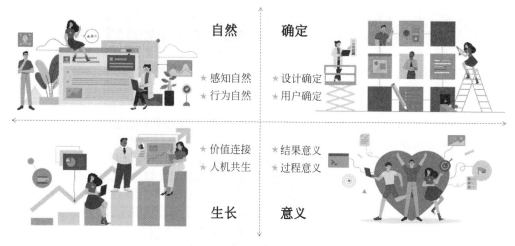

图 3-12 Ant Design 设计哲学

图 3-13 Ant Design 设计风格

计,也同时囊括人机交互和操作逻辑的设计,因此,对于色彩、布局及字体样式而言,也同样要追寻设计中的韵律感与动态感。

在 Ant Design 中,其色彩体系可解读成系统级色彩体系和产品级色彩体系两个层面。系统级色彩体系主要以色板的功能方式进行提供,将色彩通过一定的模型算法而延展出自然规律下的变化,平衡了可读性、美感及可得性,如图 3-14 所示。

类似地,与 Element UI 的色彩样式的分类方式相仿,产品级色彩体系则重点以"主色+功能色+中性色"的方式提供企业级的视觉传达,如图 3-15 所示。

空间布局是体系化视觉设计的起点,相较于传统平面设计,UI 设计中的空间布局则更

red-1	red-2	red-3	red-4	red-5	red-6	red-7	red-8	red-9	red-10	Dust Red 薄暮
valcano-1	valcano-2	valcano-3	valcano-4	valcano-5	valcano-6	valcano-7	valcano-8	valcano-9	valcano-10	Volcano 火山
orange-1	orange-2	orange-3	orange-4	orange-5	orange-6	orange-7	orange-8	orange-9	orange-10	Sunset Orange 日暮
gold-1	gold-2	gold-3	gold-4	gold-5	gold-6	gold-7	gold-8	gold-9	gold-10	Calendula Gold 金盏花
yellow-1	yellow-2	yellow-3	yellow-4	yellow-5	yellow-6	yellow-7	yellow-8	yellow-9	yellow-10	Sunrise Yellow 日出
lime-1	lime-2	lime-3	lime-4	lime-5	lime-6	lime-7	lime-8	lime-9	lime-10	Lime 青柠
green-1	green-2	green-3	green-4	green-5	green-6	green-7	green-8	green-9	green-10	Polar Green 极光绿
cyan-1	cyan-2	cyan-3	cyan-4	cyan-5	cyan-6	cyan-7	cyan-8	cyan-9	cyan-10	Cyan 明青
blue-1	blue-2	blue-3	blue-4	blue-5	blue-6	blue-7	blue-8	blue-9	blue-10	Daybreak Blue 拂晓蓝
geekblue-1	geekblue-2	geekblue-3	geekblue-4	geekblue-5	geekblue-6	geekblue-7	geekblue-8	geekblue-9	geekblue-10	Geek Blue 极客蓝
purple-1	purple-2	purple-3	purple-4	purple-5	purple-6	purple-7	purple-8	purple-9	purple-10	Golden Purple 酱紫
magenta-1	magenta-2	magenta-3	magenta-4	magenta-5	magenta-6	magenta-7	magenta-8	magenta-9	magenta-10	Magenta 法式洋红
color-1	color-2	color-3	color-4	color-5	color-6	color-7	color-8	color-9	color-10		#1890ff

图 3-14　Ant Design 系统级色彩样式

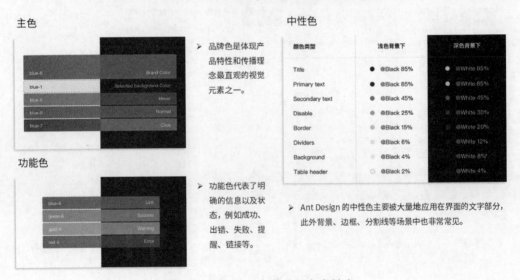

图 3-15　Ant Design 产品级色彩样式

加动态且富有变化。受现代主义建筑大师勒·柯布西耶(Le Corbusier)的模度思想启发，Ant Design 采用网格基数为 8 的偶数分隔粒度提供具备动态感和韵律感的布局决策。同样地，Ant Design 也采用了 24 分栏的栅格体系，如图 3-16 所示。

字体是体系化界面设计中的重要构成之一，Ant Design 基于动态秩序的有效原则，分别对字体家族、字体基准、字体颜色等相应地进行了约束，力求在视觉展现上满足路德维希·密斯·凡德罗(Ludwig Mies van der Rohe)所提出的"少即是多"(less is more)的现代主义风格设计理念，如图 3-17 所示。

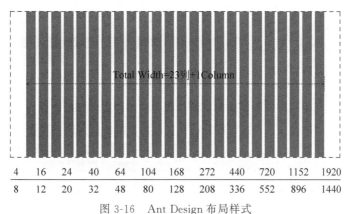

图 3-16　Ant Design 布局样式

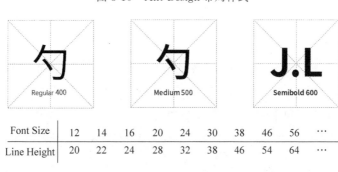

图 3-17　Ant Design 字体样式

3.2.2　组件

在面向对象编程中,常常会用到设计模式的解决方案。同样地,在 UI 设计中,设计模式也被广泛地应用到组件库体系设计的方方面面,其可以显著地增加研发团队的确定性及系统一致性,节省不必要的开销,提高设计与开发的协作效率。作为企业级业务的最佳践行者,Ant Design 中落地设计模式也同样遵循其设计哲学,并为企业产品中反复出现的设计问题提供通用的解决方案。设计者既可以直接使用设计模式来完成界面设计,也可以从设计模式出发,衍生更加贴合业务的解决方案,以满足个性化的设计需求,因此,为了更好快速高效地提供业务开发能力,Ant Design 以功能层、页面层、模块层、组件层来对业务形态进行拆解,其可规划为六大类组件,分别为通用类组件(General)、布局类组件(Layout)、导航类组件(Navigation)、数据类组件(Data)、反馈类组件(Feedback)及其他类组件(Other),如图 3-18 所示。

注意:在 Ant Design 中,数据类组件包括数据录入类组件和数据展示类组件。

回顾 Ant Design 1.0 到 5.0 的进化过程,开源社区的参与度也在逐步增加,广大社区开发者提供了许多功能组件,例如卡片组件(Card)、评分组件(Rate)、自动完成组件

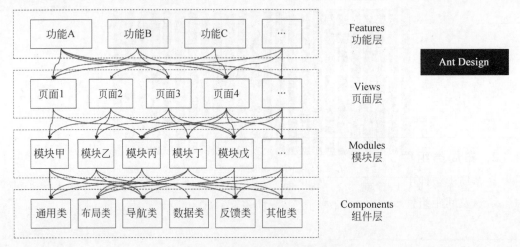

图 3-18　Ant Design 组件分类

(AutoComplete)、分割线组件(Divider)、分段控制器组件(Segmented)、包裹组件(App)、二维码组件(QRCode)等,因而,本节以 Ant Design 5.5.x 版本代码为例相应地进行实现分析,其所依赖的框架为 React 18.x,模板代码如下:

```
//从当前组件目录下引入组件,组件名称按照对应分类进行命名
import ComponentA from './componentA';
import ComponentB from './componentB';
function Component() {}
Component.ComponentA = ComponentA
Component.ComponentB = ComponentB
//导出组件
export default Component;
```

注意:上述代码为抽象出来的组件模板代码,具体对应组件源码网址可见对应分类组件中的表格备注项。

1. 通用类组件

在通用类组件中,Ant Design 提供了按钮组件(Button)、图标组件(Icon)及排版组件(Typography)等,见表 3-7。

表 3-7　Ant Design 通用类组件

组件名称	组件包	备　注
Button	Button	Ant Design 仓库/components/button/button.tsx
	ButtonGroup	Ant Design 仓库/components/button/button-group.tsx
Icon	Icon	Ant Design 仓库/components/icon/index.ts

续表

组件名称	组件包	备注
Typography	Typography	Ant Design 仓库/components/typography/Typography.tsx
	Text	Ant Design 仓库/components/typography/Text.tsx
	Title	Ant Design 仓库/components/typography/Title.tsx
	Paragraph	Ant Design 仓库/components/typography/Paragraph.tsx
	Link	Ant Design 仓库/components/typography/Link.tsx

2. 布局类组件

在布局类组件中,Ant Design 提供了分割线组件(Divider)、栅格组件(Grid)、布局组件(Layout)及间距组件(Space)等,见表 3-8。

表 3-8 Ant Design 布局类组件

组件名称	组件包	备注
Divider	Divider	Ant Design 仓库/components/divider/index.tsx
Grid	Row	Ant Design 仓库/components/grid/row.tsx
	Col	Ant Design 仓库/components/grid/col.tsx
Layout	Layout Header Content Footer Sider	Ant Design 仓库/components/layout/layout.tsx Ant Design 仓库/components/layout/Sider.tsx
Space	Space	Ant Design 仓库/components/space/index.tsx
	Compact	Ant Design 仓库/components/space/Compact.tsx

3. 导航类组件

在导航类组件中,Ant Design 提供了锚点组件(Anchor)、面包屑组件(Breadcrumb)、下拉菜单组件(Dropdown)、导航菜单组件(Menu)、分页组件(Pagination)及步骤条组件(Steps)等,见表 3-9。

表 3-9 Ant Design 导航类组件

组件名称	组件包	备注
Anchor	Anchor	Ant Design 仓库/components/anchor/Anchor.tsx
	AnchorLink	Ant Design 仓库/components/anchor/AnchorLink.tsx
Breadcrumb	Breadcrumb	Ant Design 仓库/components/breadcrumb/Breadcrumb.tsx
	BreadcrumbItem	Ant Design 仓库/components/breadcrumb/BreadcrumbItem.tsx
	BreadcrumbSeparator	Ant Design 仓库/components/breadcrumb/BreadcrumbSeparator.tsx
Dropdown	Dropdown	Ant Design 仓库/components/dropdown/dropdown.tsx
	DropdownButton	Ant Design 仓库/components/dropdown/dropdown-button.tsx

续表

组件名称	组件包	备注
Menu	Menu	Ant Design 仓库/components/menu/index.tsx
	Item	Ant Design 仓库/components/menu/MenuItem.tsx
	SubMenu	Ant Design 仓库/components/menu/SubMenu.tsx
	MenuDivider	Ant Design 仓库/components/menu/MenuDivider.tsx
	ItemGroup	React Component 仓库/src/MenuItemGroup.tsx
Pagination	Pagination	Ant Design 仓库/components/pagination/Pagination.tsx
Steps	Steps	Ant Design 仓库/components/steps/Steps.tsx
	Step	React Component 仓库/src/Step.tsx

4. 数据类组件

在 Ant Design 中,数据类组件可分为两种,分别是数据录入类组件及数据展示类组件。

在数据录入类组件中,Ant Design 提供了自动完成组件(AutoComplete)、级联选择组件(Cascader)、复选框组件(Checkbox)、颜色选择器组件(ColorPicker)、日期选择器框组件(DatePicker)、表单组件(Form)、输入框组件(Input)、数字输入框组件(InputNumber)、提及组件(Mentions)、单选框组件(Radio)、评分组件(Rate)、选择器组件(Select)、滑动输入条组件(Slider)、开关组件(Switch)、时间选择框组件(TimePicker)、穿梭框组件(Transfer)、树选择组件(TreeSelect)及上传组件(Upload)等,见表 3-10。

表 3-10 Ant Design 数据录入类组件

组件名称	组件包	备注
AutoComplete	AutoComplete	Ant Design 仓库/components/auto-complete/index.tsx
Cascader	Cascader	Ant Design 仓库/components/cascader/index.tsx
Checkbox	Checkbox	Ant Design 仓库/components/checkbox/Checkbox.tsx
	CheckboxGroup	Ant Design 仓库/components/checkbox/Group.tsx
ColorPicker	ColorPicker	Ant Design 仓库/components/color-picker/ColorPicker.tsx
DatePicker	DatePicker	Ant Design 仓库/components/date-picker/index.ts
	RangePicker	Ant Design 仓库/components/date-picker/index.ts
Form	Form	Ant Design 仓库/components/form/Form.tsx
	FormItem	Ant Design 仓库/components/form/FormItem/index.tsx
	FormList	Ant Design 仓库/components/form/FormList.tsx
	ErrorList	Ant Design 仓库/components/form/ErrorList.tsx
	FormProvider	Ant Design 仓库/components/form/context.tsx
Input	Input	Ant Design 仓库/components/input/Input.tsx
	Group	Ant Design 仓库/components/input/Group.tsx
	Search	Ant Design 仓库/components/input/Search.tsx
	TextArea	Ant Design 仓库/components/input/TextArea.tsx
	Password	Ant Design 仓库/components/input/Password.tsx
InputNumber	InputNumber	Ant Design 仓库/components/input-number/index.tsx

续表

组件名称	组件包	备 注
Mentions	Mentions	Ant Design 仓库/components/mentions/index. tsx
	Option	React Component 仓库/src/Option. tsx
Radio	Radio	Ant Design 仓库/components/radio/radio. tsx
	RadioGroup	Ant Design 仓库/components/radio/group. tsx
	RadioButton	Ant Design 仓库/components/radio/radioButton. tsx
Rate	Rate	Ant Design 仓库/components/rate/index. tsx
Select	Select	Ant Design 仓库/components/select/index. tsx
	Option	React Component 仓库/src/Option. tsx
	OptionGroup	React Component 仓库/src/OptGroup. tsx
Slider	Slider	Ant Design 仓库/components/slider/index. tsx
Switch	Switch	Ant Design 仓库/components/switch/index. tsx
TimePicker	TimePicker	Ant Design 仓库/components/time-picker/index. tsx
	RangePicker	
Transfer	Transfer	Ant Design 仓库/components/transfer/index. tsx
	TransferList	Ant Design 仓库/components/transfer/list. tsx
	Search	Ant Design 仓库/components/transfer/search. tsx
	Operation	Ant Design 仓库/components/transfer/operation. tsx
TreeSelect	TreeSelect	Ant Design 仓库/components/tree-select/index. tsx
	TreeNode	React Component 仓库/src/TreeNode. tsx
Upload	Upload	Ant Design 仓库/components/upload/Upload. tsx
	Dragger	Ant Design 仓库/components/upload/Dragger. tsx

在数据展示类组件中,Ant Design 提供了头像组件(Avatar)、徽标组件(Badge)、日历组件(Calendar)、卡片组件(Card)、走马灯组件(Carousel)、折叠面板组件(Collapse)、描述列表组件(Descriptions)、空状态组件(Empty)、图片组件(Image)、列表组件(List)、气泡卡片组件(Popover)、二维码组件(QRCode)、分段控制器组件(Segmented)、统计数值组件(Statistic)、表格组件(Table)、标签页组件(Tabs)、标签组件(Tag)、时间轴组件(Timeline)、文字提示组件(Tooltip)、漫游式引导组件(Tour)及树形组件(Tree)等,见表 3-11。

表 3-11 Ant Design 数据展示类组件

组件名称	组件包	备 注
Avatar	Avatar	Ant Design 仓库/components/avatar/avatar. tsx
	Group	Ant Design 仓库/components/avatar/group. tsx
Badge	Badge	Ant Design 仓库/components/badge/index. tsx
	Ribbon	Ant Design 仓库/components/badge/Ribbon. tsx
Calendar	Calendar	Ant Design 仓库/components/calendar/index. tsx

组件名称	组件包	备　　注
Card	Card	Ant Design 仓库/components/card/Card.tsx
	Grid	Ant Design 仓库/components/card/Grid.tsx
	Meta	Ant Design 仓库/components/card/Meta.tsx
Carousel	Carousel	Ant Design 仓库/components/carousel/index.tsx
Collapse	Collapse	Ant Design 仓库/components/collapse/index.ts
Descriptions	Descriptions	Ant Design 仓库/components/descriptions/index.tsx
	DescriptionsItem	Ant Design 仓库/components/descriptions/Item.tsx
Empty	Empty	Ant Design 仓库/components/empty/index.tsx
Image	Image	Ant Design 仓库/components/image/index.tsx
	PreviewGroup	Ant Design 仓库/components/image/PreviewGroup.tsx
List	List	Ant Design 仓库/components/list/index.tsx
	Item	Ant Design 仓库/components/list/Item.tsx
	Meta	
Popover	Popover	Ant Design 仓库/components/popover/index.tsx
QRCode	QRCode	Ant Design 仓库/components/qrcode/index.tsx
Segmented	Segmented	Ant Design 仓库/components/segmented/index.tsx
Statistic	Statistic	Ant Design 仓库/components/statistic/Statistic.tsx
	Countdown	Ant Design 仓库/components/statistic/Countdown.tsx
Table	Table	Ant Design 仓库/components/table/Table.tsx
	Column	Ant Design 仓库/components/table/Column.ts
	ColumnGroup	Ant Design 仓库/components/table/ColumnGroup.ts
	Summary	React Component 仓库/src/Footer/Summary.tsx
Tabs	Tabs	Ant Design 仓库/components/tabs/index.tsx
	TabPane	Ant Design 仓库/components/tabs/TabPane.ts
Tag	Tag	Ant Design 仓库/components/tag/index.tsx
Timeline	Timeline	Ant Design 仓库/components/timeline/Timeline.tsx
	TimelineItem	Ant Design 仓库/components/timeline/TimelineItem.tsx
Tooltip	Tooltip	Ant Design 仓库/components/tooltip/index.tsx
Tour	Tour	Ant Design 仓库/components/tour/index.tsx
Tree	Tree	Ant Design 仓库/components/tree/index.ts
	TreeNode	React Component 仓库/src/TreeNode.tsx
	DirectoryTree	Ant Design 仓库/components/tree/DirectoryTree.tsx

5. 反馈类组件

在反馈类组件中,Ant Design 提供了警告提示组件(Alert)、抽屉组件(Drawer)、全局提示组件(Message)、对话框组件(Modal)、通知提醒组件(Notification)、气泡确认框组件(Popconfirm)、进度条组件(Progress)、结果组件(Result)、骨架屏组件(Skeleton)及加载中组件(Spin)等,见表3-12。

表 3-12　Ant Design 反馈类组件

组件名称	组件包	备　　注
Alert	Alert	Ant Design 仓库/components/alert/index. tsx
	ErrorBoundary	Ant Design 仓库/components/alert/ErrorBoundary. tsx
Drawer	Drawer	Ant Design 仓库/components/drawer/index. tsx
Message	message	Ant Design 仓库/components/message/index. tsx
Modal	Modal	Ant Design 仓库/components/modal/Modal. tsx
Notification	notification	Ant Design 仓库/components/notification/index. tsx
Popconfirm	Popconfirm	Ant Design 仓库/components/popconfirm/index. tsx
Progress	Progress	Ant Design 仓库/components/progress/index. tsx
Result	Result	Ant Design 仓库/components/result/index. tsx
Skeleton	Skeleton	Ant Design 仓库/components/skeleton/Skeleton. tsx
	SkeletonButton	Ant Design 仓库/components/skeleton/Button. tsx
	SkeletonAvatar	Ant Design 仓库/components/skeleton/Avatar. tsx
	SkeletonInput	Ant Design 仓库/components/skeleton/Input. tsx
	SkeletonImage	Ant Design 仓库/components/skeleton/Image. tsx
	SkeletonNode	Ant Design 仓库/components/skeleton/Node. tsx
Spin	Spin	Ant Design 仓库/components/spin/index. tsx

6. 其他类组件

对于没有具体类别的组件，Ant Design 将其划分到其他类组件中，包括固钉组件（Affix）、包裹组件（App）、全局化配置组件（ConfigProvider）、悬浮按钮组件（FloatButton）及水印组件（Watermark）等，见表 3-13。

表 3-13　Ant Design 其他类组件

组件名称	组件包	备　　注
Affix	Affix	Ant Design 仓库/components/affix/index. tsx
App	App	Ant Design 仓库/components/app/index. tsx
ConfigProvider	ConfigProvider	Ant Design 仓库/components/config-provider/index. tsx
	ConfigContext	Ant Design 仓库/components/config-provider/context. tsx
	SizeContext	Ant Design 仓库/components/config-provider/SizeContext. tsx
FloatButton	FloatButton	Ant Design 仓库/components/float-button/FloatButton. tsx
	FloatButtonGroup	Ant Design 仓库/components/float-button/FloatButtonGroup. tsx
	BackTop	Ant Design 仓库/components/float-button/BackTop. tsx
Watermark	Watermark	Ant Design 仓库/components/watermark/index. tsx

3.2.3　主题

为满足业务和品牌多样化的视觉需求，组件库体系都会在设计规范和技术上支持灵活的样式定制，包括但不限于全局样式和指定组件的视觉呈现，例如主色、圆角、边框、阴影、层级及动效等。相较于前几个版本的主题定制方案,Ant Design 5.0 提供了一套基于设计令牌(Design Token)思想而抽提出符合自身设计理念的全新体系化定制主题方案,如图 3-19 所示。

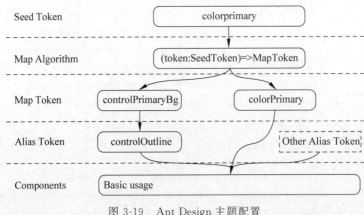

图 3-19　Ant Design 主题配置

> **注意**:Design Token 是设计系统中的视觉原子,可翻译为设计指令或者设计令牌,是帮助设计师和开发工程师建立起表达决策的通用语言。

在 Ant Design 5.0 中,其提供了一套通用的 Token 生成算法,代码如下:

```typescript
//第 3 章/genCommonMapToken.ts
export default function genCommonMapToken(token: SeedToken): CommonMapToken {
  const { motionUnit, motionBase, borderRadius, lineWidth } = token;
  return {
    //motion
    motionDurationFast: `${(motionBase + motionUnit).toFixed(1)}s`,
    motionDurationMid: `${(motionBase + motionUnit * 2).toFixed(1)}s`,
    motionDurationSlow: `${(motionBase + motionUnit * 3).toFixed(1)}s`,
    //line
    lineWidthBold: lineWidth + 1,
    //radius
    ...genRadius(borderRadius),
  };
}
```

以色彩生成方案为例,Ant Design 将自定义颜色的色板生成算法抽离到一个通用的 @ant-design/colors 库中。值得一提的是,在 Ant Design 不同版本中对于色板生成的方案有着十分巨大的差异。

在 Ant Design 1.x 色板算法中,其主要使用的是基于 RGB 模型线性组合的黑白混合算法,然而,RGB 色彩模型线性换算过程中间隔变化较大,对于人眼视觉效果及感性认知不友好。

在 2. x 色板算法中，Ant Design 使用了基于 HSL 模型进行贝塞尔曲线（Bézier Curve）拟合后再通过对灰度的判断分别进行加深及减弱的分化粒度算法。相较于 RGB 色彩模型，HSL 色彩模型则可以利用色相（Hue）的旋转对应地进行加深和减弱，更加符合人的视觉感知。

注意：贝塞尔曲线是应用于二维图形应用程序的数学曲线，常用来进行数据拟合。

对于 HSL 色彩模型而言，HSV 模型的变化梯度则更加柔和且易于控制，因而，在 Ant Design 3. x 中，Ant Design 对于灰度判断的理论依据不再基于贝塞尔曲线拟合的 HSL 色彩模型而重新改为线性调整的 HSV 的色彩模型，简化算法的混合方案。

注意：色彩模型指的是某个三维颜色空间中的一个可见光子集，包含某个色彩域的所有色彩，常见的色彩模型有 RGB、CMYK、HSL、HSV 等。

在 Ant Design 5.0 中，其仍沿袭了自 3.0 版本之后的基于 HSV 色彩模型的自定义色板算法，对应代码如下：

```typescript
//第3章/generate.ts
export default function generate(color: string, opts: Opts = {}): string[]
  {
  const patterns: string[] = [];
  const pColor = inputToRGB(color);
  //light 主题
  for (let i = lightColorCount; i > 0; i -= 1) {}
  //dark 主题
  for (let i = 1; i <= darkColorCount; i += 1) {}
  //暗黑主题
  if (opts.theme === 'dark') {
    return darkColorMap.map(({ index, opacity }) => {
      const darkColorString: string = toHex(
        mix(
          inputToRGB(opts.backgroundColor || '#141414'),
          inputToRGB(patterns[index]),
          opacity * 100,
        ),
      );
      return darkColorString;
    });
  }
  return patterns;
}
```

可以看出，对于 Ant Design 5.0 的分割粒度方案而言，色相（Hue）的判断区位为 60～240，饱和度（Saturation）和明度（Value）的加深及减弱梯度则有明显区别，并且减弱的幅度更大。

> **注意**：学术界对色彩的研究十分复杂，包含色彩理论、色彩模型、色彩空间、色彩计算等，感兴趣的读者可查阅相关资料进行深入学习。

3.2.4　国际化

相应地，作为面向服务全球金融市场的引领者，蚂蚁金服前端的国际化之路同样早已深耕入局。在 Ant Design 中，其国际化方案主要提供了 ConfigProvider 的组件，用于全局地进行国际化配置，如图 3-20 所示。

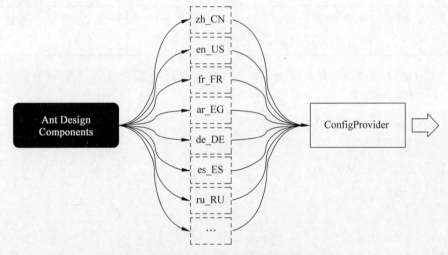

图 3-20　Ant Design 国际化方案

其中，ConfigProvider 配置提供组件的实现，代码如下：

```
//第3章/config - provider.tsx
const ConfigProvider: React.FC < ConfigProviderProps > & {
  ConfigContext: typeof ConfigContext;
  SizeContext: typeof SizeContext;
  config: typeof setGlobalConfig;
  useConfig: typeof useConfig;
} = (props) => {
  const context = React.useContext < ConfigConsumerProps >(ConfigContext);
  const antLocale = React.useContext < LocaleContextProps | undefined >(LocaleContext);
  return < ProviderChildren parentContext = {context} legacyLocale = {antLocale!} {...props}
/>;
}
```

除此之外，对于现代化的 React 开发体系，Ant Design 5.0 也提供了配置方案的 hooks 函数 useConfig()，其对应代码如下：

```
//第 3 章/useConfig.ts
function useConfig() {
  const componentDisabled = useContext(DisabledContext);
  const componentSize = useContext(SizeContext);
  return {
    componentDisabled,
    componentSize,
  };
}
```

3.2.5 文档

在软件工程领域,开发文档是软件开发使用和维护过程中的必备资料。诚然,文档在组件库体系中也同样重要,其不仅有指导、帮助、解惑的作用,更关键的是它也是树立组件库体系品牌、提升团队影响力的平台媒介。

在 Ant Design 文档化构建的方案中,除了 5.0 版本外,其他构建方案都是通过内部自研的 MarkDown 转化工具 bisheng 实现的,其是通过 mark-twain 的前端工具包进行的 MarkDown 语法解析,代码如下:

```
//第 3 章/markdown.js
module.exports = function (filename, fileContent) {
  const markdown = markTwain(fileContent);
  markdown.meta.filename = toUriPath(filename);
  return markdown;
}
```

从 Ant Design 5.0 开始,其官方文档采用基于蚂蚁金服自研乌米(umi)框架而衍生出来的嘟米(dumi)文档工具进行组件库官网构建及部署。与业界常见的文档构建相比,嘟米是一款为组件开发场景而生的静态站点框架,如图 3-21 所示。

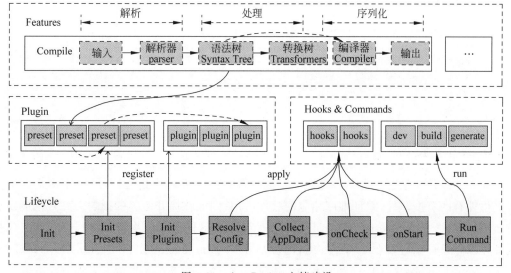

图 3-21 Ant Design 文档建设

在 Ant Design 5.0 官网构建中,Ant Design 团队采用的是 dumi 2.x 版本。对 dumi 2.x 而言,其整个构建的核心是对 demo、markdown、page 及 pre-raw 提供相应的 loader,以 markdown 为例,代码如下:

```
function emit() {
  //模板语法
  return Mustache.render()
}
//loader
export default function mdLoader() {}
```

其中,对 MarkDown 文档的转化则是通过 unified 内容转化工具集的自定义实现的,包括 rehype、remark 及 recma 等,代码如下:

```
//第3章/transformer.ts
export default async (raw: string, opts: IMdTransformerOptions) => {
  //加载额外的 remark 插件
  opts.extraRemarkPlugins?.forEach((plugin) =>
    applyUnifiedPlugin({
      plugin,
      processor,
      cwd: opts.cwd,
    }),
  );
  //加载额外的 rehype 插件
  opts.extraRehypePlugins?.forEach((plugin) =>
    applyUnifiedPlugin({
      plugin,
      processor,
      cwd: opts.cwd,
    }),
  );
  const result = await processor.use().process();
  return {
    content: String(result.value),
    meta: result.data,
  };
}
```

3.2.6 资源

庞大的组件库生态通常会包含多种多样的资源与模板。除此之外,组件库体系如果能够提供独有的资产套件,并且推广相应的软件应用,则能够提升业界的影响力并且也能发现更多的机会。对 Ant Design 而言,其提供了官方与社区两种资源物料,其中,官方资产包括设计资源和设计工具,例如 Sketch 组件包、Mobile Components、Ant Design Pro、Kitchen、Ant Design Landing 及 Chart 组件包等;相应地,社区贡献了对应平台或者通用设计软件的套包,例如 xiaopiu 原型资源、Figma 组件包资源、墨刀原型资源、即时设计资源、MasterGo 组件包资源及 Raycast 拓展资源等,如图 3-22 所示。

图 3-22 Ant Design 设计资源

3.3 本章小结

2min

本章以工业时代下依托框架的两大组件库入手,分别介绍了 Element UI 和 Ant Design 组件库体系中的指南、组件、主题、国际化、文档及资源等内容,也简要地介绍了每个组件库所产生的背景与发展。为了更好地观察组件库体系从设计到落地的全貌,本节将通过对比分析不同的设计系统及前端发展历史阶段的典型组件库方案,以此来对本章做一个总结。

设计系统[1](Design System),也称作设计体系,是指服务于客体的一系列具有关联性、有序性、标准性的设计集合整体。一般来讲,设计系统通常包含核心准则(Core Guidelines)、设计准则(Design Guidelines)、设计资产(Design Assets)、组件库(Component Libraries)、元系统(Meta Systems)、编码工具及其他资产(Code Tooling & other assets)等,其有着清晰的标准引导、机制化的组织流程及具象的指南和工具,用来帮助开发者、设计师及产品经理等高效地沟通协作,动态地确保用户体验的一致性。

注意:设计系统建设是一项十分庞大的工程,不仅包含前端工程师,同时也涵盖设计师、产品经理、运营人员等多个团队成员角色,有兴趣的读者可以在工作中不断地探索与实践。

由此看出,组件库体系不仅是设计系统的一部分,而且也拓展出了具有特定领域场景的新形态,因此,除了本章所介绍的设计体系之外,对已成熟商业化落地的设计系统例举如下,

感兴趣的读者可参考相关资料进行进一步学习,如图 3-23 所示。

图 3-23　常见设计系统

以农业时代为起点,前端领域中出现了各种各样的组件库体系,对于业界常见的组件库体系进行如下总结,见表 3-14。

表 3-14　常见组件库体系对比

组件库名称	设计系统	团　　队	诞生时期	工程
YUI	YUI	雅虎	农业时代	PC 端
Bootstrap	Bootstrap UI	Twitter	农业时代	PC 端 移动端
Angular Material	Material Design	谷歌	工业时代	PC 端 移动端
Element	Element UI	饿了么	工业时代	PC 端
Ant Design	Ant Design	蚂蚁金服	工业时代	PC 端 移动端
Iceworks	Ice Design	淘宝	信息时代	PC 端 移动端
Vant	Vant UI	有赞	信息时代	移动端 小程序
IView	View Design	视图更新科技	信息时代	PC 端
WeUI	We UI	微信	信息时代	小程序
Nut	Nut UI	京东	信息时代	PC 端
Chameleon	Chameleon UI	滴滴	信息时代	PC 端 移动端 小程序
DevUI	Dev UI	华为	信息时代	PC 端
Arco	Arco Design	今日头条	云边端时代	PC 端
Semi	Semi Design	抖音	云边端时代	PC 端

　　最后,前端组件库仅仅是组件库体系中的一个方向,对于多端体系下的组件库方案,希望各位读者能够通过组件库篇章的学习,从而构建出符合自己团队或公司特性的组件库体系。

　　从第 4 章开始,本书将会对前端工程中的包管理方案进行阐述。所有的工程方案都有各自的包管理系统,前端工程方案同样离不开系统级别的工具组合,希望各位读者能通过包管理的学习,制定出符合自己团队的包管理方案。

第 4 章

CHAPTER 4

▶ 31min

包　管　理

对所有的工程体系而言，工程原材料的组织与管理都是一项重要的工作。在软件工程领域中，工程师组织和管理原材料的颗粒度通常可以细化为对软件包的管理。包管理(Package Management)是指一种在操作系统环境下管理程序和可执行文件的方法，其常常能够通过自动安装、卸载和更新程序来保持系统正常运行，如图 4-1 所示。

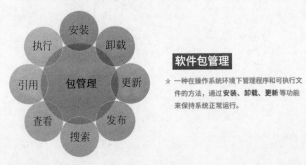

图 4-1　包管理定义

在软件工程中，包管理的发展可以追溯到 20 世纪 70 年代 UNIX 操作系统的普及。在早期的 UNIX 操作系统中，管理员需要手动下载、编译和安装软件包，而这往往又非常烦琐复杂。为了简化这个过程，软件工程领域诞生了一些以 RPM(Redhat Package Manager)为代表的早期软件包管理工具，其主要任务是以自动化的方式实现对软件的包管理、依赖解析、安装和卸载等功能。这些工具提高了 UNIX 系统的管理效率，也让使用 UNIX 的用户可以更加容易地获得及使用所需的软件。

除了 RPM 之外，在 Debian、Ubuntu 等系统中，其分别使用 DPkg(Debian Package)和APT(Advanced Packaging Tool)来管理软件包。这些工具在 UNIX 世界中已经得到了广泛应用，并逐渐成为标准的软件包管理方案。

注意：包管理通常以客户端集中式管理方案为主，对于不同版本的管理则涉及版本管理的相关领域，本章不重点介绍。

　　随着开源软件的迅速发展和互联网的普及,软件包管理的重要性也越来越高,其不再仅仅是 UNIX 或 Linux 系统的必备工具,也成为开发和部署软件时不可或缺的重要一环。如今,各种操作系统和软件开发平台都提供了自己的软件包管理工具,如 macOS 的 Homebrew、Node.js 的 NPM、Python 的 PIP 等。

　　在前端领域中,最早的管理工具出现在 2005 年,其是一款依赖于 Subversion 的版本控制系统,可以管理各个不同的资源包和模块,并提供了类似于 NPM(Node Package Manager)无冲突的版本号系统。随着 Node.js 的诞生,NPM 于 2010 年在 Node.js 的生态圈中被广泛使用,成为前端包管理的主流供应商。之后,NPM 的版本号管理、自动化构建等诸多特性进一步促进了前端开发。此外,Facebook 于 2016 年推出了 YARN(Yet Another Resource Negotiator),其针对 NPM 存在的一些不足进行了改进,提升了前端的开发效率。近年来,为了适应更为复杂的前端开发场景,一些以 Lerna 及 PNPM 等为代表的新兴前端包管理工具也相继出现,以满足对前端资源管理不断升级的需求,如图 4-2 所示。

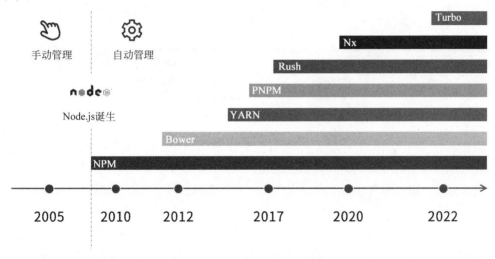

图 4-2　前端包管理发展历史

　　注意:前端的包管理工具 YARN 和大数据的 Apache YARN 在命名上是有关联的,其都通过 Yet Another Resource Negotiator…这一术语而作为创意来源并被广泛接受,虽然两者在功能和应用场景上完全不同,但是在命名上它们却有着明显的相似之处。

　　本章主要介绍前端业界中常见的 4 种包管理工具,分别是 NPM、YARN、PNPM 及 Lerna。对于前端工程而言,规范和统一团队的包管理工具也是前端工程化的一项重要内容。最后,本章也会简单对比分析不同包管理工具的优势及缺点,以便各位工程师在确定团队工程工具时有一个合理的选择。

4.1 NPM

NPM 是一个用于管理和共享在 Node.js 环境中使用的代码包的工具。NPM 于 2010 年发布,其是 Node.js 的默认软件包管理器,使用它可以轻松地安装、更新和管理项目的依赖项,如图 4-3 所示。

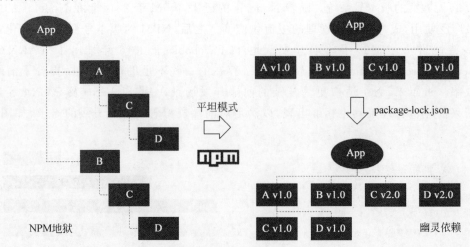

图 4-3 NPM 原理

如果说 Node.js 的诞生开启了 Web 开发的新时代,则相较于 NPM 出现之前手动下载和管理项目依赖库的方案,NPM 的出现则把 Web 开发推向了另一个新的高度。

广义上的 NPM,主要包含 3 部分内容。首先,NPM 是一个用于管理前端包体验各方面的网站;其次,NPM 是用于访问广泛的 JavaScript 包公共数据库的注册表;最后,NPM 也是用于通过终端与交互的命令行界面,然而,从狭义定义上来讲,NPM 通常指的是 CLI (Command Line Interface)工具,其作为默认包管理器与每个新的 Node 版本一起发布,也是前端默认的包管理工具,因此,本书如不加说明,则均指狭义定义下的 NPM。

注意:对于私有的 JavaScript 包数据库注册表,也称作"私仓",将在后续的章节中进行介绍。

本质上,所有的包管理工具都是一个 Node.js 应用。同样地,NPM 也不例外,其实现原理也相对比较简单,即通过 Node.js 的内置模块、自定义模块及第三方模块构建应用,负责从 NPM 服务器获取包,并通过本地文件系统将包缓存到本地。当安装软件包时,NPM 从本地缓存中查找并下载软件包及其依赖项,并将它们存储在项目的 node_modules 目录下。

NPM 的包解析过程是通过 NODE_PATH 和 NODE_MODULES_PATH 环境变量继承自父级目录的 node_modules 目录及全局安装的模块来完成的。NPM 默认会自动将所有的依赖项下载到 node_modules 目录中,并在项目的 package.json 文件中记录所有必需的依赖项和版本信息,这些信息将用于下一次安装软件包。

对于不同版本的 NPM,其对包文件的版本管理及存储方案则不尽相同。到目前为止,根据 NPM 的重大功能更新节点,可以将 NPM 的版本区分为 NPM 1~2.x、NPM 3.x、NPM 5.x 及 NPM 7.x,因此,本节将以这几个不同版本的代码为例分别对重要功能亮点进行展开叙述。

1. NPM 1.x/2.x

最初版本的 NPM 1.x 和 2.x 都使用了很简单的嵌套结构进行版本管理。对 NPM 1.x 而言,作为 NPM 的起点,其是 NPM 具有基本功能的最早版本,可以用于包的安装和管理,但是在依赖解析和版本管理方面存在一些限制,代码如下:

```
//第 4 章/npm1.x.js
function install (args, cb_) {
  //回调函数
  function cb (er, installed) {}
  //创建文件夹
  mkdir(where, function (er) {
    if (er) return cb(er)
    //读取 package.json
    readJson(path.resolve(where, "package.json"), function (er, data) {})
  })
}
//核心 install 逻辑
function installMany (what, where, previously, explicit, cb) {
  readJson(path.resolve(where, "package.json"), function (er, d) {
    asyncMap(what, targetResolver(where, previously, explicit, d)
         ,function (er, targets) {})
  })
}
function targetResolver (where, previously, explicit, deps) {}
```

对 NPM 2.x 而言,其引入了一些重要的变化,最显著的改变便是引入了 NPM shrinkwrap,它可以锁定依赖项的版本,以确保在不同环境中安装相同的包版本。此外,还改进了依赖项的解析算法,以提高包的安装速度,代码如下:

```
//第 4 章/npm2.x.js
function readDependencies (context, where, opts, cb) {
  var wrap = context ? context.wrap : null
  readJson( path.resolve(where, "package.json")
         , log.warn
         , function (er, data) {
    //shrinkwrap 处理
    if (npm.config.get("shrinkwrap") === false)
      return cb(null, data, null)
    var wrapfile = path.resolve(where, "npm-shrinkwrap.json")
```

```
    fs.readFile(wrapfile, "utf8", function (er, wrapjson) {})
  })
}
```

对于类 UNIX 的操作系统而言,基于嵌套结构的依赖相对来讲影响不大,但对于 Windows 系统来讲却是个灾难性的存在,这也引发了著名的"NPM 地狱"问题。

注意:所谓"NPM 地狱",是指 NPM 包依赖相互嵌套,从而导致重复安装问题。

在一个典型的项目中,我们通常会依赖于许多不同的第三方包,这些包也可能依赖于其他的包。在这种情形下,各种依赖之间将会形成一个复杂的依赖关系图,很容易在其中遇到版本冲突问题。尤其需要注意的是当两个或更多的包依赖于同一个包的不同版本时,这可能导致代码不可预知的行为、错误及冲突。

2. NPM 3.x

可以看出,NPM 1.x 和 NPM 2.x 对于依赖问题具有严重的设计漏洞,因而,NPM 3.x 做出了重大改变,其提出了平坦模式(Flat Mode)的安装模型。在以前的版本中,包的依赖关系会嵌套在项目的 node_modules 目录中,导致目录结构深度增加。所不同的是,NPM 3.x 将依赖项进行扁平化,所有的依赖关系会被放在项目的顶级 node_modules 目录中,这样可以减少目录结构的深度,提高性能,代码如下:

```
//第 4 章/npm3.x.js
//匹配依赖
function matchingDep (tree, name) {
  if (tree.package.dependencies[name]) return tree.package.dependencies[name]
  if (tree. package. devDependencies && tree. package. devDependencies [name]) return tree.
package.devDependencies[name]
}
//构建顶级依赖树
exports.loadRequestedDeps = function (args, tree, saveToDependencies, log, next) {
  asyncMap(args, function (spec, done) {
    //获取 package 的 metadata
    fetchPackageMetadata()
  })
}
//寻找依赖
var findRequirement = exports.findRequirement = function (tree, name, requested) {}
//寻找依赖关系
var earliestInstallable = exports.earliestInstallable = function (requiredBy, tree, pkg) {}
```

为了将嵌套的依赖尽量打平,避免形成过深的依赖树和包冗余,NPM 3.x 需要先通过遍历构建所有的项目依赖关系,再通过依赖关系将依赖提升到 node_modules 目录结构中,从而实现扁平化,然而,构建依赖关系树的过程通常是一个耗时的操作,其也是 NPM 安装速度慢的一个重要原因。尽管 NPM 3.x 尽量将子依赖提升而平铺安装在主依赖项所在的目录中,但是这样的操作却带来了幽灵依赖、双生不确定性及依赖分身等问题。

其中,"幽灵依赖"是指项目中依赖的依赖会因扁平化方案而提升到 node_modules 根目录,但实际上 package.json 文件中并非直接依赖此安装包;对于双生不确定性,其本质是根目录的依赖包版本安装顺序的不同而导致的依赖顺序变化;最后,依赖分身(Doppelgangers)问题则是由于 node_modules 的树形数据结构 update 而不得不被迫安装两份同一个包的相同版本。

3. NPM 5.x

面对 NPM 3.x 所描述的问题,NPM 5.x 很快便引入了一些重要的新功能和改进,其中,最显著的改变便是提出了新的缓存系统,其是将已安装的包存储在本地缓存中,从而避免重复下载。此外,NPM 还十分关键地引入了 package-lock.json 文件,其被用于锁定安装依赖项的版本,代码如下:

```javascript
//第 4 章/npm5.x.js
function version (args, silent, cb_) {
  readPackage(function (er, data, indent) {})
}
//读取包
function readPackage (cb) {
  var packagePath = path.join(npm.localPrefix, 'package.json')
  fs.readFile(packagePath, 'utf8', function (er, data) {
    if (er) return cb(new Error(er))
    var indent
    try {
      indent = detectIndent(data).indent || ''
      data = JSON.parse(data)
    } catch (e) {
      er = e
      data = null
    }
    cb(er, data, indent)
  })
}
//更新包版本
function updatePackage (newVersion, silent, cb_) {
  readPackage(function (er, data, indent) {})
}
function commit (localData, newVersion, cb) {}
//读取 package - lock.json
function readLockfile (name) {}
function updateShrinkwrap (newVersion, cb) {}
//写 version 操作
function write (data, file, indent, cb) {}
```

可以看出,NPM 5.x 通过 NPM cache 的缓存机制,配合 shrinkwrap.json 及 package-lock.json 来为 NPM 实现统筹规划、动态管制、静默处理。特别地,尽管 NPM 5.x 看似十分巧妙地解决了扁平化管理带来的副作用,但有一个隐藏的前提条件是前端工程师需要严格按照 Semver 的版本语义化规范来对包进行管理和控制,而这却十分考验开发依赖的工程师是否具备相应的"契约精神"。

4. NPM 7. x

随着时间的发展,项目中包的大小也呈指数级上升。为了满足日益增长的包数量需求,NPM 7. x 则引入了一些新的重要功能和改进,其中,最显著的便是引入了 Workspaces,其允许在多个相关项目之间共享依赖项,并简化了多个包的管理。此外,由于其他包管理方案的出现,NPM 还通过改进依赖解析算法来满足对 YARN 等包管理工具的兼容性处理,代码如下:

```
//第 4 章/npm7.x.js
async function mapWorkspaces (opts = {}) {
  const { workspaces = [ ] } = opts.pkg
  const patterns = getPatterns(workspaces)
  const results = new Map()
  //将 pathname - keyed 转化为 name - to - pathnames Map
  return reverseResultMap(results)
}
```

对于上述构建成功的 mapWorkspaces,NPM 7. x 则将构建树的方法单独抽离到 @npmcli/arborist 包中,其中对于变量 workspaces 的实现,代码如下:

```
//第 4 章/npm7.x.js
class MapWorkspaces extends cls {
  async [_loadWorkspaces] (node) {
    if (node.workspaces)
      return node
    const workspaces = await mapWorkspaces({
      cwd: node.path,
      pkg: node.package,
    })
    return this[_appendWorkspaces](node, workspaces)
  }
}
```

NPM 7. x 引入的 Workspaces 允许多个开发者在同一个代码仓库中管理多个相关的包,其对有多个包依赖于彼此的项目中非常有用,使团队协作更容易,并且可以更好地组织和维护项目代码。

每个版本都有一些不同的功能和改进,因此各位读者可以根据各自的需求和项目的特点选择合适的版本。通常来讲,使用最新版本的 NPM 是一个不错的选择,因为其包含了许多性能和功能改进,然而,如果团队项目已经在较旧的版本上运行,并且没有特别的需求,则可以继续使用,但是需要关注其相应版本可能出现的问题处理。

4.2　YARN

　　YARN 是 Facebook 发布的一种包管理工具,其同样也是使用 Node.js 编写的新一代的包管理器。相较于 NPM,YARN 的实现原理则有所不同,其分别在缓存并发、安全、安装及检索等方面做了十分突出的改进,如图 4-4 所示。

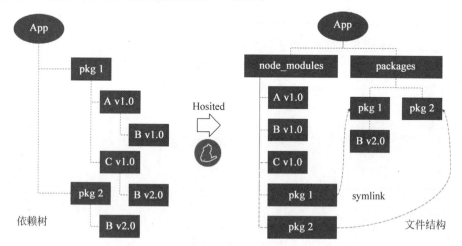

图 4-4　YARN 原理

　　首先,对存储而言,YARN 在默认情况下会将包的元数据存储在内部缓存中,而不是在磁盘中的 node_modules 文件夹中。这意味着,即使我们删除了 node_modules 文件夹,重新安装依赖也会非常快速。正是基于这样的实现原理,YARN 便可以快速高效地进行依赖的安装下载,提升了团队的协作与开发效率。

　　其次,YARN 使用的是并发算法,以此对模块进行下载,故而下载速度比 NPM 更快,其并发连接的数量限制可通过 http.maxSockets 配置选项进行控制,因此,开发者不必等待单个模块下载完毕才启动下一个模块的下载,YARN 可以同时下载多个模块和包。

　　再次,YARN 可保证版本的安全,其通过一个名为 yarn.lock 的文件来锁定每个依赖的精确版本。yarn.lock 文件中记录了依赖的版本信息,其可以保证每位开发者的代码与其他团队成员环境中代码的一致性,从而节省团队成员之间的时间。

　　最后,YARN 还可通过 NPM 注册表进行安装和检索,其使用与 NPM 类似的机制来安装和检索软件包。除此之外,YARN 也具有离线模式和镜像服务器功能,其可以在离线状态下进行安装,并且还可以通过更改.yarnrc 配置文件来使用 CDN 或本地镜像。

　　对于不同版本的 YARN,其对技术架构层面做了较多的变化。到目前为止,根据 YARN 的重大架构变化,可以将 YARN 的版本区分为 YARN 1.x、YARN 2.x 及 YARN 3.x,因此,本节将以这几个不同版本的代码为例分别对重要功能亮点进行展开叙述。

1. YARN 1.x

YARN 1.x 是最初的 YARN 版本,也称作 YARN Classic 或 YARN Legacy,其依赖于全局安装的 YARN 二进制文件,使用的是基于 lockfile 的依赖管理系统来确保安装包版本的一致性。

注意:YARN 1.x 原始仓库目前已进入维护阶段,对于最新版本源码可参看 yarnpkg/berry 仓库。

事实上,从 YARN 开发之初,由于其本身所处时代前端业界苦"NPM 地狱"已久,故而 YARN 的设计理念采取的是拍平的数据结构,以此对响应依赖进行处理,代码如下:

```
//第 4 章/yarn1.x.js
export class Install {
  //创建依赖请求的目录列表
  async fetchRequestFromCwd(
    ExceludePatterns,
    ignoreUnusedPatterns,
  ) {
    const patterns = [];
    //提取安装的库名称
    const ExceludeNames = [];
    for (const pattern of ExceludePatterns) {
      const parts = normalizePattern(pattern);
      ExceludeNames.push(parts.name);
    }
    for (const registry of Object.keys(registries)) {
      const pushDeps = (depType, manifest: Object, {hint, optional}, isUsed) => {};
      pushDeps('dependencies', projectManifestJson, {hint: null, optional: false}, true);
      pushDeps('devDependencies', projectManifestJson, {hint: 'dev', optional: false}, !this.config.production);
      pushDeps('optionalDependencies', projectManifestJson, {hint: 'optional', optional: true}, true);
      break;
    }
  }
  //拍平操作
  async flatten(patterns: Array<string>): Promise<Array<string>> {
    const flattenedPatterns = [];
    for (const name of this.resolver.getAllDependencyNamesByLevelOrder(patterns)) {
      flattenedPatterns.push(this.resolver.collapseAllVersionsOfPackage(name, version));
    }
    //存储到 manifest
    if (Object.keys(this.resolutions).length) {
      const manifests = await this.config.getRootManifests();
      for (const name in this.resolutions) {
        const patterns = this.resolver.patternsByPackage[name];
```

```
      let manifest;
      for (const pattern of patterns) {
        manifest = this.resolver.getResolvedPattern(pattern);
        if (manifest) {
          break;
        }
      }
    }
    await this.config.saveRootManifests(manifests);
  }
  return flattenedPatterns;
}
}
```

对于 YARN 1.x 而言，其采用的是 Classic 或者 Legacy 架构，将核心逻辑包装进 cli 中，对具体功能进行分目录处理，包括 fetchers、lockfile、registries、reporters 及 resolvers 等模块。

2. YARN 2.x

相较于 YARN 1.x，YARN 2.x 则是一个重写版本，也称为 YARN Berry。YARN 2.x 引入了一个被称为 Plug'n'Play 的全新架构，其不再依赖于全局安装的 YARN 二进制文件，而是使用项目本地的依赖项实现更快的安装和构建速度，并且 YARN 2.x 划时代地引入了 Zero-Installs 的概念，这意味着开发者不需要再为每个包都进行单独安装，而是可以直接使用它们。除此之外，YARN 2.x 也不再使用 lockfile，而是使用一个统一的 yarn.lock 文件来存储依赖关系的元数据。

注意：Zero-Installs 是指基于.pnp.js 文件和缓存的机制在克隆存储库或切换分支后，无须进行任何安装。

对比 YARN 1.x，YARN 2.x 升级较大，除了采用 TypeScript 进行开发之外，其最核心的一个新增功能便是对 Workspaces 的支持，代码如下：

```
//第 4 章/yarn2.x.ts
export class Workspace {
  //唯一生成 id = basically dependencies + devDependencies + child workspaces
  public dependencies: Map< IdentHash, Descriptor > = new Map();
  constructor( workspaceCwd, { project } ) {
    this.project = project;
    this.cwd = workspaceCwd;
  }
}
```

不同于 YARN 1.x 的经典结构，YARN 2.x 采用了即插即用的插件式架构设计，将各个功能分包处理来提供对 monorepo 的支持。

注意：所谓 monorepo 是指将多个相关项目的代码存储在同一个仓库中的软件开发实践。每个项目不会有自己的独立仓库,而是将项目代码和版本控制都集中在一个仓库中。

---

3. YARN 3.x

YARN 3.x 是目前已公开最新的 YARN 版本,其引入了一个名为 Zero-Installs v2 的新架构,并且继续以 YARN 2 为基础进行构建,因此,YARN 3.x 带来了一些改进和性能优化,其拥有更好的包管理、构建速度及可扩展性。

YARN 3.x 本身变化不大,其作为一个平滑升级的版本进行提供,而对于 Zero-Installs 理念则提供了更高性能的支持,其中,实现上述理念最关键的模块便是 Linker 的逻辑存储的映射,代码如下:

```
//第 4 章/yarn3.x.ts
export interface Linker {
    //判断特殊仓库是否满足关联映射
    supportsPackage(pkg: Package, opts: MinimalLinkOptions): boolean;
    //查找包安装的位置
    findPackageLocation(locator: Locator, opts: LinkOptions): Promise<PortablePath>;
    //查找磁盘位置 可以返回 null
    findPackageLocator(location: PortablePath, opts: LinkOptions): Promise<Locator | null>;
    //安装包
    makeInstaller(opts: LinkOptions): Installer;
}
```

到目前为止,虽然 YARN 4.x 也已进入了发行候选阶段(Release Candidate),但作为一个承上启下过渡版本的 YARN 3.x 仍然是目前的最新方案,其架构设计与 YARN 2.x 一脉相承。

4.3 PNPM

与 NPM 及 YARN 类似,PNPM(Performant NPM)也是一个 JavaScript 包管理器,其由佐尔丹·科尚(Zoltan Kochan)于 2016 年开发。PNPM 的目标是解决传统包管理器的一些问题,并提供更高效的解决方案,如图 4-5 所示。

不同于传统包管理器在安装依赖时会将所有的包都复制到项目目录下的 node_modules 文件夹中,PNPM 则使用符号链接(Symbolic Links)来复用已下载的依赖项,其对多个项目中的同一依赖项仅会下载一次。简单来讲,实现该效果的原理是 PNPM 会创建一个共享的全局存储库,将所有依赖包都安装在其中,并使用符号链接将它们链接到每个项目的 node_modules 文件夹中。故而,多个项目可以共享相同的依赖包,从而节省磁盘空间和安装时间。

在 PNPM 的发展历史中,其经历了一些重要的改进和更新。根据关键里程碑,可大致

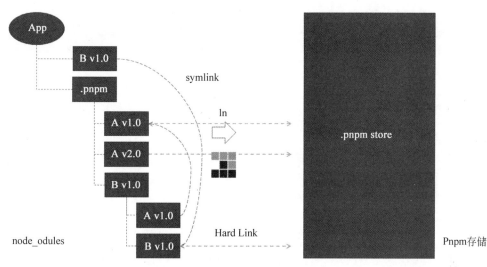

图 4-5　PNPM 原理

将 PNPM 的历史发展节点划分为 PNPM 1.x、PNPM 2~3.x、PNPM 4~5.x、PNPM 6.x 及 PNPM 7~8.x,因此,本节将对这几个不同版本的亮点功能代码分别进行阐述。

1. PNPM 1.x

在最初的发布版本中,PNPM 只支持基本的包安装和管理功能。到了 PNPM 1.x, PNPM 引入了一个新的称为"快速安装"的安装算法,其在安装时间方面比传统包管理器更 加高效,代码如下:

```
//第 4 章/pnpm1.x.ts
//并行 install
export default async function installMultiple (
  ctx,
  specs,
  options: {}
) {
  const resolvedDependencies = options.resolvedDependencies || {}
  const pkgAddresses = await Promise.all(
      specs
        .map(async (spec) => {
          return await install(spec, ctx, Object.assign({}, options, {
            pkgId,
            resolvedDependencies,
            shrinkwrapResolution,
          }))
        })
  )
  .filter(Boolean)
  return pkgAddresses
}
```

```
async function install (
  spec,
  ctx,
  options: {}
) {
  //fetch 包
  const fetchedPkg = await fetch(spec, {})
  let pkg = await fetchedPkg.fetchingPkg
  //nodeId 构成
  const nodeId = `${options.parentNodeId}${fetchedPkg.id}:`
  if (!ctx.installs[fetchedPkg.id]) {
    ctx.installs[fetchedPkg.id] = {}
    const children = await installDependencies()
    //parentId -> childrenId 链式查找
    ctx.childrenIdsByParentId[fetchedPkg.id] = children.map(child => child.pkgId)
    ctx.tree[nodeId] = {
      nodeId,
      pkg,
      children,
      depth,
    }
  }
  return {
    nodeId,
    pkgId: fetchedPkg.id,
  }
}
async function installDependencies (
  pkg,
  parentSpec,
  pkgId,
  ctx,
  opts: {}
) {
  //递归
  return await installMultiple(ctx, deps, depsInstallOpts)
}
```

可以看出,PNPM 1.x 通过链表的形式对依赖进行相互串联,并且以并行安装的方式,提升了安装的速度与效率。

2. PNPM 2.x/3.x

PNPM 2.x 则开始引入名为 Workspaces 的特性,其在一个项目中可以管理多个子项目的依赖关系,代码如下:

```
//第 4 章/pnpm2.x.ts
export default async (
  input,
  opts,
```

```
) => {
  //依赖图
  const pkgGraphResult = createPkgGraph(pkgs);
  const store = await createStoreController(opts);
  const graph = new Map(
    Object.keys(pkgGraphResult.graph).map((pkgPath) => [pkgPath, pkgGraphResult.graph
[pkgPath].dependencies])
  )
}
function linkPackages (
  graph: {},
  opts: {
    registry,
    store
  },
) {
  return Promise.all(
    Object.keys(graph)
      .filter((pkgPath) => graph[pkgPath].dependencies && graph[pkgPath].dependencies.
length)
      .map((pkgPath) =>
        limitLinking(() =>
          //link 操作
          link(graph[pkgPath].dependencies, path.join(pkgPath, 'node_modules')),
        ),
      ),
    )
  }
```

与 YARN 2.x 类似，PNPM 2.x 同样实现了 Workspaces 的功能，用于支持多个子项目的仓库管理。无独有偶，随着对 Workspaces 的落地实现，PNPM 3.x 可作为 YARN 的后端实现，通过引入对 YARN 的支持便可以更好地帮助用户在 PNPM 和 YARN 之间进行无缝切换。

3. PNPM 4.x/5.x

对于 PNPM 4.x，其作为过渡版本，引入了一些新的特性，例如支持通过 URL 安装及支持包的导入和导出等，代码如下：

```
//第 4 章/pnpm4.x.ts
export default function (
  defaultOpts: {
    fullMetadata?: boolean,
    //代理
    proxy?: string,
    localAddress?: string,
    //SSL 相关
    ca?: string,
    cert?: string,
```

```
    key?: string,
    strictSSL?: boolean,
    //重连
    retry?: {
      retries?: number,
      factor?: number,
      minTimeout?: number,
      maxTimeout?: number,
      randomize?: boolean,
    },
    userAgent?: string,
  },
) {
  return async (url, opts?: {auth}) => {
    const headers = {,
      ...getHeaders({
        auth
      }),
    }
    let redirects = 0
    while (true) {
      const urlObject = new URL(url)
      let response = await fetch(urlObject, {
        agent,
        compress: false,
        headers,
        redirect: 'manual',
        retry: defaultOpts.retry,
      })
      redirects++
      url = response.headers.get('location')!
      delete headers['authorization']
    }
  }
}
```

PNPM 5.x引入了一个新的配置文件格式,通过 pnpm-workspace.yaml 文件替代了之前的 pnpm-workspace.json 文件,并且更好地支持了一些特殊项目结构和工作流程的处理。

4. PNPM 6.x

对于 PNPM 6.x 而言,通过结合快照机制,PNPM 可以减少重复下载和安装相同的依赖包,从而改进了对 monorepo 的支持,提供更好的性能和可维护性。同时,在兼容性和稳定性上也得到了一定的提升,代码如下:

```
//第 4 章/pnpm6.x.ts
export default (
  depPath,
  pkgSnapshot,
  registries
) => {
  const { name } = nameVerFromPkgSnapshot(depPath, pkgSnapshot)
  const registry = pkgSnapshot.resolution['registry'] ||
    registries.default
  let tarball
  if (!pkgSnapshot.resolution['tarball']) {
    tarball = getTarball(registry)
  } else {
    tarball = new url.url(pkgSnapshot.resolution['tarball'], registry).toString()
  }
  return {
    ...pkgSnapshot.resolution,
    registry,
    tarball,
  }
}
```

5. PNPM 7.x/8.x

随着包管理瓶颈的逐渐显现，PNPM 7.x 和 8.x 则再次聚焦于安装的优化与重构，其中，PNPM 7.x 引入了“自动懒惰安装”功能，可以推迟安装那些没有被使用的依赖包，并且可以提高安装速度和磁盘空间利用，代码如下：

```
//第 4 章/pnpm7.x.ts
export default async function handler (
  opts,
  params
) {
  const installOpts = {}
  if (params?.length) {
    const mutatedProject = {}
    let [updatedImporter] = await mutateModules([mutatedProject], {
      ...installOpts,
      strictPeerDependencies: opts.autoInstallPeers ? false : installOpts.strictPeerDependencies,
    })
  }
}
```

PNPM 8.x 则是目前的最新版本，其在借鉴了 YARN 2.x 之后也引入了一项重大功能，即零安装（Zero-Install）。零安装允许直接从存储库中使用依赖包，而无须从 NPM 下载它们，其可以提高安装速度，甚至可以在没有网络连接的情况下工作。

4.4 Lerna

Lerna 是管理多个 NPM 软件包的工具,可以轻松地管理多个依赖包的版本升级,并且还可以对相应版本的发布流程进行控制。Lerna 有多种功能,其可以与 NPM、YARN、PNPM 等其他包管理工具协调工作,支持多个包之间共享依赖,并且可以对版本进行管理,如图 4-6 所示。

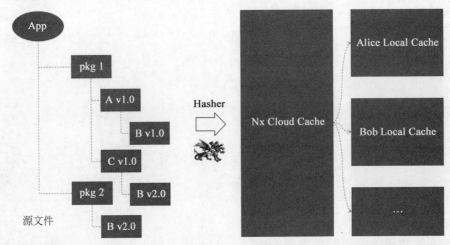

图 4-6　Lerna 原理

和其他包管理工具相比,Lerna 对多个软件包进行管理主要通过"Git＋符号链接＋自定义命令"的方式实现。首先,Lerna 允许将多个 NPM 软件包集中在一个 Git 仓库中,这其实就是单体(monorepo)的一种形式。当有数十个软件包需要管理时,Lerna 可通过 Git 标签来标记软件包版本,其在发布软件包时可以很方便地获得,其次,Lerna 使用符号链接实现软件包在多个地方共享,大大减少了依赖项的重复工作,其可节省磁盘空间、加快安装速度。除此之外,Lerna 还允许用户为所有软件包或特定软件包运行自定义命令,例如构建、测试及发布等。

虽然 Lerna 比其他包管理工具需要更加详细的配置和使用说明,但在掌握其精髓后便可以为任何具有多个软件包的项目提供支持。同样地,Lerna 在其发展过程中也较为波折。尽管 Lerna 一度将要停止维护,但总算还是在各种机缘巧合下继续维护,目前仍然是多包管理方案的一个重要选择,因此,本节将对 Lerna 几个大版本的新增功能进行介绍。事实上,不同版本之间还有其他一些小的变化和修复,各位读者可参考 Lerna 的官方文档获取更详细的信息,了解最新版本的功能。

注意：2022 年 5 月,由前谷歌员工和 Angular 核心团队成员创立的 Nrwl 接管了 Lerna 的管理,其也是同为包管理工具 Nx 背后的公司。

1. Lerna 1.x

Lerna 1.x 是 Lerna 最早的版本,提供了基本的多包管理功能,其使用单个 package.
json 文件管理整个项目,将所有的包都包含在同一个 packages 文件夹下,代码如下:

```
//第4章/lerna1.x.js
//packages 会默认放在项目的根目录下,如果没有,则会自动创建
exports.execute = function (config) {
  //获取 packages
  var packages = [];
  fs.readdirSync(config.packagesLoc).forEach(function (loc) {
    var name = path.basename(loc)
    var pkgLoc = path.join(config.packagesLoc, name, "package.json");
    var pkg = require(pkgLoc);
    packages.push({
      folder: name,
      pkg: pkg,
      name: pkg.name
    });
  });
  //并行
  async.parallelLimit(packages.map(function () {
    return function (done) {
      var tasks = [];
      //执行 NPM 安装任务
      tasks.push(function (done) {
        child.exec("npm install", {
          cwd: path.join(config.packagesLoc, root.folder)
        });
      });
      async.series(tasks, done);
    };
  }));
}
```

2. Lerna 2.x

Lerna 2.x 引入了 lerna.json 配置文件,用于配置项目的细节和 Lerna 的行为,其支持
以扁平化或者层级结构的方式来组织包,并且引入了 lerna bootstrap 命令来安装依赖,代码
如下:

```
//第4章/lerna2.x.js
//lerna.json 会通过 Repository 的类中的 get lernaJson 获取其中的内容
export default class BootstrapCommand extends Command {
  BootstrapPackages(callback) {
    const { ignoreScripts } = this.options;
    async.series(
      [
        //预安装
```

```
        !ignoreScripts && (cb => this.preinstallPackages(cb)),
        //安装第三方依赖
        cb => this.installExternalDependencies(cb),
        //符号链接
        cb => this.symlinkPackages(cb),
        //后安装
        !ignoreScripts && (cb => this.postinstallPackages(cb)),
        //预发布
        !ignoreScripts && (cb => this.prepublishPackages(cb)),
        //准备启动
        !ignoreScripts && (cb => this.preparePackages(cb)),
      ].filter(Boolean),
      callback
    );
  }
}
```

3. Lerna 3.x

Lerna 3.x 重新设计了项目结构,其在每个包中分别使用独立的 package.json 文件,并且引入了用于在所有包中执行的 lerna exec 命令,代码如下:

```
//第 4 章/lerna3.x.js
function runParallelBatches(batches, concurrency, mapper) {
  //基于 p-map 和 p-map-series 库
  return require("p-map-series")(batches, batch => require("p-map")(batch, mapper, {
concurrency }));
}
//对项目结构进行了重构,主要包含 commands 和 core 两个包,其中 commands 中是相关的命令如 add、
//Bootstrap、diff、exec 等; core 中包含基础的构建,如 child-process、cli、project、prompt 等
class ExecCommand extends Command {
  execute() {
    return runParallelBatches().then(() => {
      //执行成功
    });
  }
}
```

4. Lerna 4.x

Lerna 4.x 引入了 lerna publish 命令,用于将包发布到包管理仓库中,如官方 NPM 仓库及私仓等。除此之外,这个版本还引入了一些新的特性,如更新项目中的依赖关系、支持 monorepo 工作流程等,代码如下:

```
//第 4 章/lerna4.x.js
//lerna publish 命令支持 monorepo 下的单仓库发布
class PublishCommand extends Command {
  //执行发布
  execute() {
```

```
    let chain = Promise.resolve();
    //1. 仓库 action
    chain = chain.then(() => this.prepareRegistryActions());
    //2. 协议相关
    chain = chain.then(() => this.prepareLicenseActions());
    //3. 本地依赖 link
    chain = chain.then(() => this.resolveLocalDependencyLinks());
    //4. Git
    chain = chain.then(() => this.annotateGitHead());
    //5. 序列化
    chain = chain.then(() => this.serializeChanges());
    //6. 包更新
    chain = chain.then(() => this.packUpdated());
    //7. 发布包
    chain = chain.then(() => this.publishPacked());
    return chain.then(() => {
      //发布成功
    });
  }
}
```

5. Lerna 5.x

Lerna 5.x 引入了额外的机制来调度任务以实现自动版本管理功能,其可以自动地为每个包生成版本号,并且支持基于 Git 的提交信息来生成版本号,代码如下:

```
//第 4 章/lerna5.x.js
class VersionCommand extends Command {
  execute() {
    const tasks = [() => this.updatePackageVersions()];
    //基于 p-waterfall 的库
    return require('p-waterfall')(tasks).then(() => {
      //更新成功
    });
  }
  //获取版本的更新
  getVersionsForUpdates() {}
  //设置版本的更新
  setUpdatesForVersions(versions) {}
  //包更新的核心逻辑
  updatePackageVersions() {
    let chain = Promise.resolve();
    //preversion: bumping 之前
    //version:     bumping 之后, commit 之前
    //postversion: commit 之后
    const actions = [
      (pkg, "preversion") => {},
      (pkg, "version") => {},
      (pkg, "postversion") => {},
```

```
    ];
    chain = chain.then(() =>
      //拓扑依赖图
    );
    return chain;
  }
}
```

6. Lerna 6. x

作为 Nx 团队接管后发布的第 1 个正式新版本,Lerna 6. x 在 4. x 版本的基础上引入了一些新的特性,其默认将所有 Lerna 工作区设置为 useNx,并且增强了文件变更的检测机制及改进了依赖关系的管理等,代码如下:

```
//第 4 章/lerna6.x.js
class RunCommand extends Command {
  execute() {
    if (this.options.useNx === false) {
      //如果不开启 Nx 的操作
    }
    //默认开启 Nx 的操作
    let chain = Promise.resolve();
    if (this.options.useNx !== false) {
      chain = chain.then(() => this.runScriptsUsingNx());
    }
  }
  //执行 Nx 的脚本
  runScriptsUsingNx() {
    //分为单个和批量操作脚本
  }
  //配置 Nx 的选项
  prepNxOptions() {
    //通过 nx.json 获取 Nx 的配置
    const nxJsonExists = existsSync(path.join(this.project.rootPath, "nx.json"));
  }
}
```

7. Lerna 7. x

对于 Lerna 7. x,Lerna 引入了一些新的特性,如增强了对 TypeScript 的支持,以及优化了依赖关系的安装和更新等,代码如下:

```
//第 4 章/lerna7.x.ts
//基于"图"构建依赖关系
export class PackageGraph extends Map {
  //构建"依赖-包"的对应关系
  constructor(
    packages,
    graphType
```

```
) {
    super(packages.map((pkg) => [pkg.name, new PackageGraphNode(pkg)]));
}
//增加依赖
addDependencies() {}
addDependents() {}
//遍历扩展信息
extendList(packageList, nodeProp) {
    //深度优先遍历
    const search = new Set(packageList.map(({ name }) => this.get(name)));
    //匹配 PackageGraphNodes 的中间列表
    const result = [];
    search.forEach((currentNode) => {
        result.push(currentNode);
    });
    return result.map((node) => node.pkg);
}
//分割循环,图切割
partitionCycles() {}
//拆分多个循环的共享部分
collapseCycles() {}
//移除循环节点
pruneCycleNodes() {}
//移除所有的候选节点
prune() {}
//移除
remove() {}
}
```

4.5　本章小结

本章从前端领域常见的包管理工具入手,分别介绍了 NPM、YARN、PNPM 及 Lerna 包管理方案中的亮点功能及特色,也简要地介绍了每个工具的发展变化。为了更好地对比各种包管理方案,本节将通过更广泛的对比来分析目前业界常见的包管理工具,以此来对本章做一个总结,以下是优缺点的对比,见表 4-1。

表 4-1　前端包管理工具对比

工具名称	优　点	缺　点
NPM	官方默认/生态完善/使用简单	磁盘浪费/复杂依赖
YARN	安装迅速/依赖一致/命令友好/离线缓存	社区简陋/学习成本
PNPM	大库处理/空间高效/版本一致	生态欠缺/转换成本
Lerna	多包管理/流程丰富/模块重用	配置复杂/迁移成本
Rush	一键管理/定制脚本/并行构建	操作烦琐/系统较弱/文档不足
Nx	插件丰富/易于集成/多元管理	框架限定/速度较慢/门槛较高

续表

工具名称	优　　点	缺　　点
CNPM	国内站点/加速安装/缓存机制/深度链接	更新滞后/私源隐患/依赖分歧
Bower	简单易用/快速轻量/易于管理	社区沉闷/版控笨拙/安全风险
Turbo	简化配置/开箱即用/增量构建	变动频繁/兼容较差/资源短板

　　最后,前端包管理是一种管理和组织前端项目所需的依赖包和资源的方法,其有助于团队协作、版本控制,并提供了更方便的方式来管理项目的依赖关系。统一的包管理工具能够对团队资产更好地进行沉淀并且能够提高效率,希望各位前端工程师能够选择适合自己团队的包管理工具。

　　从第5章开始,本书将会对前端工程中的打包器进行阐述。相信有了本章的包管理工具的知识后,对于打包器的融合与使用能够有一个很好的前置铺垫,希望各位读者通过打包器的学习能够对成品的性能、瓶颈及打包过程的构建优化有一个新的认识。

打 包 器

6min

在软件工程领域,软件工程环境(Software Engineering Environment,SEE)是指在构筑一个新软件时所依赖的工具和基础设施等,包括软件环境和硬件环境。通常来讲,前端工程师会将工程环境区分为开发环境及生产环境等,用于更好地为各种环境的软件提供支撑。

对生产环境而言,为了能更好地提供应用功能、快速响应用户需求,前端工程师会对前端资源文件进行处理,打包器便由此而生。打包器,也称为打包软件或者封包软件,是将一个或多个文件或文件夹打包成一个单独的文件的工具。打包软件通常会对文件进行压缩和加密,以便在传输或存储过程中保护文件的安全性和完整性,其应用范围非常广泛,可以用于备份、存储、传输、共享和分发文件等方面。

注意:随着浏览器对 ESModule 的支持,基于捆绑打包(Bundle)和非捆绑打包(Bundleless)的打包构建方案便成为一个值得探讨的话题,前端工业环境中目前仍以捆绑打包(Bundle)构建方式为主。

前端打包器是一种开发工具,用于将前端项目中的多个文件和模块打包成一个或多个可供浏览器加载的文件,其能优化资源的加载和使用,提高前端应用的性能和响应速度。通常来讲,打包器能够处理 JavaScript、CSS、图像等各种前端资源,并且支持模块化开发,还要能够提供丰富的配置选项来定制打包的行为和输出的结果。使用前端打包器可以提高开发效率,同时也能够优化前端应用的性能和响应速度,并且通过合理地配置打包策略,可以灵活地处理各种前端资源,满足项目的需求。

注意:对于工程环境的区分,通常涉及分支的管理与划分,不同团队对分支的管理方式有所不同,本书会在后续章节进行简单介绍。

在前端领域中,打包器的发展大致经历了几个阶段,如手动构建阶段、文件构建阶段、模块构建阶段及多语言构建阶段,如图 5-1 所示。

在 2009 年之前,在早期的前端开发中,并没有像今天这样复杂的前端项目,因此也没有专门的打包工具。开发者通常会借助后端构建工具做支撑,手动管理文件依赖,将各个文件

图 5-1 前端打包器发展历史

分别引入 HTML 文件中。

随着前端项目复杂性的增加,手动管理文件变得越来越困难。于是,随着 Node.js 的诞生,前端出现了一些手工打包工具。开发者可以使用这些工具来定义任务和文件的依赖关系,然后通过命令行运行任务来进行打包。

到了 2012 年,随着以 Webpack 为代表的打包器的发布,以模块化构建作为主流构建方案的前端打包器逐渐成为前端开发中的主流构建工具,但是,由于前端发展过程中的历史问题,前端模块化一直是前端开发领域的"阿喀琉斯之踵",其包含纷繁的模块化方案,如 AMD(Asynchronous Module Definition)、UMD(Universal Module Definition)、CommonJS (Common JavaScript)、ESM(ECMAScript Modules)等。这一阶段的打包工具,通常会以一种模块化方案作为基准对不同模块化方案进行转化。

近年来,为了提升开发体验、加速打包构建流程,以 Rust 及 Go 语言为代表的多语言前端打包构建方案也相继出现,包括 ESBuild、Turbopack、Rome 等。

本章主要简单介绍前端业界中常见的 4 种打包工具,分别是 Webpack、Rollup、Gulp 及 Vite。对于前端工程而言,选择通用或者自研打包构建工具是前端工程化的一项重要内容。最后,本章也会简单地对比及总结业界已有的不同打包工具的优点及缺点,以便各位工程师在不同场景下更好地对使用哪种打包工具做出选择。

5.1 Webpack

Webpack 是一个现代化的前端构建工具,被广泛地应用于前端开发中。Webpack 最早由德国开发者托比亚斯·科伯斯(Tobias Koppers)在 2012 年创建,其旨在解决前端开发中复杂的模块化和构建问题。

过去,在前端开发中常见的做法是手动引入和管理各个模块文件,这导致了代码复用性差、难以维护和难以扩展的问题。为了解决这些问题,出现了一种名为模块加载器(Module Loader)的工具,用于将代码模块化并自动解析模块之间的依赖关系。

Webpack 正是基于这一需求而诞生的,其采用了类似 Node.js 的 CommonJS 规范,支持代码分割、模块依赖解析、文件压缩等功能,并且能够以配置的方式进行自定义。开发者通过 Webpack 可以将项目中的各个模块打包成一个或多个静态资源文件,以提高页面加载性能,减少网络请求次数。

回顾 Webpack 的发展历程,其大致可以分为初始阶段、改进阶段、增长阶段、繁荣阶段及革新阶段,如图 5-2 所示。

图 5-2 Webpack 发展历程

初始阶段大致可以追溯到 2012—2013 年,彼时的 Webpack 为了解决在前端开发中模块化的问题而主要关注模块之间的依赖关系和打包功能。到了 2014 年,Webpack 2.x 版本的发布标志着 Webpack 正式进入改进阶段,其最显著的特点是引入了摇树(Tree Shaking)功能,通过静态分析来确定哪些代码可以从最终的打包文件中删除,从而减小打包文件的体积。

时间来到 2016 年,Webpack 3.x 版本的发布进一步优化了性能和打包结果,其引入了范围提升(Scope Hoisting)功能,可将模块之间的依赖关系简化,从而减小打包后的代码体积。此外,Webpack 3.x 还优化一些其他的功能,包括 CommonsChunkPlugin 插件的改进和模块的异步加载的支持等。

在 2018 年,Webpack 4.x 版本正式发布,其可谓是奠定 Webpack 打包器领域王者地位的高光之作。Webpack 4.x 引入了一些重要的功能,其最重要的是引入了新的配置方式,通过 mode 选项可以自动启用相应的功能,例如开发模式下的热更新和生产模式下的压缩功能等。此外,Webpack 4.x 还优化了构建速度和打包后的体积。

随着单页应用单包构建体积的增大,也伴随着浏览器对 ESModule 的友好支持,前端领域出现了是否需要进行打包构建的大讨论。作为上一时代的王者,Webpack 毋庸置疑被推到了风口浪尖。面对众多前端开发者对单包构建冗重的"口诛笔伐",Webpack 以 5.x 版本的发布作为其突破创新的正式回应,其进一步改进了性能和功能,并引入了一些重要的特性,包括支持通过模块联邦(Module Federation)实现跨项目共享代码、支持零配置(Zero Configuration)构建等。此外,Webpack 5.x 还提供了许多其他功能,例如缓存策略及代码分割等。

随着时间的推移,Webpack 持续优化功能和提升性能,其逐渐成为前端开发中最流行的构建工具之一,并且在社区中积累了大量的插件和工具,而这些插件和工具可以进一步增加 Webpack 的功能和灵活性。可以说,Webpack 的诞生解决了在前端开发中的模块化和构建问题,并且持续发展演进,为开发者提供了更高效、更便捷的前端开发体验,因此,本节将分别介绍 Webpack 不同版本的实现方式及对应版本的特色,以期能够让读者全面地了解 Webpack 的原理与功能。

1. Webpack 1.x

Webpack 1.x 最初设计就是为了对在浏览器运行的 JavaScript 文件进行打包,其支持代码拆分和按需加载,可以将应用拆分为多个模块,通过 Tapable 钩子函数的丰富插件系统,扩展 Webpack 的功能。同时,Webpack 支持诸如 CSS、图片等各种资源的加载和处理,也提供了强大的 loader 机制,可以通过 loader 对各种资源进行预处理,如图 5-3 所示。

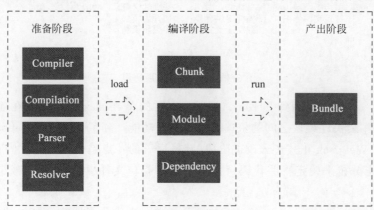

图 5-3 Webpack 1.x 原理

其中,Compiler 是用于 Webpack 构建时执行完整编译过程的对象,代码如下:

```
//第 5 章/webpack1.x.js
function Compiler() {
    //基于 Tapable 的操作
    Tapable.call(this);
}
Compiler.prototype.run = function(callback) {
    //执行 Tapable 中的 applyPluginsAsync 方法
    this.applyPluginsAsync("run", this);
};
```

```
Compiler.prototype.compile = function(callback) {
    this.applyPlugins("compile", params);
    //Compilation 是原始物料
    var compilation = this.newCompilation(params);
    //make 是核心打包过程
    this.applyPluginsParallel("make", compilation);
}
```

Compilation 则是针对项目文件通过编译解析成 module 的原始物料，其代码如下：

```
//第 5 章/webpack1.x.js
function Compilation(compiler) {
    Tapable.call(this);
    this.compiler = compiler;
    this.chunks = [];
    this.namedChunks = {};
    this.modules = [];
    this._modules = {};
}
Compilation.prototype.addModule = function(module, cacheGroup) {
    var identifier = module.identifier();
    this._modules[identifier] = module;
    //添加模块
    this.modules.push(module);
    return true;
};
Compilation.prototype.getModule = function(module) {
    var identifier = module.identifier();
    return this._modules[identifier];
};
Compilation.prototype.findModule = function(identifier) {
    return this._modules[identifier];
};
Compilation.prototype.buildModule = function(module, thisCallback) {
    this.applyPlugins("build-module", module);
    if(module.building) return module.building.push(thisCallback);
    var building = module.building = [thisCallback];
    //module 构建
    module.build();
};
//添加 chunk
Compilation.prototype.addChunk = function addChunk(name, module, loc) {
    var chunk;
    if(name) {
            if(Object.prototype.hasOwnProperty.call(this.namedChunks, name)) {
                    chunk = this.namedChunks[name];
                    if(module) {
                            chunk.addOrigin(module, loc);
                    }
                    return chunk;
```

```
                }
        }
        chunk = new Chunk(name, module, loc);
        this.chunks.push(chunk);
        if(name) {
                this.namedChunks[name] = chunk;
        }
        return chunk;
};
//创建 chunk 物料
Compilation.prototype.createChunkAssets = function createChunkAssets() {
        //遍历 module 物料
        for(var i = 0; i < this.modules.length; i++) {
                var module = this.modules[i];
                if(module.assets) {
                        Object.keys(module.assets).forEach(function(name) {

                                this.applyPlugins("module-asset", module, file);
                        }, this);
                }
        }
        //遍历 chunk 物料
        for(i = 0; i < this.chunks.length; i++) {
                var chunk = this.chunks[i];
                this.applyPlugins("chunk-asset", chunk, file);
        }
}
```

因此,对于 Webpack 1.x 而言,大致可以总结为插件系统、代码拆分、资源处理。

2. Webpack 2.x

Webpack 2.x 则开始支持 ESModule 规范,通过引入 Tree Shaking 功能,可以通过静态代码分析来消除未使用的代码,减小打包后的文件体积。由于支持 ES 模块语法,故而 Webpack 2.x 可以通过 import 和 export 语法对模块进行导入和导出,同时添加了异步动态导入功能,其可以在运行时动态地加载模块,如图 5-4 所示。

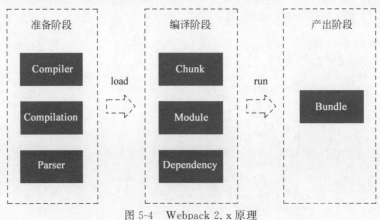

图 5-4 Webpack 2.x 原理

其中,对于 Module 部分可通过定义基类与编码文件进行相互映射,代码如下:

```
//第5章/webpack2.x.js
class Module extends DependenciesBlock {
    constructor() {
        super();
        this.context = null;
        //依赖
        this.reasons = [];
        this.chunks = [];
    }
    addReason(module, dependency) {
        //ModuleReason 类对 module 和 dependency 进行了解耦
        this.reasons.push(new ModuleReason(module, dependency));
    }
    removeReason(module, dependency) {
        for(let i = 0; i < this.reasons.length; i++) {
            let r = this.reasons[i];
            if(r.module === module && r.dependency === dependency) {
                this.reasons.splice(i, 1);
                return true;
            }
        }
        return false;
    }
    hasReasonForChunk(chunk) {
        for(let r of this.reasons) {
            if(r.chunks) {
                if(r.chunks.indexOf(chunk) >= 0)
                    return true;
            } else if(r.module.chunks.indexOf(chunk) >= 0)
                return true;
        }
        return false;
    }
    rewriteChunkInReasons(oldChunk, newChunks) {
        this.reasons.forEach(r => {
            if(!r.chunks) {
                if(r.module.chunks.indexOf(oldChunk) < 0)
                    return;
                r.chunks = r.module.chunks;
            }
            r.chunks = r.chunks.reduce((arr, c) => {
                return arr;
            }, []);
        });
    }
}
```

因而,对于 Webpack 2.x 而言,其特点可以大致总结为静态分析、异步导入、动态加载。

3. Webpack 3.x

Webpack 3.x 则通过作用域提升(Scope Hoisting)来减少打包后的代码体积和运行时的开销,同时支持生成 NamedChunks 提供更友好的命名方式,也支持配置文件合并和条件配置,如图 5-5 所示。

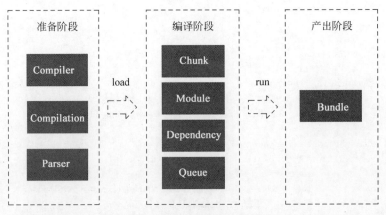

图 5-5　Webpack 3.x 原理

对于 Chunk 而言,其可以通过不同 Module 之间的关系构建生成,代码如下:

```javascript
//第 5 章/webpack3.x.js
class Chunk {
    constructor(name, module, loc) {
        this.id = null;
        this.ids = null;
        this.name = name;
        this._modules = {};
        this.chunks = [];
        this.parents = [];
        this.blocks = [];
        this.origins = [];
        this.files = [];
        this.rendered = false;
        if(module) {
            this.origins.push({
                module,
                loc,
                name
            });
        }
    }
    addOrigin(module, loc) {
        this.origins.push({
            module,
```

```
                    loc,
                    name: this.name
            });
        }
    }
```

因而,对于 Webpack 3.x 而言,其特点可以大致总结为范围提升、友好命名、条件配置。

4. Webpack 4.x

Webpack 4.x 则为了更好地支持环境区分,引入了新的默认模式(mode)选项,其可以根据开发或生产环境自动优化配置。除此之外,Webpack 4.x 替代了 CommonsChunkPlugin 和 UglifyJsPlugin 等插件,使用 optimization 选项优化配置,从而提升性能,并且通过持久化缓存和多线程构建来加快打包速度,如图 5-6 所示。

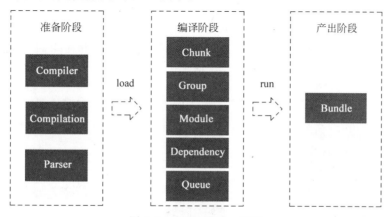

图 5-6 Webpack 4.x 原理

其中,Webpack 4.x 引入了 ChunkGroup 的概念,用于更好地聚合 Chunk 来构建最终的 Bundle 文件,代码如下:

```
//第 5 章/webpack4.x.js
class ChunkGroup {
    constructor(options) {
            this.options = options;
            this.chunks = [];
    }
    //当 Chunk 加入 ChunkGroup 时执行
    addOptions(options) {
            for (const key of Object.keys(options)) {
                    if (this.options[key] === undefined) {
                            this.options[key] = options[key];
                    } else if (this.options[key] !== options[key]) {
                            if (key.endsWith("Order")) {
                                    this.options[key] = Math.max(this.options[key], options
[key]);
```

```
                              } else {
                                   throw new Error(
                                       `ChunkGroup.addOptions: No option merge strategy for
  ${key}`
                                   );
                              }
                         }
                    }
               }
          }
```

因而,对于 Webpack 4.x 而言,其特点可以总结为模式选项、配置优化、多线并行。

5. Webpack 5.x

近年来,随着微前端理念的盛行,Webpack 5.x 也通过引入模块联邦功能将多个独立的 Webpack 构建在客户端而共享模块之间的依赖与生成。同时,随着单包构建时间缓慢的问题的影响,Webpack 5.x 也开始支持 WebAssembly 模块的导入和使用,并且也开始支持增量构建,用于缩短每次构建的时间,如图 5-7 所示。

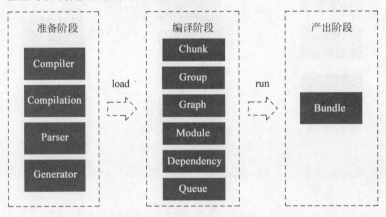

图 5-7 Webpack 5.x 原理

为了更好地支持 Chunk 之间的依赖检索,Webpack 5.x 通过构建 ChunkGraph 来明晰各个 Chunk 之间的相互依赖关系,其中,Dependency 用于构建依赖的数据结构,其代码如下:

```
//第 5 章/webpack5.x.js
class Dependency {
    constructor() {
          this._parentModule = undefined;
          this._parentDependenciesBlock = undefined;
          this._parentDependenciesBlockIndex = -1;
          this.weak = false;
          this.optional = false;
          this._locSL = 0;
          this._locSC = 0;
```

```
        this._locEL = 0;
        this._locEC = 0;
        this._locI = undefined;
        this._locN = undefined;
        this._loc = undefined;
    }
}
```

对于 Dependency 之间的关系,则可以通过 ChunkGraph 更好地进行关联与管理,代码如下:

```
//第 5 章/webpack5.x.js
class ChunkGraph {
    constructor(moduleGraph, hashFunction = "md4") {
        this._modules = new WeakMap();
        this._chunks = new WeakMap();
        this._blockChunkGroups = new WeakMap();
        this._runtimeIds = new Map();
        this.moduleGraph = moduleGraph;
    }
    _getChunkGraphModule(module) {
        let cgm = this._modules.get(module);
        if (cgm === undefined) {
            //ChunkGraphModule 用于记录 module 与外界的关系,其中 chunks 参数记录了
//module 关联的 chunk
            cgm = new ChunkGraphModule();
            this._modules.set(module, cgm);
        }
        return cgm;
    }
    _getChunkGraphChunk(chunk) {
        let cgc = this._chunks.get(chunk);
        if (cgc === undefined) {
            //ChunkGraphChunk 用于记录 chunk 与外界的关系,其中 module 参数记录了
//chunk 关联的 modules
            cgc = new ChunkGraphChunk();
            this._chunks.set(chunk, cgc);
        }
        return cgc;
    }
    connectChunkAndModule(chunk, module) {
        const cgm = this._getChunkGraphModule(module);
        const cgc = this._getChunkGraphChunk(chunk);
        cgm.chunks.add(chunk);
        cgc.modules.add(module);
    }
    disconnectChunkAndModule(chunk, module) {
        const cgm = this._getChunkGraphModule(module);
        const cgc = this._getChunkGraphChunk(chunk);
        cgc.modules.delete(module);
        if (cgc.sourceTypesByModule) cgc.sourceTypesByModule.delete(module);
```

```
                cgm.chunks.delete(chunk);
        }
}
```

因而，Webpack 5.x 的特点可以总结为模块联邦、持久缓存、增量构建。

注意：Webpack 生态体系十分庞大且繁杂，本书仅仅对整个 Webpack 的设计主线进行了剖析，对于其丰富的插件(plugin)生态设计及加载器(loader)等都十分值得玩味，感兴趣的读者可阅读源码及资料深入地进行学习。

8min

5.2 Rollup

Rollup 是一种现代化的前端构建工具，用于打包 JavaScript 代码。Rollup 于 2014 年由里奇·哈里斯(Rich Harris)创建，并在 Web 开发社区中得到了广泛认可和采纳。

相较于其他构建工具，Rollup 的核心特性是利用 ES 模块化系统对代码进行打包。ES 模块化是 JavaScript 的官方模块化方案，具有静态引用、摇树和作用域分析等优势，可将代码打包得更小并且更高效。

Rollup 的设计理念是只生成实际被使用的代码，而不是将整个库或框架打包到最终的输出文件中，其可以减小生成的代码体积，提升运行时性能。另外，Rollup 对于第三方库的导入也能灵活地进行处理，其能够将第三方库中暴露的功能按需引入，避免打包整个库。

同样地，回顾 Rollup 整个发展历史，其大致可以分为启动阶段、初创阶段、专注阶段及复兴阶段，如图 5-8 所示。

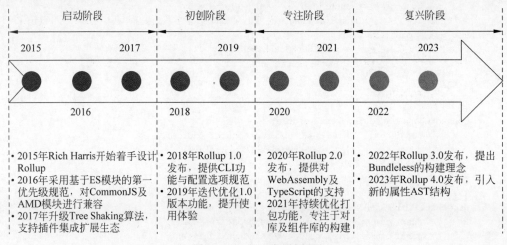

图 5-8　Rollup 发展历程

早在 2015 年,里奇·哈里斯(Rich Harris)就开始着手打包器相关的设计与开发。到了 2018 年,Rollup 正式发布了 1.0 版本,其最初是为了解决 JavaScript 模块打包的问题。与 Webpack 所不同的是,由于 Rollup 诞生的时机恰好与 ECMAScript 第 6 个版本的发布重合,所以其采用了 ES 模块的格式规范,而不是以前的 CommonJS 和 AMD 等特殊解决方案。正因如此,Rollup 从创建之初便有了 Tree Shaking 等功能,并且也具备使用各种插件来扩展自身功能的生态。

到了 2020 年,Rollup 发布了 2.0 版本,其带来了一些重要的改进,包括对 WebAssembly 模块的支持及更好地对 TypeScript 支持,但是,相较于 Webpack 在应用打包场景的风生水起,Rollup 将自己的精力专注于对 JavaScript 包或组件库的打包构建场景之中。

随着浏览器对 ES 模块的支持力度加大,Rollup 3.0 进行了重大重构和改进,尽管其仍然是将捆绑打包(Bundle)作为最终目标,但是随着非捆绑打包(Bundleless)的构建理念兴起,这也为后续诸如 Vite、Snowpack 等前端打包器的设计思路提供了借鉴和参考。

本质上来讲,Rollup 是一种基于 ES 模块化的前端构建工具,为开发者提供了高效、轻量级的代码打包解决方案,其设计理念和特性都使生成的代码更小、运行更高效。到目前为止,Rollup 已经发布了最新的 4.0 版本,其更进一步地提升了打包构建的效率与性能。事实上,真正生产环境下的应用打包器选择仍旧以 Webpack 作为首选方案居多,但 Rollup 在开发环境下的体验无疑是对前端工程化的发展起到了很好的推动作用,因此,本节将分别介绍 Rollup 不同版本的实现方式及对应版本的特色,以期能够让读者全面地了解 Rollup 的原理与功能。

1. Rollup 1. x

Rollup 1. x 作为 Rollup 的第 1 个正式版本,其采用非常直观的配置和命令行接口,并天然地支持 Tree Shaking 机制,可以通过静态分析来删除未使用的代码,从而最大程度地减小输出文件的大小。可以说,Rollup 1. x 的发布对 Rollup 的后续发展起到了至关重要的作用,如图 5-9 所示。

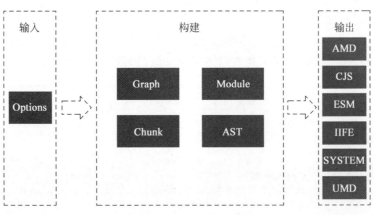

图 5-9　Rollup 1. x 原理

对于 Rollup 1.x 而言,其提供了简单直观的配置格式,方便开发者进行不同格式的输出,代码如下:

```
//第5章/rollup1.x.js
//打包 AMD 格式
export default function amd() {}
//打包 CJS 模块
export default function cjs(magicString, {snippets}) {
    const { _ } = snippets;
    //输出 CJS 格式
    magicString.append(`module.exports ${_} = ${_}`);
}
//打包 ESM 模块
export default function es(magicString) {
    //输出 ESM 格式 Rollup 默认将 ESM 作为第一优先格式
    magicString.trim();
}
//打包 IIFE 模块
export default function iife() {}
//打包 SYSTEM 格式
export default function system() {}
//打包 UMD 格式
export default function umd() {}
```

因此,Rollup 1.x 的特点可以总结为直观配置、命令接口、多格式输出。

2. Rollup 2.x

Rollup 2.x 则改进了对 TypeScript 的支持,其通过引入新的插件使对 TypeScript 的支持更加完善和可靠,并且 Rollup 也开始兼容不同模块的转化,新增了对 CommonJS 和 AMD 模块的解析和转换,使开发者可以更方便地使用这些模块系统,同时也在不断地优化打包性能、提升打包速度,如图 5-10 所示。

和 Webpack 一样,Rollup 同样需要提供对 Module 基于依赖 Graph 的构建生成 Chunk。所不同的是,Rollup 是天然支持 ESModule 的,故其天然就有 Tree Shaking 能力,代码如下:

```
//第5章/rollup2.x.ts
export default class Graph {
    private modules = []
    constructor() {
            //ModuleLoader 是 module 加载器的基类
            this.moduleLoader = new ModuleLoader();
    }
    build(
```

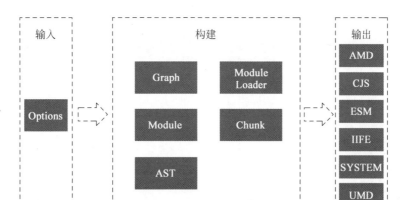

图 5-10 Rollup 2.x 原理

```
        entryModules,
        manualChunks
) {

        //阶段1: 查询需要加载的入口模块
        return Promise.all([
                this.moduleLoader.addEntryModules()
        ]).then(([{ entryModules, manualChunks }]) => {
                //阶段2: 链接到拓扑关系
                this.link(entryModules);
                //阶段3: 标记状态
                for (const module of entryModules) {
                        module.includeAllExports();
                }
                this.includeMarked(this.modules);
                //阶段4: 构建chunk
                const chunks = [];
                for (const chunk of chunks) {
                        chunk.link();
                }
                const facades = [];
                for (const chunk of chunks) {
                        facades.push(...chunk.generateFacades());
                }
                return [...chunks, ...facades];
        });
}
private link(entryModules) {
        for (const module of this.modules) {
                module.linkDependencies();
        }
        for (const module of this.modules) {
```

```
                        module.bindReferences();
                }
        }
    }
```

对于 Module 而言,Rollup 2.x 提供了 Module Loader 对 Module 进行预处理,其代码如下:

```
//第 5 章/rollup2.x.ts
export class ModuleLoader {
    constructor(
            graph,
            modulesById,
            pluginDriver,
            external,
    ) {
            this.graph = graph;
            this.modulesById = modulesById;
            this.pluginDriver = pluginDriver;
            this.isExternal = getIdMatcher(external);
    }
}
```

通过对 Module 的预处理来增加用户侧的介入,提升扩展性,Module 的核心代码如下:

```
//第 5 章/rollup2.x.ts
export default class Module {
    chunk;
    code;
    id;
    sources = new Set();
    dependencies = new Set();
    resolvedIds;
    originalCode;
    transformFiles;
    private ast;
    private esTreeAst;
    private graph;
    private transformDependencies = [];
    constructor(graph, id, moduleSideEffects) {
            this.id = id;
            this.graph = graph;
            this.context = graph.getModuleContext(id);
            this.moduleSideEffects = moduleSideEffects;
    }
    setSource({ast, code, resolvedIds, transformDependencies, transformFiles}) {}
```

```
    toJSON() {
        return {
                ast: this.esTreeAst,
                code: this.code,
                dependencies: Array.from(this.dependencies).map(module => module.id),
                id: this.id,
                originalCode: this.originalCode,
                resolvedIds: this.resolvedIds,
                transformDependencies: this.transformDependencies,
                transformFiles: this.transformFiles
        };
    }
}
```

因此,Rollup 2.x 的核心特点可以归纳为类型改进、模块转换、性能提升。

3. Rollup 3.x

Rollup 3.x 新增了对多级文件的引用输出,开发者可以方便地将代码分割为多个输出文件,实现更好的代码组织,从而优化加载性能,方便开发者按需加载和更好地利用缓存。除此之外,Rollup 3.x 还对自身插件生态系统进行了改进,丰富自身插件生态并提供更加灵活的插件编写接口,如图 5-11 所示。

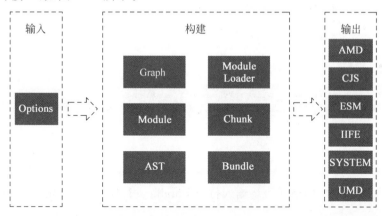

图 5-11 Rollup 3.x 原理

对于多个 Module 生成的 Chunk,其自身依据特殊的 AST 转化后进行融合,代码如下:

```
//第5章/rollup3.x.ts
export default class Chunk {
    readonly entryModules = [];
    execIndex;
    private readonly dynamicEntryModules = [];
    private readonly exports = new Set();
    private implicitEntryModules = [];
    constructor(
```

```
                    private readonly orderedModules,
                    private readonly chunkByModule,
                    private readonly includedNamespaces,
    ) {
                    this.execIndex = orderedModules.length > 0 ?
orderedModules[0].execIndex : Infinity;
                    const chunkModules = new Set(orderedModules);

            for (const module of orderedModules) {
                    chunkByModule.set(module, this);
                    if (module.namespace.included) {
                            includedNamespaces.add(module);
                    }
                    if (module.info.isEntry || outputOptions.preserveModules) {
                            this.entryModules.push(module);
                    }
                    for (const importer of module.includedDynamicImporters) {
                            if (!chunkModules.has(importer)) {

    this.dynamicEntryModules.push(module);
                    //具有合成导出的模块需要为动态导入提供一个人工命名空间
                            if (module.info.syntheticNamedExports && !outputOptions.
preserveModules) {

includedNamespaces.add(module);

this.exports.add(module.namespace);
                            }
                        }
                    }
                    if (module.implicitlyLoadedAfter.size > 0) {
                        this.implicitEntryModules.push(module);
                    }
                }
            }
}
```

最后,根据所需导出的格式可将输入打成 Bundle 进行输出,代码如下:

```
//第5章/rollup3.x.ts
async function renderChunks(chunks) {
    //render chunks 开始
    const renderedChunks = await Promise.all(chunks.map(chunk => chunk.render()));
    //render chunks 结束
}
export default class Bundle {
    constructor(
            private readonly outputOptions,
            private readonly inputOptions,
            private readonly pluginDriver,
```

```
                private readonly graph
        ) {}
        async generate() {
                const outputBundleBase = Object.create(null);
                const outputBundle = { …outputBundleBase};
                this.pluginDriver.setOutputBundle(outputBundle, this.outputOptions);
                //initialize render 开始
                await this.pluginDriver.hookParallel('renderStart', [this.outputOptions, this.
inputOptions]);
                //initialize render 结束
                //generate chunks 开始
                const chunks = await this.generateChunks(outputBundle);
                for (const chunk of chunks) {
                        chunk.generateExports();
                }
                //generate chunks 结束
                await renderChunks(chunks);
                //generate bundle 开始
                await this.pluginDriver.hookSeq('generateBundle', [
                        this.outputOptions,
                        outputBundle
                ]);
                //generate bundle 结束
                return outputBundleBase;
        }
        private async generateChunks(bundle) {
                const chunks = [];
                const facades = [];
                for (const chunk of chunks) {
                        facades.push(...chunk.generateFacades());
                }
                return [...chunks, ...facades];
        }
}
```

　　注意：Rollup 的插件系统虽然不像 Webpack 那样丰富多样，但也有其独特的运行机制，感兴趣的读者可以阅读源码及资料进行对比分析。

5.3　Gulp

　　Gulp 也是一种前端构建工具，可用于自动化任务的执行和前端资源的处理。Gulp 于2013 年由艾瑞克·斯科夫斯托尔（Eric Schoffstall）创建，其与众多前端构建工具所不同的

⏵ 6min

流式构建方式迅速在前端开发社区中流行起来。

事实上,在 Gulp 出现之前,前端工程通常会使用 Grunt 进行构建,然而,由于 Grunt 本身配置文件仍需编写大量的配置代码而使配置变得冗长和复杂,其成为开发 Gulp 的诱因。为了解决 Grunt 的复杂配置问题,Gulp 采用了一种基于代码的任务流程描述方式,帮助开发者通过 JavaScript 代码来描述任务和流程,使任务的配置和管理更直观和更灵活。

Gulp 的发展历程大体可以分为起步阶段、重构阶段、完善阶段,如图 5-12 所示。

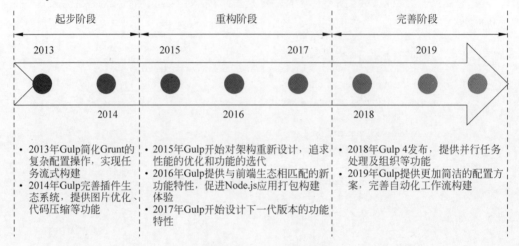

图 5-12　Gulp 发展历程

时间拨回 2013 年,最初的 Gulp 其实只是一个很小的项目,其只为了简化 Grunt 的复杂操作而提供了一些基本的功能,如文件复制、文件合并和文件压缩等,帮助开发者可以轻松地定义和执行这些常见的任务。随着 Gulp 的流行,其庞大的插件生态系统也开始形成,可以根据自己的需求来扩展和定制 Gulp 的功能,如 Sass 编译、代码压缩、图片优化等。

Gulp 的发布一直遵循"如无必要,勿增实体"的原则,其在沉寂许久后开始重新审视前端生态的现状与自身的定位。随着对架构的重新设计,Gulp 再次开启了功能的迭代优化工作,也促使了许多插件的重构。

Gulp 4 于 2018 年发布,其也是目前最新的版本,引入了一些新特性,如更好的错误处理并行任务执行、更灵活的任务组织等。尽管 Gulp 并不是严格意义上的前端打包器,但其简单的流式操作却十分契合 Node.js 应用场景的打包构建。Gulp 正是利用了 JavaScript 中的流(Stream)概念,通过连接各个任务并处理数据流,实现了高效的构建过程。

严格来讲,Gulp 只不过是一种基于 JavaScript 代码的流式构建工具。虽然 Gulp 起步很早,但其追求的极致简化理念却最终没有抢到前端打包器市场的先机,因此,本节将分别介绍 Gulp 不同版本的实现方式及对应版本的特色,以期能够让读者全面地了解 Gulp 的原理与功能。

1. Gulp 3.x

Gulp 3.x 是 Gulp 使用较为广泛的一个版本,其任务使用 task()函数进行注册并通过回调的方式进行串行处理,而错误处理则是通过插件的方式进行接入兜底,如图 5-13 所示。

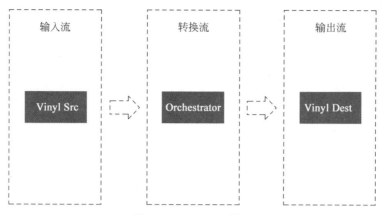

图 5-13 Gulp 3.x 原理

Gulp 3.x 任务调度的核心是通过 orchestrator 包进行实现的,代码如下:

```
//第5章/gulp3.x.js
var Orchestrator = function () {
    EventEmitter.call(this);
    //当队列中的所有任务都完成时调用
    this.doneCallback = undefined;
    //顺序执行任务
    this.seq = [];
    //task包括name、dep(依赖名称列表)和fn(执行的任务)
    this.tasks = {};
    //是否在执行
    this.isRunning = false;
};
Orchestrator.prototype.add = function (name, dep, fn) {
    this.tasks[name] = {
        fn: fn,
        dep: dep,
        name: name
    };
    return this;
};
Orchestrator.prototype.start = function() {
    this.seq = seq;
    //发布订阅模式
    this.emit('start', {message:'seq: ' + this.seq.join(',')});
    return this;
};
Orchestrator.prototype.stop = function (err, successfulFinish) {
    this.emit('stop', {message:'orchestration succeeded'});
};
```

```
//任务执行的核心方法
function runTask(task, done) {
    var that = this, finish, cb, isDone = false, start, r;
    finish = function (err, runMethod) {
            isDone = true;
            done.call(that, err, {
                    runMethod
            });
    };
    cb = function (err) {
            finish(err, 'callback');
    };
    r = task(cb);
    r.then(function () {
      finish(null, 'promise');
    }, function(err) {
      finish(err, 'promise');
    });
}
Orchestrator.prototype._runTask = function (task) {
    runTask(task.fn.bind(this), function (err, meta) {});
}
```

Gulp 3.x 使调度操作继承自本身的构造函数,代码如下:

```
//第 5 章/gulp3.x.js
function Gulp(){
  Orchestrator.call(this);
}
Gulp.prototype.Gulp = Gulp;
```

因此,Gulp 3.x 的特点可以总结为回调任务、串行执行、文件监听。

2. Gulp 4.x

Gulp 4.x 则对 Gulp 3.x 的设计方案进行了改进,其任务可通过在 gulpfile 文件中定义普通 JavaScript 函数进行注册并返回基于 Promise 的方式进行串并行处理,而错误处理则被内置在核心包,如图 5-14 所示。

Gulp 4.x 任务调度的核心则通过 Gulp 自身独立开发的 undertaker 包进行处理,代码如下:

```
//第 5 章/gulp4.x.js
function Undertaker(customRegistry) {
  EventEmitter.call(this);
}
Undertaker.prototype.task = task;
Undertaker.prototype.series = series;
```

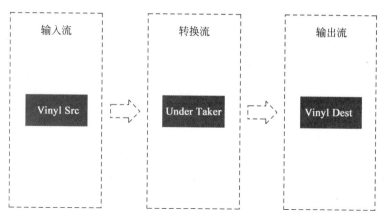

图 5-14　Gulp 4. x 原理

Gulp 4. x 同样通过构造函数进行继承,代码如下:

```
//第5章/gulp4.x.js
function Gulp() {
  Undertaker.call(this);
}
Gulp.prototype.Gulp = Gulp;
```

因此,Gulp 4. x 的特点可总结为约定处理并行任务、错误内置。

5.4　Vite

▶ 8min

　　正如开篇所提到的模块化纷争背景,Vite 的产生正是源自 Webpack 称霸时代捆绑打包而导致开发服务器臃肿,由此启动体验问题探索。Vite 是一个轻量级、快速的前端构建工具,由于其近乎即时的代码编译和快速的热模块更换,迅速受到广大前端开发者青睐。

　　Vite 主要由两部分组成,一个是通过本机 ES 模块提供源文件的开发服务器,另一个是可执行的命令行界面工具(Command Line Interface)。此外,Vite 还可以通过其插件 API 和 JavaScript API 提供具有高扩展性和全面性的功能支持。

　　由于 Vite 起步于开发体验的优化革新,故其发展历程大体可以分为探索阶段、起始阶段和增长阶段,如图 5-15 所示。

　　早在 2018 年,Vue.js 框架的作者尤雨溪(Evan You)便开始设想如何提升 Vue 脚手架在大型项目中热更新体验问题。最初,Vite 仅仅是为了提供 Vue 脚手架生态相关的原生 ESM 的服务器。到了 2019 年,随着浏览器对原生 ESM 支持的不断推广,Vite 开始不断借鉴已有的非捆绑打包(Bundleless)的服务器实现方案。

　　2020 年 4 月 21 日,Vite 0.1 发布,其能够转化 Vue 的单文件组件(Single File Component)

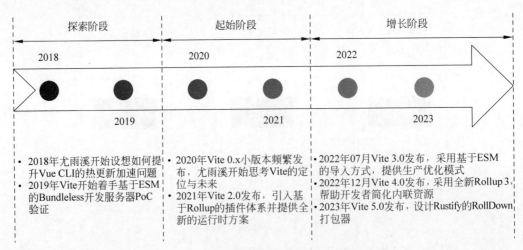

图 5-15　Vite 发展历程

并处理原生 ESM 的热更新。尽管该版本的核心逻辑比较粗糙,并且仅支持 Vue 组件,但却为后来的发展埋下了种子。紧接着,到了同年 11 月,Vite 发布了大概 91 个小版本,但考虑到 Vite 更广阔的场景与格局而并未诞生真正意义上的 Vite 1.0 版本。

2021 年 2 月 16 日,Vite 2.0 经过重构设计正式发布。在 2.0 版本中,Vite 受到 WMR 的启发而引入了基于 Rollup 的底层插件系统,提供了更好的开发体验,并且提升了构建性能,例如全新的 SSR 运行时及依赖预打包方案等。

2022 年 7 月 13 日,Vite 3.0 发布,其采用了 ES 模块的导入方式而可以按需加载模块,使开发者可以快速启动开发服务器,并且在开发过程中修改代码后能够实时更新。同时,Vite 3.x 还引入了一个叫作生产优化模式的功能,可以在构建时自动优化代码,减少构建时间和最终生成的文件大小。同年 12 月,Vite 4.0 发布,其采用了全新的 Rollup 3,可以帮助开发者简化内联资源并提升性能。到目前为止,Vite 已经发布了 5.0 版本,其在不断探索更深层次的前端工程化发展,提供 Rust 化的 Rolldown 前端打包工具。

通过不断地迭代和改进,Vite 已经成为前端开发者钟爱的工具之一,其快速、轻量级的特点使开发者能够更加高效地构建现代化的 Web 应用程序,并享受更好的开发体验,因此,本节将分别介绍 Vite 不同版本的实现方式及对应版本的特色,以期能够让读者全面地了解 Vite 的原理与功能。

1.　Vite 1.x

Vite 1.x 并未真正意义上进行发版,其仅仅提供了对 Vue 的基于 ES 模块的开发服务器,可以实现按需编译,提高了开发效率。除此之外,Vite 1.x 还引入了快速热更新,可以在修改代码后立即更新浏览器中的内容,无须手动刷新页面,如图 5-16 所示。

对于开发服务器,其本质是基于 Koa 的一个 Node.js 应用服务器,代码如下:

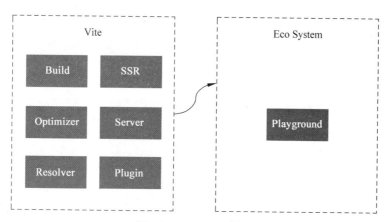

图 5-16　Vite 1. x 原理

```typescript
//第 5 章/vite1.x.ts
export interface ServerPluginContext {
  root: string
  app: Koa < State, Context >
  server: Server
  watcher: HMRWatcher
  resolver: InternalResolver
  config: ServerConfig & { __path?: string }
  port: number
}
export function createServer(config) {
  const app = new Koa()
  const server = resolveServer(config, app.callback());
  const context: ServerPluginContext = {};
  //Koa 中间件
  app.use((ctx, next) => {
    Object.assign(ctx, context)
    return next()
  })
  return server
}
function resolveServer(
  { https = false, httpsOptions = {}, proxy },
  requestListener
) {
  if (!https) {
    return require('http').createServer(requestListener)
  }
  if (proxy) {
    return require('https').createServer(requestListener)
  } else {
```

```
    return require('http2').createSecureServer(requestListener)
  }
}
```

对于非 ES 模块则需进行解析,代码如下:

```typescript
//第 5 章/vite1.x.ts
export function transformCjsImport(
  exp: string,
  id: string,
  resolvedPath: string,
  importIndex: number
): string {
  const ast = parse(exp)[0] as ImportDeclaration
  const importNames: ImportNameSpecifier[] = []
  ast.specifiers.forEach((obj) => {
    if (obj.type === 'ImportSpecifier' && obj.imported.type === 'Identifier') {
      const importedName = obj.imported.name
      const localName = obj.local.name
      importNames.push({ importedName, localName })
    } else if (obj.type === 'ImportDefaultSpecifier') {
      importNames.push({ importedName: 'default', localName: obj.local.name })
    } else if (obj.type === 'ImportNamespaceSpecifier') {
      importNames.push({ importedName: '*', localName: obj.local.name })
    }
  })
  return generateCjsImport(importNames, id, resolvedPath, importIndex)
}

function generateCjsImport(
  importNames: ImportNameSpecifier[],
  id: string,
  resolvedPath: string,
  importIndex: number
): string {
  //如果在一个文件中针对相同的 id 存在多个导入,则防止 CJS 模块名出现重复现象
  const cjsModuleName = makeLegalIdentifier(
    `$viteCjsImport${importIndex}_${id}`
  )
  const lines: string[] = [`import ${cjsModuleName} from "${resolvedPath}";`]
  importNames.forEach(({ importedName, localName }) => {
    if (importedName === '*' || importedName === 'default') {
      lines.push(`const ${localName} = ${cjsModuleName};`)
    } else {
```

```
        lines.push(`const ${localName} = ${cjsModuleName}["${importedName}"];`)
    }
  })
  return lines.join('\n')
}
```

因此，Vite 1.x 的特点可以总结为按需编译、无捆构建、快速更新。

2. Vite 2.x

Vite 2.x 扩展了对其他框架的支持，包括 React、Preact、Svelte 等。Vite 2.x 还引入了基于 ESBuild 的快速打包，可以极大地提高构建速度，同时也引入了静态资源优化和代码压缩功能，帮助减小生成的文件大小，如图 5-17 所示。

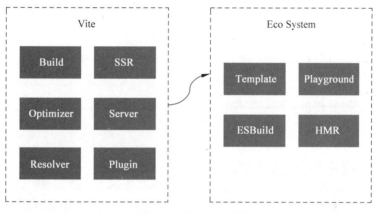

图 5-17　Vite 2.x 原理

Vite 2.x 在打包构建中对于代码转换则是基于 ESBuild 的跨语言转换，代码如下：

```
//第 5 章/vite2.x.ts
//ESBuild 中的 startService 在后边版本中被移除，使用 transform 方法实现
import { startService } from 'esbuild';
const ensureService = async () => {
  return await startService()
}
export async function transformWithEsbuild(code) {
  const service = await ensureService();
  const result = await service.transform(code)
}
export async function transformWithEsbuild(
  code,
  filename,
  options,
) {
  let loader = options?.loader
```

```
      const resolvedOptions = {
        sourcemap: true,
        sourcefile: filename,
        ...options,
        loader,
      }
      const result = await transform(code, resolvedOptions)
      return result;
    }
```

注意：ESBuild 是基于 Go 语言实现的前端打包工具，将在后续的章节进行介绍。

因此，Vite 2.x 的特点可以总结为框架扩展、快速打包、资源优化。

3. Vite 3.x

Vite 3.x 进一步提升了构建性能，引入了 Hybrid 模式，可以在开发和构建过程中同时使用预编译和实时编译，提高了打包速度和开发体验。此外，Vite 3.x 还增强了对 TypeScript 的支持，并提供了更好的类型推断和错误提示，如图 5-18 所示。

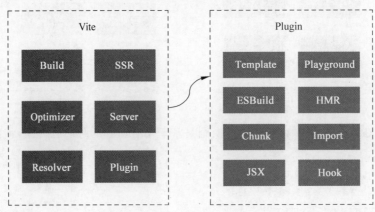

图 5-18　Vite 3.x 原理

对于构建部分，Vite 3.x 会先通过 ESBuild 进行预编译，再通过 Rollup 整体地进行打包构建，代码如下：

```
//第 5 章/vite3.x.ts
async function build(inlineConfig) {return await doBuild(inlineConfig)}
async function doBuild(config) {
  const plugins = [], external = {}, input = config.input;
  const rollupOptions: RollupOptions = {
    input,
    plugins,
    external,
```

```
    }
    const output = [];
    //使用 Rollup 进行构建
    const { rollup } = await import('rollup')
    const bundle = await rollup(rollupOptions)
    const generate = (output) => {
      return bundle['generate'](output)
    }
    return await generate(output)
}
```

可以说,Vite 是整合了 ESBuild 和 Rollup 这两个打包器进行构建的,其特点可以总结为混合模式、预先编译、类型推断。

4. Vite 4. x

Vite 4.x 继续优化构建速度和性能,其引入了全新的缓存机制,可以更有效地利用缓存,减少重复的构建过程。Vite 4.x 还加强了对框架的支持,提供了更多的插件和工具,方便开发者进行定制,如图 5-19 所示。

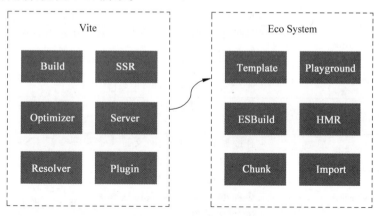

图 5-19 Vite 4.x 原理

Vite 4.x 优化通过 optimizer 模块进行处理,代码如下:

```
//第 5 章/vite4.x.ts
//执行 vite optimize 命令,扫描并优化项目中的依赖关系
export async function optimizeDeps(config) {
  const metadata = {};
  return metadata;
}
```

因此,Vite 4.x 的特点可以总结为缓存机制、性能提高、生态扩展。

5min

5.5　本章小结

本章以前端在开发过程中常见的几大打包器入手,分别介绍了 Webpack、Rollup、Gulp 及 Vite 等内容,也简要地介绍了每个打包工具所适用的场景。为了更好地了解业界打包工具的全貌,本节将通过对比分析已成熟的不同打包器来对本章内容进行总结,见表 5-1。

表 5-1　前端打包工具对比

工具名称	语言	时间	优　点	缺　点
Webpack	JavaScript	2012	模块化/代码分离/高度可配置/开箱即用/插件系统/生态丰富	构建速度慢/体积大/配置复杂/依赖项管理
Gulp	JavaScript	2013	易用/速度快/可扩展/可定制/跨平台/生态丰富	配置复杂/插件质量不一/功能较少/过于灵活
Rollup	JavaScript	2015	Tree Shaking/ES6 模块支持/插件系统/第三方库支持/多种输出格式	复杂性高/CJS 支持不足
ESBuild	Go	2016	极速快/通用/易于使用/高级压缩/静态分析	社区不完善/场景支持弱/配置灵活度低
Parcel	JavaScript	2017	零配置/自动化/易于维护/多种技术栈/快速	生态不完善/配置项少/高级功能少
SWC	Rust	2017	高性能/压缩效果好/最新 ES 标准/支持 TypeScript/易于集成	不稳定/生态薄弱/兼容性差
Nx	TypeScript	2017	高效/可扩展/平台无关/依赖管理	依赖复杂/项目结构固定/配置复杂
Snowpack	JavaScript	2019	直接加载/极速构建/支持生态完善/集成性好/易配置	不支持 CSS 打包/不适用大型项目
Vite	TypeScript	2020	快速开发服务器/热更新/支持多种框架/内置 Rollup/插件系统/简单易用	兼容性较差/生态系统不完善/CJS 模块兼容弱
Rome	Rust	2020	统一 AST/类型检测/零配置/全新工具链/多语言支持	生态薄弱/初级阶段/资源消耗高
WMR	JavaScript	2020	快速开发/热重载/零配置/自动优化/简单易用	JavaScript 支持不完全/缺乏对构建控制/性能受限
Turbopack	Rust	2021	自动计算依赖/快速打包/智能增量编译/内置 AST 转换/Node.js 集成	定制程度低/生态不完善/社区支持弱
Rspack	Rust	2022	极速启动/闪电热更新/兼容 Webpack/内置构建能力/默认生产优化/框架无关	社区生态小/兼容性差

　　最后,前端打包器在前端工程化领域扮演着重要的角色,其是现代在前端开发中不可或缺的工具之一。通过打包器,前端工程师可以将各种前端资源进行整合并优化以提高网页的加载速度和性能表现,包括模块化开发、资源优化、提高开发效率、跨浏览器兼容等方面。

　　从第 6 章开始,本书将会对前端工程中的规范标准进行阐述。"不以规矩,不能成方圆",所有的工程项目都有其各自的规范,前端工程方案同样离不开规范的约束,希望各位读者通过规范篇章的学习,能够根据各自团队的特点制定出相应的团队规范。

第 6 章

CHAPTER 6

规　　范

代码规范是指为约束代码风格而编写制定的统一标准,以确保代码的统一性、可读性和可维护性。前端规范通常包括 HTML/Template 规范、CSS/Less/Sass/Stylus 规范、JavaScript/TypeScript 规范、框架规范、组件规范、模块规范及 UI 组件规范等,同时也包括代码测试和版本控制等方面的规范。通过前端规范的制定和执行,有助于提高代码的质量,减少代码的错误和维护工作,提高团队协作效率和项目的整体开发效能。

本章主要简单介绍前端开发过程中涉及的编码规范及版本规范,也会简单介绍业界常见的规范案例,以便各位工程师在日常团队管理中能够根据实际情况自定义规范标准。

6.1　编码规范

前端编码规范通常包含命名规范、注释规范、模板规范、样式规范、脚本规范及框架规范等,下面将分别进行阐述。

6.1.1　命名规范

对于命名规范而言,通常主要包含函数或类的命名及变量的命名等。事实上,JavaScript 中不存类,本节对函数和类将统一进行介绍。

1. 函数/类

对于函数或类的命名而言,其通常采用的是驼峰命名法,其中,对于 JavaScript 而言,函数可作为类来使用,此时需要使用大驼峰命名,但是,对于现代化的 JavaScript 命名而言,通常不建议直接将函数作为类来使用,而是建议使用 ECMAScript 6 及以上版本的 class 直接进行命名。

注意:小驼峰命名法和大驼峰命名法统称为驼峰命名法(Camel-Case),其主要区别是大驼峰命名法的首字母需要大写,而小驼峰命名法的首字母为小写。

对于函数及类的命名规范而言,笔者建议其前缀可为动词,并可对常使用的动词制定一

个团队手册，见表 6-1。

表 6-1 函数及类常见命名动词前缀

前缀	含 义	返 回 值
can	判断是否可执行某个动作或权限	函数返回一个布尔值。true：可执行；false：不可执行
has	判断是否含有某个值	函数返回一个布尔值。true：含有此值；false：不含有此值
is	判断是否为某个值	函数返回一个布尔值。true：为某个值；false：不为某个值
get	获取某个值	函数返回一个非布尔值
set	设置某个值	无返回值，返回是否设置成功或者返回链式对象
load	加载某些数据	无返回值或者返回是否加载完成的结果

2. 变量

对于变量而言，笔者建议每个局部变量均应设计一种类型前缀，常见前缀同样可在团队中进行相关约定，见表 6-2。

表 6-2 变量命名常见前缀

前 缀	含 义	示 例
s	表示字符串	sName、sHtml
n	表示数字	nPage、nTotal
b	表示逻辑	bChecked、bHasLogin
a	表示数组	aList、aGroup
r	表示正则表达式	rDomain、rEmail
o	表示对象	oDiv、oButton

6.1.2 注释规范

除了命名之外，前端工程团队对注释也需要进行相关约束，其不仅能帮助团队成员更好地进行协作交接，更重要的是其可以配合自研插件进行代码审查及单元测试自动化构建等工作。

> **注意**：对于注释自动化生成单元测试及代码审查等工程化构建，将在后续篇章进行介绍。

常见的注释规范约定通常包含统一描述语言（Unified Description Language）、注释百分比及注释样式主题等。例如，大代码块分割必须有注释；待完善或未实现的功能，必须添加 TODO 标识；超过 100 行复杂功能的实现，必须有注释，可分逻辑标注及功能标注等。

6.1.3 模板规范

前端工程中的模板规范通常以 HTML 为主要约定，但部分诸如 Vue 及 Angular 等框架也涉及模板的书写。除了模板规范外，对于纯文本的书写通常会被纳入模板规范的范畴。

1. HTML/Template 规范

对于 HTML 或者 Template 规范而言,通常需要按照 W3C(World Wide Web Consortium)标准进行相关书写。例如,使用 HTML5 的语义化标签;标签中必须使用双引号,而不是单引号;自定义标签使用大驼峰标签,尽量使用单标签等。

2. 文本规范

对于文本规范而言,其主要在于对文本需尽量采用书面用语而非口语表达,力求清晰明了、符合程序员的逻辑思维及表达习惯。

6.1.4 样式规范

最初的样式规范主要是以 CSS 为主的约定规范,但随着 CSS 预处理器的发展及"CSS 代码化"的变革思潮,以 Less、Scss/Sass、Stylus 等为主的样式编写方式也逐渐成为现代化前端样式的主流方案。故而,由此衍生而来的样式规范也需要纳入前端规范的范畴之中。

1. CSS 规范

对于 CSS 规范,主要包含两种流派,即以 BEM 为代表的原子方法论和以 Tailwind 为代表的框架方法论。相对而言,BEM 更像是一种约定规范,而 Tailwind 则更像是符合原生前端代码书写需求的 CSS 框架。尽管二者不在同一个竞争维度,但从 CSS 规范而言,其都可以作为样式书写的约束典范。

1) BEM

BEM(Block-Element-Modifier)是块、元素、修饰符这 3 个单词的组合简写,其约定了 CSS 命名的常见规则及属性的书写顺序。BEM 建议尽量使用缩写属性,并且能省略的尽量省略,提高代码可读性及编译高效性,见表 6-3。

表 6-3　属性书写常见优先级

属性类型	例　　证	优　先　级
位置属性	position、top、right、z-index、display、float 等	☆☆☆☆☆
大小	width、height、padding、margin 等	☆☆☆☆
文字系列	font、line-height、letter-spacing、color、text-align 等	☆☆☆
背景	background、border 等	☆☆
其他	animation、transition 等	☆

2) Tailwind

Tailwind CSS 是一个高度可定制的 CSS 框架,其可以帮助开发人员快速地构建现代化的网页界面。Tailwind CSS 提供了大量的类名,每个类名都对应一个特定的样式,可以将这些类名直接应用到 HTML 元素上。例如,可以添加类名"text-red-500"将文本颜色设置为红色,而且可以通过配置文件来定制 Tailwind CSS 的样式,从而更改颜色、字体大小、间距等。

2. Less 规范

Less 是一种动态样式表语言,其是 CSS 预处理器之一。Less 扩展了 CSS,并为开发人员提供了更多的功能和灵活性。

在使用 Less 时,可以通过变量、嵌套、混合、函数等高级功能来编写样式表,其可以使样式表更易于维护及扩展。对于 Less 的编写而言,则需要注意以下规范,如避免嵌套过多、多使用循环等逻辑语句、注意和 CSS 中部分函数的区别等。

3. Sass/Scss 规范

Sass 或 Scss 也是一种 CSS 预处理器,其扩展了 CSS 的功能,使开发者能够更有效地编写样式代码。同样地,对于 Sass 或 Scss 的书写也需要注意以下规范,如避免嵌套过多及多使用 mixin 进行相关组合等。

注意:Sass 和 Scss 的主要区别在于它们的语法,Sass 的语法看起来更像是 Scss 的一种简化形式。

6.1.5 脚本规范

对于脚本语言而言,通常以 JavaScript 规范为主,而作为 JavaScript 超集的 TypeScript 则更符合强类型语言使用者的编码习惯。

注意:强类型语言通过严格强制类型检查来确保变量的类型安全,而弱类型语言允许较大的灵活性,但可能导致类型错误。

---

1. JavaScript 规范

对于 JavaScript 的编码规范而言,通常建议采用 ESLint 的 Standard 规范,并且保持 ECMAScript 6 以上的书写要求。对于工程化构建,则可以配合 IDE 对相关的规范进行约束,如 VS Code 的相关插件等。

2. TypeScript 规范

TypeScript 则更应发挥其 JavaScript 超集的优势,应尽量避免 any 的使用,多使用泛型、interface、type 等 JavaScript 缺少的功能,并且使用领域驱动设计(Domain-Driven Design)的编程方法进行相关设计等。

6.1.6 框架规范

对于前端框架而言,则应按照不同项目相对应地进行分类使用。通常而言,对于各自框架都会提供相应的脚手架模板及最佳实践等,其可以此作为参考来构建团队的框架规范。

1. React 项目规范

对于 React 而言,笔者建议各位开发者在制定项目规范时应符合各自项目使用模板方案规范,如 Ant Design Pro、Ice 等。对于现代化的 React 项目,则应尽量使用 React Hooks 进行相关开发,并且需要注意符合 TSX(TypeScript XML)或 JSX(JavaScript XML)语法规范。

2. Vue 项目规范

对于 Vue 项目而言,笔者建议使用符合各自项目的模板方案规范,如@vue/cli、vue-element-admin 等。建议使用符合 Vue 开发习惯的编程范式,如 Vue 2 建议使用 Options API,Vue 3 则建议使用 Composition API。特别地,对于 Vue 3 的项目,则应多使用自定义 use 函数进行功能开发,并且使用更贴合 JSX 或者 TSX 的类组件模式进行相关开发。

6.2 版本规范

为了更好地进行代码的协同开发及产出,软件工程领域通常会对开发及生成过程相应地进行约束,其中,版本管理作为常见软件研发过程的开发及产出标准管理方式,其相关版本规范则主要包含格式规范和控制规范两部分内容。

6.2.1 格式规范

在前端领域中,格式规范主要以语义化版本(Semantic Versioning)规范进行约束,其实现了类似 SemVer 的相关 NPM 包工具。目前,SemVer 主要是由 NPM 官方团队进行维护的,其实现了版本和版本范围的解析、计算、比较等,如图 6-1 所示。

图 6-1 语义化版本规范

SemVer 格式规范主要包含两个概念,分别是固定版本和范围版本,其中,固定版本是指表示包的特定版本的字符串,如 0.4.1、1.2.7、1.2.4-beta.0 等;范围版本则是对满足特定规则的版本的一种表示,如 1.2.3-2.3.4、1.x、^0.2、>1.4 等。特别地,在 NPM 的依赖规则中,通常通过不同的符号来对范围版本进行相关的指定和约束,见表 6-4。

表 6-4　范围版本符号规范

符　号	含　　义	示　　例
^	表示同一主版本号中,不小于指定版本号的版本号	^2.2.1 对应主版本号为2,其含义是不小于 2.2.1 的主版本号,例如 2.2.1、2.2.2、2.3.0 等,主版本号固定
~	表示同一主版本号和次版本号中,不小于指定版本号的版本号	~2.2.1 对应主版本号为2,次版本号为2,其含义是不小于 2.2.1 的次版本号,例如 2.2.1、2.2.2,主版本号和次版本号固定
>、<、=、>=、<=、-	用来指定一个版本号范围	>2.1 表示应高于 2.1 的版本,1.0.0-1.2.0 表示版本号为 1.0.0~1.2.0
||	表示或	^2 <2.2 || >2.3 表示 2 主版本且小于 2.2 版本,或者大于 2.3 的版本
x、X、*	表示通配符	* 对应所有版本号,3.x 对应所有主版本号为 3 的版本号

除了语义化版本的规范外,对于大型研发团队而言,通常也会制定整个研发产品体系的版本格式规范,因而,对于团队自定义的版本格式规范需要注意以下几个方面。

首先,对于版本号格式应该进行定义,明确规定版本号的格式含义和表达方式,例如 x.y.z。

其次,需要对版本号进行意义解释,明确各个版本号字段的含义,以及版本号变更的规则和说明。

再次,对于版本号变更规则也应相应地进行说明,明确版本号何时升级,升级的方式和条件,以及升级后的影响和变化等。

最后,对于版本号命名应进行约定,包括预发布版本的命名规则、稳定版本的命名规则等,以便开发人员更好地理解和遵守版本规范。

6.2.2　控制规范

在版本管理中,通常涉及版本管理工具,常用的前端版本管理工具主要分为分布式版本管理工具和集中式管理工具两种,例如,Git、Mercurial、Perforce 及 SVN 等。

1. Git

Git 是目前流行的版本控制工具之一,其是一个分布式的版本控制系统并广泛地应用于前端开发中。Git 可以管理代码的版本、分支、合并等,支持多人协作开发,也可以用于版本回退和分支管理。

Git 的核心亮点在于分布式处理,其并不依赖于中央服务器来存储版本信息。每个用户都可以在自己的本地计算机上克隆完整的代码仓库,并在本地进行修改和提交。Git 使用分支(branch)的概念来管理不同的开发线路,这样各个开发者可以并行地进行工作,最后将各个分支合并到主分支上。

1）分支规范

对于 Git 的分支管理,不同团队都有其各自的约定与规范,其中,由文森特·德里森(Vincent Driessen)于 2010 年创建的 Git Flow,其作为大型团队的 Git 分支模型的主要代表而被业界广泛接受,如图 6-2 所示。

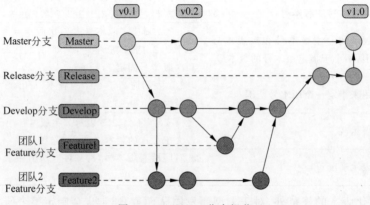

图 6-2　Git Flow 分支规范

Git Flow 分支规范主要以分支作为管理核心实现工作流,通常以主分支和辅助分支进行区分,常见分支包括生产分支(Master)、开发分支(Develop)、预发布分支(Release)、功能分支(Feature)及热修复分支(Hotfix)等,见表 6-5。

表 6-5　Git Flow 分支规范

分支类型	命　　名	分支名称	含　　义
<Master>	master	生产分支	Master 分支唯一且稳定,一般修复 Bug 后,确保稳定才合并到 Master 分支
<Release>	release	预发布分支	Release 分支唯一且稳定,一般用于发布的前期准备,允许小量级的 Bug 修复
<Develop>	develop	开发分支	Develop 分支唯一,Feature 分支开发依赖于 Develop 分支,开发环境依赖分支
<Feature>	feature	功能分支	Feature 分支依赖于 Develop 分支,存在多个,其用于各个功能的开发
<Hotfix>	hotfix	热修复分支	Hotfix 分支依赖 Master 对应版本,为固定某个版本进行修复,当 Master 上遇到严重问题急需修复时,应从 Master 上指定 Tag 拉取,其是为了隔离 Feature 开发和 Bug 修复

Master 分支为主分支,也是用于部署生产环境的分支,确保 Master 分支稳定性,Master 分支一般由 Develop 分支合并,任何时间都不能直接修改代码。

Release 分支为预发布分支,也是用于最终发布前的锁定分支,确保发布稳定性,Release 分支一般由 Master 分支合并,任何时间都不能直接修改代码。

Develop 分支为开发分支,其始终保持最新完成及 Bug 修复后的代码,也是用于部署测试开发环境的分支。同时,Feature 分支是基于 Develop 分支下创建的。

Feature 分支主要用于开发新功能,以 Develop 为基础创建 Feature 分支,其存在多个,用于各个功能的开发,分支的拉取请求(Pull Request)及合并处理(Merge)应及时归入 Develop 分支进行测试开发的流水线构建。

Hotfix 分支主要用于生产分支的严重问题 Bug 修复,其依赖于 Master 分支的某个版本,可隔离 Feature 开发和 Bug 修复。

2)提交规范

在一个团队协作的项目中,开发人员需要经常提交一些代码去修复 Bug 或者实现新的 Feature,然而,项目中的文件、实现什么功能、解决什么问题都会被渐渐淡忘,最后需要浪费时间去阅读代码才能进行追溯。

为了解决这一问题,设计并规约好的日志规范 Commit Messages 编写能帮助团队更好地提升效率,其同时也可作为一名开发人员是否拥有良好协作能力的评价标准。

在前端领域,通常以 Angular 团队的提交规范作为业界的标杆,其 Message 规范格式主要包含 Header、Body 及 Footer 三部分内容,格式如下:

```
<type>(<scope>): <subject>
//空一行
<body>
//空一行
<footer>
```

其中,对于 Header 中的 type 而言,各个团队也会制定相应的类型,其可对应提交操作变更的含义,见表 6-6。

表 6-6　Git Commit 类型

类　　型	含　　义
<feat>	新增功能
<fix>	修复 Bug
<docs>	仅仅修改了文档,例如 README、CHANGELOG、CONTRIBUTE 等
<style>	仅仅修改了空格、格式缩进、偏好等信息,不改变代码逻辑
<refactor>	代码重构,没有新增功能或修复 Bug
<perf>	优化相关,提升了性能和体验
<test>	测试用例,包括单元测试和集成测试
<chore>	改变构建流程,或者添加了依赖库和工具
<revert>	回滚到上一个版本
<ci>	CI 配置,脚本文件更新等

2. SVN

SVN 是另一个流行的版本控制工具,也是常用的前端版本管理工具之一,可以跟踪和协调多个开发者的工作,还可以保存历史版本并恢复到之前的版本。

相较于 Git,其是一个集中式的版本控制系统,使用服务器来存储文件的历史记录和版本信息,并且用户需要通过提交和更新来与服务器进行交互。SVN 有一个唯一的中央代码库,其可以轻松地控制项目的版本,并允许多个用户同时对一个文件进行编辑。

1)分支规范

SVN 应对分支和标签相应的命名规范进行约束,建议给分支(Branch)和标签(Tag)命名时,使用清晰、有意义的名称,以便其他开发人员能够轻松地理解其含义。

2)提交规范

SVN 提交注释也应相应地进行约束,建议每次提交代码时都应该附上一个有意义的提交注释,简明扼要地概述所更改的内容,其有助于其他开发人员在查看历史记录时更容易理解和回溯修改。

6.3　本章小结

本章以前端规范的两大组成部分入手,分别介绍了前端工程中的编码规范及版本规范,其中,前端编码规范主要包括命名规范、注释规范、模板规范、样式规范、脚本规范及框架规范等内容,版本规范则主要包括格式规范及控制规范等内容。

最后,前端规范是团队协作的一个纲领,其依赖于各个团队成员之间的约定和协同,各位前端架构师应因地制宜、适度而为,既不要过于严苛,又避免松弛。

从第 7 章开始,本书将会对前端工程中的测试库进行阐述。前端工程化的测试方案也是产品研发过程中的重中之重,好的测试方案可以减少问题溢出,从而避免影响用户及企业效益,希望各位读者通过测试库的学习,能够选出符合自己团队的测试库方案。

测　试　库

▶ 19min

在软件工程领域,软件测试(Software Testing)是一种用来促进鉴定软件的正确性、完整性、安全性和质量的过程,其目的在于检验它是否满足规定的需求或查清预期结果与实际结果之间的差别。通常来讲,前端工程师会对实现的业务代码进行测试,包括单元测试、UI测试及集成测试等。

测试库是指用于存储和管理测试用例的集合,其包含各种不同的测试用例,用于验证软件系统的功能、性能和稳定性。通常来讲,使用测试库可以帮助开发团队更好地组织和执行测试,提高软件质量。

前端测试库是用于进行前端应用程序测试的工具集,其提供了一系列功能和方法,帮助开发人员编写和执行测试用例,以确保前端应用程序可以正常运行。常见的前端测试库有各自的特点和适用场景,可以根据具体的项目需求选择适合的测试库对前端应用程序进行测试,包括 Jest、Karma、Mocha、Jasmine、React Testing Library 及 Enzyme 等。

追溯过往,前端测试库的发展从网页应用程序的开发之初便已起步。最早期的前端测试是通过手工测试来完成的,测试人员会逐个操作页面元素并观察结果,以此来检查应用程序的功能,该方式效率低下且容易出错。随着 JavaScript 的发展,前端测试逐渐转向自动化测试。2004 年,QUnit 作为第 1 个专门为 JavaScript 开发的测试框架发布。QUnit 提供了断言功能和测试报告,使开发人员能够编写自动化的单元测试。QUnit 主要用于测试 jQuery,但也为其他 JavaScript 库和框架的测试打下了基础。

在接下来的几年里,随着前端技术的迅速发展,前端测试库也不断涌现,其中,最知名的测试库便是 Jasmine,其于 2010 年发布。Jasmine 是一个行为驱动的开发框架,其提供了更直观、更易读的测试代码编写方式。随后,又诞生了一系列前端测试库,如 Mocha(2011年)、Karma(2012 年)和 Jest(2013 年)等。这些测试库使前端测试变得更加全面和便捷,并提供了更多的功能和工具,包括集成测试、覆盖率检查、测试运行器等。

近年来,随着前端技术的不断发展,前端测试库也在不断迭代和完善。越来越多的测试库支持模拟用户交互、测试异步代码、融合持续集成和持续交付工具等功能。同时,也出现了一些更加贴近实际开发场景且针对特定框架和库的测试库,如 React Testing Library 和 Vue Test Utils 等。总体而言,前端测试库经历了从手工测试到自动化测试的演进,并逐渐形成了一套完善的技术体系,为前端开发人员提供了更好的测试工具和方法,如图 7-1 所示。

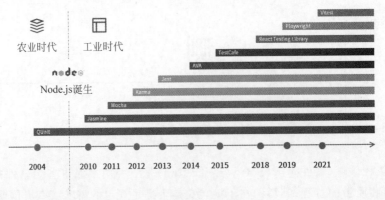

图 7-1　前端测试库发展历史

本章主要简单介绍前端业界中常见的 3 种测试库,分别是 Jest、Karma 及 Jasmine。对于前端工程而言,选择通用或者自研测试库是保证前端工程化质量的重要基础。最后,本章会简单地对比总结业界已有的不同测试库的特点,以便各位工程师在不同测试需求的项目工程下选择最合适的测试库,避免大材小用。

7.1　Jest

Jest 是一个由 Facebook 开源的 JavaScript 测试框架,并逐渐成为前端开发中最受欢迎的测试工具之一。在 2013 年,Jest 首次发布,其目标是提供一个简单、易用的测试框架,帮助开发人员编写高质量的 JavaScript 代码。仅隔一年之后,Jest 开始在 Facebook 内部广泛使用并用于测试 React 应用程序,专注于优化测试的速度和性能。时间来到 2017 年,Jest 20 发布,其引入了许多新功能,包括并行测试、模拟测试等。到了 2018 年,Jest 23 发布,其引入了 Snapshot 测试功能,帮助开发人员更轻松地检查 UI 组件是否是有意义的更改等。在 2019 年,Jest 24 发布,其支持对 TypeScript 直接进行测试,并且提供了更多的配置选项和扩展功能。Jest 26 于 2020 年发布,其引入了许多新增功能,如图 7-2 所示。

总体而言,Jest 在过去的几年中经历了不断发展和改进,成为前端开发中最常用的测试框架之一。也正因为其易用性,Jest 能够帮助开发人员更高效地测试及验证代码。

本节将分别介绍 Jest 不同版本的实现方式及对应版本的特色,以期能够让读者全面地了解 Jest 的原理与功能。

1. Jest 20.x

在 Jest 20.x 中,Jest 可以自动模拟模块之间的依赖关系,从而能够更轻松地编写单元测试,如使用 jest.fn()来创建模拟函数,以及使用 jest.mock()来模拟整个模块,代码如下:

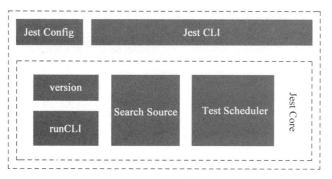

图 7-2 Jest 原理

```
//第7章/jest20.x.ts
class ModuleMockerClass {
  _makeComponent(metadata) {
    if (metadata.type === 'function') {
      let f;
      const mockConstructor = function() {
        let returnValue;
        //经过一系列判断法,对原型中的方法进行复制
        return returnValue;
      };
      f = this._createMockFunction(metadata, mockConstructor);
      Object.defineProperty(f, 'mock', {
        configurable: false,
        enumerable: true,
        get: () => {},
        set: val => {},
      });
      return f;
    }
  }
  //构造 mock()函数
  _createMockFunction(
    metadata,
    mockConstructor,
  ): any {
    let name = metadata.name;
    const body = '';
    const createConstructor = new Function(
      name,
      body,
    );
    return createConstructor(mockConstructor);
  }
  fn() {
```

```
    const fn = this._makeComponent({type: 'function'});
    return fn;
  }
  spyOn(object, methodName) {
    return object[methodName];
  }
}
```

同时,Jest 20.x通过并行运行测试用例来提高测试性能,其可以更快地运行测试用例,从而提高开发效率,代码如下:

```
//第7章/jest20.x.ts
const runJest = async (
  contexts
) => {
  const sequencer = new TestSequencer();
  let allTests = [];
  //Promise.all 处理
  const testRunData = await Promise.all(
    contexts.map(async context => {
      const matches = [];
      allTests = allTests.concat(matches);
      return {context, matches};
    }),
  );
  allTests = sequencer.sort(allTests);
  const results = await new TestRunner().runTests(allTests);
  //缓存处理
  sequencer.cacheResults(allTests, results);
  //返回处理结果
  return results;
};
```

其中,代码中使用了 TestWorker 的类,用于模拟使用线程进行并行处理,使用 TestSequencer 类来对提供 Map 的缓存队列进行设计,代码如下:

```
//第7章/jest20.x.ts
class TestSequencer {
  //映射表缓存
  _cache: Map < Context, Cache >;
  constructor() {
    this._cache = new Map();
  }
  //获取缓存
  _getCache(test) {
    const {context} = test;
    let cache = this._cache.get(context);
```

```
    if (!cache) {
      cache = {};
      this._cache.set(context, cache);
    }
    return cache;
  }
  //对大文件进行 idle 空闲队列处理,优先处理小的测试文件,并且在缓存中记录完成时间,用于
  //后续处理获得最高的效率
  sort(tests) {
    return tests.sort((testA, testB) => {
      //根据不同情况返回 1 或 - 1,然后进行排序
    });
  }
}
```

最终,其核心逻辑则是通过 TestRunner 类来调用 runTest()函数进行处理,代码如下:

```
//第 7 章/jest20.x.ts
function runTest(
  path,
  globalConfig,
  config,
  resolver,
) {
  let testSource = fs.readFileSync(path, 'utf8');
  //测试框架
  const testFramework = require(config.testRunner);
  //运行时
  const Runtime = require(config.moduleLoader || 'jest - runtime');
  const runtime = new Runtime(config, environment, resolver);
  //运行环境
  const environment = new TestEnvironment(config);
  return testFramework(globalConfig, config, environment, runtime, path)
    .then((result) => {
      return result;
    })
    .then(
      result =>
        Promise.resolve().then(() => {
          return new Promise(resolve => setImmediate(() => resolve(result)));
        }),
      err =>
        Promise.resolve().then(() => {
          throw err;
        }),
    );
}
```

2. Jest 23. x

Jest 23. x 可以更好地支持 TypeScript，可以直接使用 TypeScript 进行测试，代码如下：

```
//第 7 章/jest23.x.ts
import ts from 'typescript';
import fs from 'fs';
export function parse(file: string) {
  const sourceFile = ts.createSourceFile(
    file,
    fs.readFileSync(file).toString(),
    ts.ScriptTarget.ES3,
  );
  const itBlocks = [];
  const expects = [];
  function searchNodes(node) {
    //节点自上而下进行处理
  }
  ts.forEachChild(sourceFile, searchNodes);
  return {
    expects,
    itBlocks,
  };
}
```

Jest 23. x 提供了泄露检测机制，用于检测对象是否被垃圾回收，代码如下：

```
//第 7 章/jest23.x.ts
export default class {
  _isReferenceBeingHeld: boolean;
  constructor(value) {
    //处理泄露
    let weak = require('weak');
    weak(value, () => (this._isReferenceBeingHeld = false));
    this._isReferenceBeingHeld = true;
    //弱引用处理
    value = null;
  }
  _isPrimitive(value) {
    return value !== Object(value);
  }
}
```

3. Jest 24. x

对 Jest 24. x 而言，其允许通过快照测试来捕获组件的渲染结果，并将其保存为预期输出进行比较，从而确保组件的渲染行为保持一致，代码如下：

```
//第 7 章/jest24.x.ts
const _toMatchSnapshot = ({
  context,
  received
}) => {
  const {currentTestName, snapshotState} = context;
  const result = snapshotState.match({
    error: context.error,
    received
  });
  const {count, pass} = result;
  let {actual, expected} = result;
  let report;
  if (pass) {
    //通过测试
    return {message: () => '', pass: true};
  } else {
    expected = (expected || '').trim();
    actual = (actual || '').trim();
    report = () => `Snapshot name: ${currentTestName} => ${hint}, ${count}\n\n`;
  }
  //返回比对信息
  return {
    actual,
    expected,
    message: () => report(),
    name: matcherName,
    pass: false,
    report,
  };
};
```

除此之外，Jest 24.x 提供了对 Source Map 的支持，用于提供更好的在线调试功能，代码如下：

```
//第 7 章/jest24.x.ts
export default (level, sourceMaps) => {
  const stack = [];
  const sourceMapFileName = sourceMaps && sourceMaps[stack.getFileName() || ''];
  if (sourceMapFileName) {
    try {
      const sourceMap = fs.readFileSync(sourceMapFileName, 'utf8');
      stack.push(new SourceMapConsumer(sourceMap));
    }
  }
  return stack;
};
```

4. Jest 26. x

Jest 26. x 提供了许多配置选项,可以根据项目的需要进行自定义,用于配置测试运行器、报告生成器、断言库等,代码如下:

```
//第 7 章/jest26.x.ts
export async function readConfig(
  argv,
  packageRootOrConfig,
  projectIndex,
) {
  let rawOptions = {...packageRootOrConfig};
  let configPath = null;
  const options = {
    ...rawOptions,
    globalConfig: {},
    projectConfig: {}
  };
  const {globalConfig, projectConfig} = options;
  return {
    configPath,
    globalConfig,
    projectConfig,
  };
}
```

另外,Jest 26. x 可以生成详细的代码覆盖率报告,用于评估测试的质量和范围,代码如下:

```
//第 7 章/jest26.x.ts
export default class CoverageReporter extends BaseReporter {
  private async _getCoverageResult() {
    const map = require('istanbul-lib-coverage').createCoverageMap({});
    const reportContext = require('istanbul-lib-coverage').createContext({
      coverageMap: map
    });
    return {map, reportContext};
  }
}
```

7.2　Karma

Karma 是一个由 AngularJS 团队开发的于 2012 年首次发布的 JavaScript 测试运行器,并逐渐成为前端开发中常用的测试工具之一。在 2012 年,当时称为 Testacular 的测试库首次发布,后来改名为 Karma。Karma 的目标是提供一个快速、可靠的测试环境,用于运行和进行 JavaScript 单元测试。一年之后，Karma 开始得到广泛认可和支持，尤其是在 AngularJS 社区中。故而，AngularJS 项目成为 Karma 的主要使用者之一。到了 2014 年，Karma 0.12 发布，引入了许多新功能，包括对 TypeScript 的支持，以及生成代码覆盖率报告等。时间来到 2016 年，Karma 1.0 发布，其带来了一些重要的变化和新功能，例如更好的持续集成支持、更好的错误报告等。到了 2018 年，Karma 3.0 发布，其主要更新了它的依赖项，以确保与最新的浏览器和工具库兼容，如图 7-3 所示。

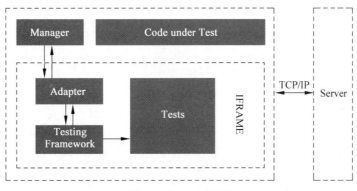

图 7-3 Karma 原理

综上，Karma 在过去的几年中得到了不断改进和演进，其始终致力于提供一个稳定、高效的测试运行环境，使开发人员能够方便地编写和进行 JavaScript 单元测试。虽然 Karma 在一些项目中逐渐被其他工具所取代，但其仍然是一个广泛使用的测试框架，并在许多项目中发挥着重要的作用。

本节将分别介绍 Karma 不同版本的实现方式及对应版本的特色，以期能够让读者全面地了解 Karma 的原理与功能。

1. Karma 1.x

Karma 1.x 是最初发布的版本，其提供了基本的功能和特性，支持多浏览器测试和自动化测试，代码如下：

```
//第7章/karma1.x.js
var Browser = function (id, collection, emitter, socket) {
  var activeSockets = [socket];
  this.init = function () {
    collection.add(this)
    //监听变化
    emitter.emit('browsers_change', collection)
    emitter.emit('browser_register', this)
  }
  this.execute = function (config) {
    activeSockets.forEach(function (socket) {
```

```
        socket.emit('execute', config)
    })
  }
}
```

2. Karma 2.x

相较而言,Karma 2.x 则引入了一些重要的变化,包括改进的报告输出、增强的插件系统和支持 ES6 模块化等,代码如下:

```
//第 7 章/karma2.x.js
const util = require('util');
const BaseReporter = function () {
  this.renderBrowser = (browser) => {
    const results = browser.lastResult
    const totalExecuted = results.success + results.failed
    let msg = util.format('%s: Executed %d of %d', browser, totalExecuted, results.total)
    return msg
  }
}
```

3. Karma 3.x

Karma 3.x 增加了对 TypeScript 和 CoffeeScript 的支持,并修复了一些错误,代码如下:

```
//第 7 章/karma3.x.js
let COFFEE_SCRIPT_AVAILABLE = false
let LIVE_SCRIPT_AVAILABLE = false
let TYPE_SCRIPT_AVAILABLE = false
//对 CoffeeScript 的支持
try {
  require('coffeescript').register()
  COFFEE_SCRIPT_AVAILABLE = true
} catch (e) {}
//对 LiveScript 的支持
try {
  require('LiveScript')
  LIVE_SCRIPT_AVAILABLE = true
} catch (e) {}
//对 TypeScript 的支持
try {
  require('ts-node').register()
  TYPE_SCRIPT_AVAILABLE = true
} catch (e) {}
```

4. Karma 4.x

Karma 4.x 最重要的改变是引入了一些关键的变化,包括对 WebAssembly 的初步支

持和对并行测试的改进,代码如下:

```javascript
//第7章/karma4.x.js
//队列管理,并发处理
const Jobs = require('qjobs');
function Launcher (server, emitter, injector) {
  this._browsers = [];
  let lastStartTime;
  this.launchSingle = (protocol, hostname, port, urlRoot) => {
    return (name) => {
      let browser;
      this.jobs.add((args, done) => {
        browser.on('done', () => {
          //完成
        })
        browser.start(`${protocol}//${hostname}:${port}${urlRoot}`)
      }, []);
      this.jobs.run();
      this._browsers.push(browser);
    }
  }
  this.launch = (names, concurrency) => {
    this.jobs = new Jobs({ maxConcurrency: concurrency });
    lastStartTime = Date.now();
    this.jobs.on('end', (err) => {
      //错误处理
    });
    this.jobs.run();
    return this._browsers;
  }
}
```

5. Karma 5.x

除了对测试流程的支持,Karma 5.x 还支持持续集成和持续部署(CI/CD),代码如下:

```javascript
//第7章/karma5.x.js
function completion () {
  //输出 karma-completion.sh
  const fs = require('graceful-fs');
  const path = require('path');
  fs.readFile(path.resolve(__dirname, '../scripts/karma-completion.sh'), 'utf8', function
(err, data) {
    if (err) return console.error(err)
    process.stdout.write(data)
    process.stdout.on('error', function (error) {
      //macOS Darwin 处理
      if (error.errno === 'EPIPE') {
```

```
        error = null
      }
    })
  })
}
```

6. Karma 6.x

Karma 6.x 修复了一些问题,并更新了依赖库的版本,代码如下:

```
//第 7 章/karma6.x.js
const dns = require('dns');
//Node.js 17 版本之后的 DNS 默认使用 IPv6 地址,处理对应的兼容问题
module.exports.lookup = (hostname, options, callback) => dns.lookup(hostname, { ...options,
verbatim: false }, callback);
```

7.3 Jasmine

Jasmine 是一个流行的 JavaScript 测试框架,用于编写和执行单元测试和集成测试。在 2010 年,Jasmine 由 Pivotal Labs 的开发者团队创建,最初是为了解决在 Ruby on Rails 项目中测试 JavaScript 代码的问题。相隔一年之后,Jasmine 首次发布了 1.0 版本,并赢得了广泛的关注和使用,其所具有的简洁语法和功能强大的断言库使编写和运行测试变得更加简单和可读。到了 2012 年,Jasmine 推出了 2.0 版本,并引入了一些重要的新功能,包括支持异步测试、生成更好的错误报告和提供更灵活的匹配器等。2013 年,Jasmine 获得了 OpenJS 基金会的支持,其成为主流的 JavaScript 测试框架之一。2014 年,Jasmine 发布了 2.1 版本,并带来了一些新的特性,例如钩子函数和更好的异常处理。在 2016 年,Jasmine 发布了 3.0 版本,该版本针对 ES6 语法进行了优化,并引入了更多新功能,如支持异步等待、更好的错误处理和更丰富的断言库等,如图 7-4 所示。

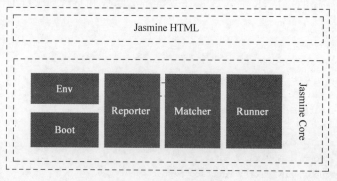

图 7-4 Jasmine 原理

目前，Jasmine 仍然是 JavaScript 开发者最常用和喜爱的测试框架之一，其得到了广泛应用和社区支持，并持续发展和改进。总体来讲，Jasmine 在过去的几年中不断演变和发展，成为 JavaScript 开发者的首选测试框架之一，为开发者提供了一种简单且强大的方式来编写和执行测试。

本节将分别介绍 Jasmine 不同版本的实现方式及对应版本的特色，以期能够让读者全面地了解 Jasmine 的原理与功能。

需要注意，每个版本的 Jasmine 都存在一些细微但重要的差异，特别是在特定功能的支持和默认行为方面，因此，在选择使用 Jasmine 时，最好仔细阅读每个版本的文档和发布说明，以了解其具体差异和改进。

1. Jasmine 1. x

Jasmine 1. x 是 Jasmine 最早的版本，其提供了基本的测试功能，包括 describe、it、expect 等语法，代码如下：

```
//第 7 章/jasmine1.x.js
//describe 的核心实现
jasmine.Env.prototype.describe = function(description, specDefinitions) {
    //实例化 Suite 测试套件
    var suite = new jasmine.Suite(this, description, specDefinitions);
    return suite;
};
//it 的底层实现
jasmine.Env.prototype.it = function(description, func) {
    //实例化 Spec 测试用例
    var spec = new jasmine.Spec(this, this.currentSuite, description);
    return spec;
};
```

2. Jasmine 2. x

Jasmine 2. x 引入了一些重要的改进，其引入了 beforeEach、beforeAll、afterEach、afterAll 等函数，允许在每个测试之前和之后执行一些共享的操作，代码如下：

```
//第 7 章/jasmine2.x.js
function Suite(attrs) {
    this.beforeFns = [];
    this.afterFns = [];
    this.beforeAllFns = [];
    this.afterAllFns = [];
}
Suite.prototype.beforeEach = function(fn) {
    this.beforeFns.unshift(fn);
};
Suite.prototype.beforeAll = function(fn) {
```

```
    this.beforeAllFns.push(fn);
};
Suite.prototype.afterEach = function(fn) {
    this.afterFns.unshift(fn);
};
Suite.prototype.afterAll = function(fn) {
    this.afterAllFns.unshift(fn);
};
```

此外,Jasmine 2.x 还可以更好地进行异常处理和生成错误报告,代码如下:

```
//第7章/jasmine2.x.js
function JsApiReporter(options) {
    var suites = [],
        suites_hash = {};
    this.suiteResults = function(index, length) {
        return suites.slice(index, index + length);
    };
    function storeSuite(result) {
        suites.push(result);
        suites_hash[result.id] = result;
    }
    this.suites = function() {return suites_hash};
    var specs = [];
    this.specResults = function(index, length) {
        return specs.slice(index, index + length);
    };
    this.specs = function() {return specs};
}
```

3. Jasmine 3.x

Jasmine 3.x 对性能进行了优化和改进,其使用了更快的测试运行器,提高了测试的执行速度,还支持异步测试,包括 async/await 和 Promise 的集成,代码如下:

```
//第7章/jasmine3.x.js
getJasmineRequireObj().Env = function(j$) {
    function Env(options) {
        var reporter = new j$.ReportDispatcher(
            [
                //在加载完所有规范之后,但在执行开始之前会调用 jasmineStarted
                'jasmineStarted',
                //当整个套件执行完成后会调用 jasmineDone
                'jasmineDone',
                //当 describe 开始运行时会调用 suiteStarted
                'suiteStarted',
                //当给定套件的所有子规范和子套件都运行完毕后会调用 suiteDone
```

```
                'suiteDone',
            //当 it 开始运行时(包括关联的 beforeEach 函数)会调用 specStarted
                'specStarted',
            //当 it 及与其关联的 beforeEach 和 afterEach 函数运行完毕后会调用 specDone
                'specDone'
            ]
        );
        //执行逻辑
        this.execute = function(onComplete) {
            reporter.jasmineStarted({},function() {
                    reporter.jasmineDone(
                        {
                            //包括 passed、failed、incomplete 共 3 种状态
                            overallStatus: 'passed',
                            //执行的时间,单位为 ms
                            totalTime: 0,
                            //未执行成功的原因
                            incompleteReason: '',
                            //排序的方法
                            order: () =>{},
                            //失败的队列
                            failedExpectations: [],
                            //丢弃的队列
                            deprecationWarnings: []
                        },
                        onComplete
                    );
            }
        );
        }
    };
    return Env;
}
```

4. Jasmine 4.x

Jasmine 4.x 在性能和功能上得到进一步改进,其优化了断言库的处理,提供了更好的
错误消息和堆栈追踪,代码如下:

```
//第 7 章/jasmine4.x.js
function buildExpectationResult(options) {
    const result = {
        //匹配的名称
        matcherName: options.matcherName,
        //expect 失败的信息
        message: '',
        //故障的堆栈追踪
```

```
        stack: [],
        //通过或失败
        passed: options.passed
    };
    return result;
}
```

同时,其还改进了测试过滤和命名规则,使测试组织更加灵活,代码如下:

```
//第 7 章/jasmine4.x.js
//链式过滤处理
getJasmineRequireObj().ExpectationFilterChain = function() {
    function ExpectationFilterChain(maybeFilter, prev) {
        this.filter_ = maybeFilter;
        this.prev_ = prev;
    }
    ExpectationFilterChain.prototype.addFilter = function(filter) {
        return new ExpectationFilterChain(filter, this);
    };
    return ExpectationFilterChain;
};
```

5. Jasmine 5.x

Jasmine 5.x 是目前最新的版本,其进一步地提高了性能,并且引入了更快的断言库,提高了资源利用率,还增强了测试报告的可读性和可定制性,代码如下:

```
//第 7 章/jasmine5.x.js
function Env(options) {
    //Jasmine 配置
    this.configure = function(configuration) {
        const booleanProps = [
            'random',
            'failSpecWithNoExpectations',
            'hideDisabled',
            'stopOnSpecFailure',
            'stopSpecOnExpectationFailure',
            'autoCleanClosures'
        ];
        booleanProps.forEach(function(prop) {
            if (typeof configuration[prop] !== 'undefined') {
                config[prop] = !!configuration[prop];
            }
        });
    };
    //获取当前 Jasmine 环境
    this.configuration = function() {
```

```
    const result = {};
    for (const property in config) {
      result[property] = config[property];
    }
    return result;
  };
}
```

7.4　本章小结

本章以前端在开发过程中常见的几大测试库入手，分别介绍了 Jest、Karma 及 Jasmine 等内容，也简要地介绍了每个测试库所适用的场景。为了更好地了解业界中测试工具的全貌，本节将通过对比分析已有成熟的不同测试库来对本章做一个总结，见表 7-1。

表 7-1　前端测试库对比

名　　称	时间	特　　点
Jasmine	2010	API 简单/开箱即用/快速/多语言/全局污染/异步测试困难
Mocha	2011	使用简单/ES 模块支持/设置难度大/插件不一致/不支持任意转译器
WebDriverIO	2011	简单易用/多平台支持/多选择器/独立运行/并发执行/多断言库
Karma	2012	灵活性强/跨浏览器/即时反馈/易于使用/功能丰富
Jest	2013	兼容性高/自动模拟/扩展 API/计时器模拟/社区活跃/零配置/快照隔离
Selenium	2013	浏览器兼容/多语言支持/元素定位/多操作/并行测试/测试报告丰富
AVA	2014	并行测试/简约 API/快照测试/Tap 报告/缺少测试分组/缺少内置模拟
Cypress	2015	端到端测试/时间轴快照/稳定可靠/文档社区丰富/速度快
TestCafe	2015	零配置/跨浏览器/自动化/多选择器/易上手
React Testing Library	2018	官方推荐/尺寸小
Playwright	2019	多语言/多 Test Runner/跨浏览器/原生事件支持/不支持真实设备
Vitest	2021	Vite 支持/兼容 Jest/即时浏览/ESM & TypeScript & JSX/源内测试

总之，前端测试在软件开发中具有重要的作用，尤其在确保功能和质量、发现和修复问题、提高可维护性、加速开发流程及提高用户满意度等方面起到了举足轻重的作用。前端测试只是整个软件在开发过程中的一部分，应该与其他测试类型（如后端测试、数据库测试等）相结合，以确保整个系统的质量和稳定性。

从第 8 章开始，本书将会对前端工程中的持续集成（Continuous Integration）和持续交付（Continuous Delivery）进行阐述。B/S（Browser/Server）架构带来的快速发布效率是 Web 应用相较于其他传统客户端应用的重要特征，绝大多数工程项目有其各自的 CI/CD 流程。同样地，前端工程化也需要流水线式地进行发布构建，希望各位读者通过 CI/CD 篇章的学习，能够根据各自团队的特点制定出相应的持续发布构建流程。

第 8 章

CHAPTER 8

▶ 8min

CI/CD

CI 是持续集成(Continuous Integration)的缩写,而 CD 则包含持续交付(Continuous Delivery)和持续部署(Continuous Deployment)两种含义,其中,持续集成是指在软件开发过程中,开发人员频繁地将代码集成到主干(主要代码仓库)中,并通过自动化构建和测试的方式进行验证,以尽早发现和解决集成问题。持续交付是指通过自动化的方式,将经过测试的软件发布到生产环境中,使软件的发布过程更加快速、可靠和可重复;持续部署强调的则是"部署",其目标是保证代码在任何时刻均可部署。

注意:持续部署和持续交付触发方式的区别是,持续部署是自动触发而无须验证,持续交付则需要手动审核后才能进行后续的自动化流程。

CI/CD 的目标是实现快速、高质量的软件交付,减少人工操作和减少出错的机会。通过自动化构建、自动化测试、自动化部署等技术手段,提高了软件交付的效率和质量,同时也增加了开发团队的工作流程的透明度和可追溯性。

本章主要简单介绍前端在开发过程中涉及的常见持续集成和持续交付/持续部署平台,也会简单介绍使用方法,以便各位工程师能够在日常团队运维中合理地选择 CI/CD 方案。

8.1 Jenkins

Jenkins 是一款开源的自动化服务器,其主要用于持续集成和持续交付(CI/CD)领域。Jenkins 的核心实现原理是基于任务(Job)进行流程调度,包括构建、测试、部署等一系列操作。当一个任务被触发时,Jenkins 会自动调用相关的插件和脚本来执行任务所定义的操作。

Jenkins 的工作流程通常是以串行的工作任务进行构建的,包括配置、触发、构建环境、构建过程、结果展示等过程,其中,配置过程是指在 Jenkins 中创建任务并设置相关的配置选项,例如源码管理、构建触发条件、构建参数等。触发过程则是指对任务的触发,包括定时触发、代码提交触发或者其他手动触发方式等。构建环境阶段是 Jenkins 为任务创建一个隔离构建环境的阶段,用于确保每次构建的可靠性和一致性。在构建过程阶段,Jenkins 则会根据任务的配置，执行一系列定义的构建步骤，例如编译源代码、运行测试、生成文档等。最后，Jenkins 会将任务在执行过程中的日志、报告及产生的构建产物进行展示和归档，方便用户查看任务的执行结果，如图 8-1 所示。

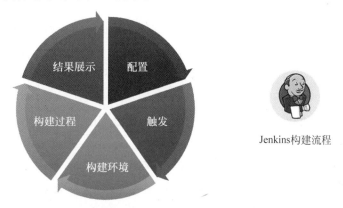

Jenkins构建流程

图 8-1　Jenkins 构建流程

除了上述基本流程外，Jenkins 还支持插件扩展和多节点分布式部署，可以灵活地满足不同的需求，代码如下：

```java
//第 8 章/jenkins.java
//Launcher
public abstract class Launcher {
    protected final TaskListener listener;
    protected final VirtualChannel channel;
    public Launcher(TaskListener listener, VirtualChannel channel) {
        this.listener = listener;
        this.channel = channel;
    }
    protected Launcher(Launcher launcher) {
        this(launcher.listener, launcher.channel);
    }
    //使用 channel 远程启动进程
    public static class RemoteLauncher extends Launcher {}
}
//FilePath
public final class FilePath implements Serializable {}
//Proc
public abstract class Proc {
    protected Proc() {}
    private static ProcessBuilder environment(ProcessBuilder pb, String[] env) {}
}
```

8.2 GitLab CI

GitLab CI 是 GitLab 自带的一种持续集成工具,用于自动化构建、测试和部署软件代码。GitLab 和 GitHub 一样,是一个基于 Git 的开源代码托管平台,并提供了完整的项目管理功能,其允许开发团队在一个集中的环境中管理源代码、合作开发、进行版本控制及实现持续集成和持续交付等。

GitLab CI 的操作主要涵盖几个关键步骤,包括配置 CI/CD 文件、Runner 注册、任务触发、运行流程、执行环境、构建/测试/部署、输出结果。首先,在项目的代码仓库中,需要创建一个名为 gitlab-ci 的 YML 文件,用于定义 CI 的流程和工作流,其次,GitLab CI 需要在执行 CI 任务的计算机上安装 Runner,其是一个代理程序,负责接收 GitLab 服务器下发的任务,并执行相应的操作。再次,当代码仓库中有变更时,GitLab 会检测到这些变更,并触发相应的 CI 任务。触发器可以是代码提交、合并请求、定时器任务等。进而,根据.gitlab-ci.yml 文件中定义的流程,GitLab 服务器会将任务发送到 Runner 上进行处理,可以串行执行,也可以并行执行。接着,Runner 在接收到任务后会使用事先配置的环境来执行任务,包括 Docker 容器、虚拟机等,然后根据任务的定义,Runner 会执行构建、测试或部署操作。最后,任务执行完成后,GitLab 服务器将根据任务的结果,将相关的日志、报告和通知提供给开发者,如图 8-2 所示。

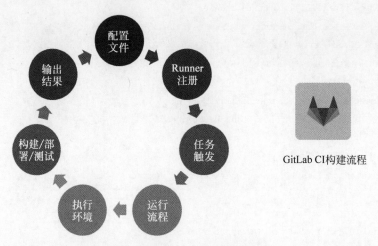

GitLab CI构建流程

图 8-2 GitLab CI 构建流程

通过以上步骤,GitLab CI 能够实现自动化地构建、测试和部署软件代码,提高开发流程的效率和质量,其核心代码如下:

```ruby
#第8章/gitlab-ci.rb
class GitlabCiYamlProcessor
  def builds
    @jobs.map do |name, job|
      build_job(name, job)
    end
  end
  def stages
    @stages || DEFAULT_STAGES
  end
  private
  def process?(only_params, except_params, ref, tag)
    return true if only_params.nil? && except_params.nil?
    if only_params
      return true if tag && only_params.include?("tags")
      return true if !tag && only_params.include?("branches")
      only_params.find do |pattern|
        match_ref?(pattern, ref)
      end
    else
      return false if tag && except_params.include?("tags")
      return false if !tag && except_params.include?("branches")
      except_params.each do |pattern|
        return false if match_ref?(pattern, ref)
      end
    end
  end
  def build_job(name, job)
    {
      stage: job[:stage],
      script: "#{@before_script.join("\n")}\n#{normalize_script(job[:script])}",
      tags: job[:tags] || [],
      name: name,
      only: job[:only],
      except: job[:except],
      allow_failure: job[:allow_failure] || false,
      options: {
        image: job[:image] || @image,
        services: job[:services] || @services
      }.compact
    }
  end
end
```

8.3 本章小结

本章主要介绍了 Jenkins 和 GitLab CI 两种常用的 CI/CD 工具,二者都可以用于自动化构建、测试和部署软件。所不同的是,Jenkins 是一个独立、可扩展且开放的持续集成工具,可以与多个版本控制系统集成,例如,Git、Subversion 等。GitLab CI 则是 GitLab 自带的持续集成工具,其本质是一个集成度较高的解决方案,提供了原生的 Git 版本控制集成,并与 GitLab 的代码仓库紧密结合。

总结来讲,Jenkins 更为灵活和通用,适用于各种场景,而 GitLab CI 则更加集成化、易与 GitLab 紧密配合使用。对于前端工程团队而言,选择哪种工具取决于工作流程的具体需求、团队规模及技术栈等因素,希望各位读者能够通过组件库篇章的学习,选择或构建出符合自己团队的 CI/CD 工作流程。

从第 9 章开始,本书将会进入进阶篇,首先会对研发流程中的物料部分进行探讨。对前端工程而言,物料体系是构建工程方案的基石,希望读者能通过物料篇章的学习,制定出符合各自业务领域的物料模板。

进 阶 篇

第 9 章

CHAPTER 9

物　　料

▶ 15min

　　前端物料是指在前端开发中常用的一些资源、工具和模板,用于加快开发速度、提高开发效率和改善用户体验。前端物料可以帮助开发者快速地开发项目,常见物料包括但不限于工程模板、插件、工具库及最佳实践等内容。前端物料可以帮助开发者充分利用已有的资源和工具,同时也可以促进团队协作和提高项目的可维护性。

　　本章主要简单介绍前端在开发过程中涉及的常见工程模板和最佳实践,也会简单介绍对应的技术方案和工程案例,以便各位工程师能够在前端物料沉淀过程中根据项目的业务需求合理地配置团队的基建物料。

9.1　工程模板

　　前端工程模板是一种预定义的工程结构,它包含一些常见的文件和目录,用于帮助开发者快速地搭建和开始一个新的前端工程。前端工程模板通常包含一些已经配置好的工具、库和框架,以及一些基本的文件和文件夹结构,因此,本节将主要通过工程模板中的国际化和主题对工程模板进行相关阐述。

9.1.1　国际化

　　前端国际化是指网站或应用程序对不同语言地区进行相应界面及内容的展示,其可以通过常见的技术和策略实现国际化,包括多语言文件管理、多语言字符串提取、翻译、动态语言切换、多语言资源加载、多语言资源合并和拆分、动态文本替换、字符编码和字体管理等过程,如图 9-1 所示。

1. 多语言文件管理

　　国际化构建需要管理不同语言的翻译内容,通常会使用特定的文件格式(如 JSON、YAML、CSV 等)或工具(如 i18next、babel-plugin-i18n 等)来存储和管理多语言文本。

　　其中,i18next 是一个适用于浏览器及其他 JavaScript 环境的通用国际化框架,其核心代码如下:

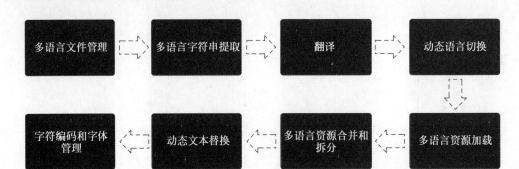

图 9-1　前端国际化流程

```
//第 9 章/i18next.js
//翻译核心基类
class Translator extends EventEmitter {
  constructor(services, options = {}) {
    super();
    this.options = options;
  }
  changeLanguage(lng) {
    if (lng) this.language = lng;
  }
  translate(keys, options, lastKey) {
    //resolve from store
    const resolved = this.resolve(keys, options);
    let res = resolved && resolved.res;
    //对 res 进行扩展
    return res;
  }
  resolve(keys, options = {}) {
    let found;
    let usedKey;                //plain key
    let exactUsedKey;           //key with context / plural
    let usedLng;
    let usedNS;
    //forEach possible key
    keys.forEach((k) => {
      //遍历 keys,以便处理相应字段,返回 resolve
    });
    return { res: found, usedKey, exactUsedKey, usedLng, usedNS };
  }
}
class I18n extends EventEmitter {
  constructor(options = {}, callback) {
```

```
      super();
      this.options = {...options};
      this.services = {};
      this.modules = { external: [] };
      if (callback && !this.isInitialized && !options.isClone) {
        if (!this.options.initImmediate) {
          this.init(options, callback);
          return this;
        }
        setTimeout(() => {
          this.init(options, callback);
        }, 0);
      }
    }
    init(options = {}, callback) {
      //init services
      if (!this.options.isClone) {
        this.translator = new Translator(this.services, this.options);
        //pipe events from translator
        this.translator.on('*', (event, ...args) => {
          this.emit(event, ...args);
        });
      }
    }
    t(...args) {
      return this.translator && this.translator.translate(...args);
    }
}
```

babel-plugin-i18n 则是一个 Babel 插件,其核心代码如下:

```
//第9章/babel-plugin-i18n.js
const { dirname, resolve } = require('path');
const findBabelConfig = require('find-babel-config');
//String 处理
function replaceKeypathWithString(t, path, translations) {}
//Object 处理
function replaceKeypathWithObject(t, path, translations) {}
//Array 处理
function replaceKeypathWithArray(t, path, translations) {}
//空处理
function replaceKeypathWithDump(t, path, translations) {}
function loadTranslationsToMemory(opts, cwd) {
  const path = resolve(cwd, opts.translationLoader);
```

```
    const translationLoader = require(path);
    return translationLoader();
}
//Babel 插件导出
module.exports = function translatePlugin({types: t}) {
  return {
    pre(file) {
      const startPath = (file.opts.filename === 'unknown')
          ? './'
          : file.opts.filename;
      const { file: babelFile } = findBabelConfig.sync(startPath);
      this.moduleResolverCWD = babelFile
          ? dirname(babelFile)
          : process.cwd();
    },
    visitor: {
      CallExpression(path, { opts }) {
        this.translations =
          this.translations || loadTranslationsToMemory(opts, this.moduleResolverCWD);
        const funcName = path.node.callee.name;
        if (funcName === '__') {
          replaceKeypathWithString(t, path, this.translations);
        } else if (funcName === '__obj') {
          replaceKeypathWithObject(t, path, this.translations);
        } else if (funcName === '__arr') {
          replaceKeypathWithArray(t, path, this.translations);
        } else if (funcName === '__dump') {
          replaceKeypathWithDump(t, path, this.translations);
        }
      },
    },
  };
}
```

注意：Babel 是一个 JavaScript 编译器,允许开发人员使用最前沿的 JavaScript 编写代码,对于 Babel 插件的编写将在后续篇章中进行介绍。

2. 多语言字符串提取

国际化构建会对源代码文件进行扫描和解析,提取其中需要翻译的字符串,并将其存储到多语言文件中。

3. 翻译

国际化构建会将提取出的字符串发送给翻译团队或使用机器翻译服务进行翻译,然后将翻译结果添加到对应的多语言文件中。

4. 动态语言切换

国际化构建可能需要支持根据用户选择的语言切换网页内容的功能,其可以通过前端框架或库提供的国际化功能实现,例如 vue-i18n、react-intl 等。

其中,vue-i18n 是 Vue 的国际化插件,其可以轻松地将一些本地化功能集成到 Vue 的应用程序中,核心代码如下:

```ts
//第9章/vue-i18n.ts
export function createMessageContext(options = {}) {
  const pluralIndex = options.pluralIndex || -1;
  const plural = (messages) => {
    return messages[pluralIndex]
  };
  const _list = options.list || [];
  const list = (index) => _list[index];
  const _named = options.named;
  const named = (key) => _named[key];
  function message(key) {
    const msg = options.messages[key];
    return msg
  };
  const _modifier = (name) => options.modifiers[name];
  const normalize = options.processor.normalize;
  const interpolate = options.processor.interpolate;
  const type = options.processor.type;
  const linked = (key, ...args) => {
    //vnode 通过 processor.nomalize 返回数组
  }
  const ctx = {
    list,
    named,
    plural,
    linked,
    message,
    type,
    interpolate,
    normalize,
    values: assign({}, _list, _named)
  }
```

```
    return ctx
  }
```

react-intl 是基于 React i18n API 构建的国际化库,其提供了改进的 API 和组件,代码如下:

```
//第9章/react-intl.ts
export function createFormatters(cache) {
  return {
    getDateTimeFormat: (cache) => {},
    getNumberFormat: (cache) => {},
    getMessageFormat: (cache) => {},
    getRelativeTimeFormat: (cache) => {},
    getPluralRules: (cache) => {},
    getListFormat: (cache) => {},
    getDisplayNames: (cache) => {},
  }
}
export function createIntl(config, cache) {
  const formatters = createFormatters(cache);
  const resolvedConfig = {
    ...config,
  }
  return {
    ...resolvedConfig,
    formatters
  }
}
```

5. 多语言资源加载

国际化构建会根据用户选择的语言加载对应的多语言资源,例如不同语言版本的 HTML、CSS、JavaScript 文件等。

6. 多语言资源合并和拆分

国际化构建可能需要合并或拆分多语言资源文件,以优化网页的加载和性能。

7. 动态文本替换

国际化构建可能需要对 HTML 模板或动态生成的文本进行替换,以展示正确的多语言内容。

8. 字符编码和字体管理

国际化构建需要确保正确的字符编码和字体支持,以避免乱码或字体不匹配等问题。

前端多语言构建经历了人力阶段、工具阶段及平台阶段等多个时期,对于一些常见问题需要根据具体的项目需求和构建内容对流程和开发工具进行合理选择,配合模型及存储等技术方案实现高效的前端国际化构建体系。

9.1.2 主题

前端主题是指用于美化网站或应用程序外观和样式的一组预定义样式、颜色和布局,其通常由 CSS(层叠样式表)文件组成,用于控制网页的外观和布局。前端主题可以轻松地改变整个网站的外观,使其更具吸引力、专业或符合特定品牌的视觉风格,包括字体、颜色、组件形状和大小等。

前端主题通常需要由专业设计师和前端工程师配合,结合使用 CSS 和其他前端技术来定义网站的外观和样式。前端主题可以节省开发时间和精力,并根据需要进行定制,通常包含设计规划、创建基本结构、样式化元素、定制化、配置动画交互效果、测试优化、文档维护等步骤,如图 9-2 所示。

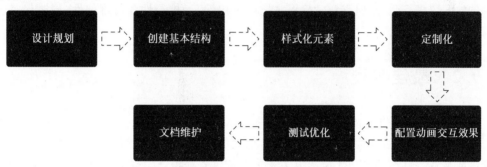

图 9-2 前端主题构建流程

1. 设计规划

前端主题需要确定整体的设计风格和要素,包括色彩、排版、图标等,其需要约束在设计体系下并根据项目和目标受众选择合适的设计方向。

2. 创建基本结构

前端主题需要使用 HTML 和 CSS 创建主题骨架,配合使用 Design Token 等工程化能力进行基本结构的确定。同时,也需要考虑使用响应式设计,以确保主题在不同设备上表现良好。

3. 样式化元素

前端主题的本质是使用 CSS 为各个元素应用样式,其可以考虑使用 Sass 或 Less 的预处理器来批量处理,同时结合插件提高样式的可维护性和灵活性,如 PostCSS 等。

4. 定制化

前端主题可根据用户需求,定制各个组件的不同主题,确保风格与整体设计保持一致,同时提高主题的可扩展性和可重用性。

5．配置动画交互效果

前端主题同时也囊括了动画和交互效果,其可以使用 CSS 动画或 JavaScript 库实现各种效果。

6．测试优化

为了确保主题的兼容性和性能,前端主题在发布之前需要在各种设备和浏览器上进行测试,并通过优化 CSS 和 JavaScript 代码,以提高加载速度和页面响应。

7．文档维护

前端主题应用方式主要通过文档及主题编辑器等方式来帮助其他开发人员理解和使用主题。同时,开发人员及设计人员也需要定期维护和更新主题,以适应新的技术和设计趋势。

前端主题通常由前端开发者和设计师共同配合完成,具体步骤和流程可以根据项目团队人员的配置进行确定,但需注意确保主题的可用性、可扩展性和可维护性,同时保持良好的用户体验。

9.2 最佳实践

前端最佳实践是指在业务应用开发过程中沉淀下来的通用行业级别可复用的一系列优良的方法和规范,其旨在提供简单、高效、可维护的行业问题最佳解决方案,因此,本节将通过分析前端业界已有的通用化解决方案来为各位读者提供一个提炼归纳领域问题的思路与方法,包括 Ant Design Pro、Vue Element Admin 及 Ice Stark 等。

9.2.1 Ant Design Pro

Ant Design Pro 是由蚂蚁金服团队开发的一套基于 Ant Design 组件库的前端中后台项目解决方案,专门用于构建企业级管理后台和前端应用,其提供了完整的前端中后台项目的解决方案,包括路由、权限管理、国际化、数据 Mock、工程化等,帮助开发者快速地搭建功能丰富的管理系统,如图 9-3 所示。

Ant Design Pro 提供了默认的 Template 模板,其目录结构如下:

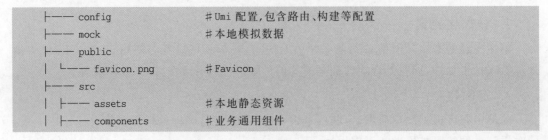

```
├── config              #Umi 配置,包含路由、构建等配置
├── mock                #本地模拟数据
├── public
│  └── favicon.png      #Favicon
├── src
│  ├── assets           #本地静态资源
│  ├── components       #业务通用组件
```

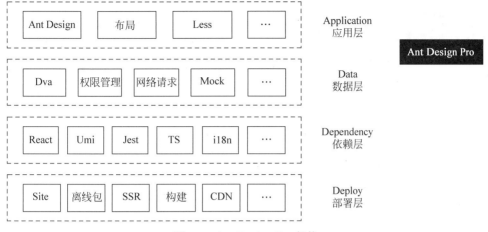

图 9-3 Ant Design Pro 架构

```
|   ├──── e2e                    # 集成测试用例
|   ├──── layouts                # 通用布局
|   ├──── models                 # 全局 Dva Model
|   ├──── pages                  # 业务页面入口和常用模板
|   ├──── services               # 后台接口服务
|   ├──── utils                  # 工具库
|   ├──── locales                # 国际化资源
|   ├──── global.less            # 全局样式
|   └──── global.ts              # 全局 ts
├──── tests                      # 测试工具
├──── README.md
└──── package.json
```

9.2.2 Vue Element Admin

Vue Element Admin 是一个基于 Vue 和 Element UI 实现的后台前端解决方案,其使用最新的前端技术栈,内置了多种常见中后台所需工具,包括 i18n 国际化解决方案、动态路由和权限验证等。此外,Vue Element Admin 还提炼了典型的业务模型,提供了丰富的功能组件,可以帮助开发者快速地搭建企业级中后台产品原型,如图 9-4 所示。

同样地,Vue Element Admin 也提供了丰富的功能页面,目录结构如下:

```
├──── build                      # 构建相关
├──── mock                       # 项目 Mock 模拟数据
├──── plop-templates             # 基本模板
├──── public                     # 静态资源
|   ├── favicon.ico              # Favicon 图标
|   └──── index.html             # HTML 模板
```

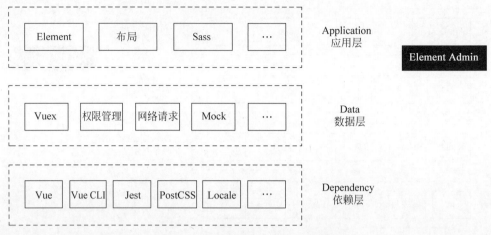

图 9-4 Vue Element Admin 架构

9.2.3 Ice App

飞冰（Ice）是由淘宝大前端团队开发的一套基于 React 的前端解决方案，其提供了开箱即用且同时支持移动端和桌面端的最佳实践，围绕应用研发框架提供了应用的构建、路由、调试等基础能力。除此之外，Ice 还提供了多种多样的前端生态延展，结合可视化操作、物料复用等方案降低研发门槛，包括微前端（Ice Stark）、包开发（Ice Pkg）、可视化工具（App Works）及前端环境（App ToolKit）等，如图 9-5 所示。

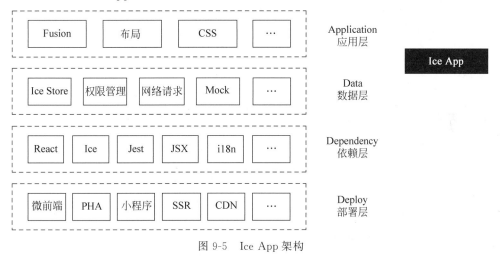

图 9-5　Ice App 架构

其中，Ice App 默认应用提供了良好的代码分层结构模板，其目录结构如下：

```
├── build              # 构建产物目录
├── mock               # 本地模拟数据
│   ├── index.ts
├── public             # 静态资源目录
│   └── favicon.ico    # Favicon 图标
├── src                # 源码目录
│   ├── components     # 自定义业务组件
│   ├── pages          # 路由页面组件
│   │   ├── about.tsx
│   │   ├── home.tsx
│   │   └── layout.tsx # 全局布局组件
│   ├── global.css     # 全局样式
│   ├── document.tsx   # HTML 模板
│   └── app.ts         # 应用入口
├── .env               # 环境变量配置文件
├── ice.config.mts     # 构建配置
├── package.json
└── tsconfig.json      # TypeScript 配置文件
```

9.3　本章小结

随着前端技术的不断发展,前端物料也在不断演进和完善。尽管新技术、新标准和新的实践方法不断地涌现,为前端开发带来更多的便利和效率,但其不变的核心诉求是通过合理的抽象提炼来对业务能力进行赋能,同时帮助团队提高开发效率和质量,减少重复工作和维护成本。

前端物料已成为前端工程领域中不可或缺的一部分,希望读者能够通过物料篇的学习,结合本公司产品的业务模式和行业属性提炼出符合公司业务的物料体系,为前端开发者带来更多的便利和创新,以保持技术的领先性和创新性。

从第 10 章开始,本书将会对前端工程中的开发细节进行阐述。工程方案不仅需要为业务赋能,同时也需要为各位前端工程师提供极佳的开发体验,希望各位读者通过开发篇的学习为团队提供更好的工程能力和研发工具,提升团队的研发效率。

开　发

▶ 18min

开发过程是研发流程中最重要的过程,其前端部分,则需要前端开发工程师根据设计图,使用 HTML、CSS、JavaScript 等前端技术进行页面制作,包括编写代码、单元测试、检查语法、整合代码、生成文档等步骤。

随着前端工程能力的提升,为了更好更快地帮助前端工程师完成工程项目中的基础环境搭建,前端工程基础建设通常会提供通用化的工具和服务来提升编码过程中的开发体验。

本章主要通过脚手架、配置及模拟(Mock)来简单介绍前端在开发过程中的工程基建能力及服务。同时,本章也会简单分析相应的实现原理,以便各位工程师能更好地选择和使用相应的工具集来提升开发体验。

10.1　脚手架

前端脚手架[2]是通过选择选项命令行(Command Line)快速搭建项目基础代码的工具,其可以帮助开发人员快速地搭建项目,避免重复编写相同的代码框架和基础配置。通常来讲,前端脚手架的核心功能是通过 CLI(Command Line Interface)来帮助开发者提供一键式工程服务,快速生成一个项目的基础结构,包括目录结构、单元测试、所需依赖等。除此之外,成熟的前端脚手架工具还需要配合开发流程提供更多的服务能力,如图形化界面、IDE插件等。

前端脚手架是前端工程化的重要工具之一,其在工程项目中的使用也已经越来越普遍,因此,本节将分别通过 Vue-CLI、create-react-app、create-umi 等业界成熟的脚手架方案来对脚手架工具进行阐述。

10.1.1　Vue-CLI

Vue-CLI 是一个用于快速搭建 Vue 项目的命令行工具,其提供了一套简单的指令和模板,帮助开发者快速地创建和管理 Vue 项目。具体来讲,Vue-CLI 提供了工程项目基础建设的服务功能,包括项目创建、开发服务器、环境配置、插件系统等,如图 10-1 所示。

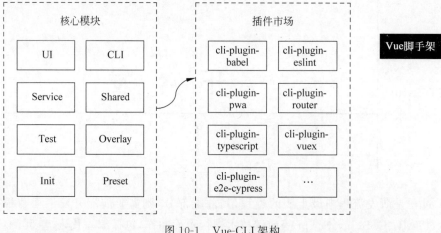

图 10-1 Vue-CLI 架构

1. 项目创建

Vue-CLI 可以通过命令行快速地初始化一个基于 Vue 的项目结构,其内置了多个预设模板,包括简单应用、路由配置、状态管理等,代码如下:

```
//第 10 章/Vue-CLI.js
class Generator {
  constructor (context, {
    pkg = {},
    plugins = [],
    files = {},
  } = {}) {
    this.context = context;
    this.plugins = plugins;
    this.pkg = Object.assign({}, pkg);
    //虚拟文件树
    this.files = files;
  }
  async initPlugins () {
    //运行插件
    for (const plugin of this.plugins) {
      const { id, apply, options } = plugin
      await apply(id, options)
    }
  }
  async generate () {
    await this.initPlugins();
    //渲染文件模板
    await this.resolveFiles();
  }
  async resolveFiles () {
```

```
    const files = this.files
    for (const file of this.files) {
      //EJS 渲染文件
    }
  }
}
```

2. 开发服务器

Vue-CLI 提供了一个内置的开发服务器,用于实时预览和调试项目。在开发过程中,开发者可以在本地启动服务器,并且自动检测文件变化并刷新浏览器页面,代码如下:

```javascript
//第 10 章/Vue - CLI.js
module.exports = (api, options) = > {
  api.registerCommand('serve', {
    description: 'start development server',
    usage: 'vue - cli - service serve [options] [entry]'
  }, async function serve (args) {
    const isProduction = process.env.NODE_ENV === 'production'
    const { chalk } = require('@vue/cli - shared - utils')
    const webpack = require('webpack')
    const WebpackDevServer = require('webpack - dev - server')
    //获取 Webpack 配置
    const webpackConfig = api.resolveWebpackConfig()
    //devServer 配置项
    const projectDevServerOptions = Object.assign(
      webpackConfig.devServer || {},
      options.devServer
    )
    //创建 compiler
    const compiler = webpack(webpackConfig)
    //创建 server
    const server = new WebpackDevServer(Object.assign({
      hot: !isProduction
    }, projectDevServerOptions, {
      static: {
        watch: !isProduction,
      }
    }), compiler);
    return new Promise((resolve, reject) = > {
      //启动 server
      server.start().catch(err = > reject(err))
    })
  })
}
```

3. 环境配置

Vue-CLI 可以帮助开发者轻松地配置不同的开发、测试和生产环境,根据需要在不同的环境中配置不同的变量和插件,代码如下:

```javascript
//第 10 章/Vue-CLI.js
class Service {
  constructor (context, { plugins } = {}) {
    process.VUE_CLI_SERVICE = this
    this.context = context
    this.commands = {}
    this.plugins = plugins;
    //为每条命令解析要使用的默认模式,由插件 module.exports.defaultModes 提供,因此可以无
    //须实际应用该插件而获取相关信息
    this.modes = this.plugins.reduce((modes, { apply: { defaultModes } }) => {
      return Object.assign(modes, defaultModes)
    }, {})
  }
  init (mode = process.env.VUE_CLI_MODE) {
    this.mode = mode
    //load mode .env
    if (mode) {
      this.loadEnv(mode)
    }
    //load base .env
    this.loadEnv()
  }
  loadEnv (mode) {
    if (mode) {
      //在默认情况下,除非 mode 为 production 或 test,否则 NODE_ENV 和 BABEL_ENV 会被设置为
      //"development",但是,.env 文件中的值将具有更高的优先级
    }
  }
}
```

4. 插件系统

Vue-CLI 支持丰富的插件系统,可以扩展项目功能并根据需要添加、删除和配置各种插件,以满足项目的特定需求,代码如下:

```javascript
//第 10 章/Vue-CLI.js
class PluginAPI {
  constructor (id, service) {
    this.id = id
    this.service = service
  }
  //注册一个命令,该命令将作为 vue-cli-service [name] 以供使用
```

```
registerCommand (name, opts, fn) {
  if (typeof opts === 'function') {
    fn = opts
    opts = null
  }
  this.service.commands[name] = { fn, opts: opts || {} }
}
}
```

使用 Vue-CLI 可以大大地提高 Vue 项目的开发效率,使开发者能够更专注于业务逻辑的实现,而不必花费过多时间和精力在项目的搭建和配置上,从而降低研发成本。

10.1.2 create-react-app

create-react-app 是一个用于快速创建 React 应用程序的命令行工具,其可以帮助开发者设置 React 项目的基本结构和配置,提供简单易用的脚手架。通常来讲,使用 create-react-app 可以快速地创建一个全功能的 React 应用程序,其提供了许多内置的功能,帮助开发者处理许多烦琐的配置细节,包括预配置环境、自动化构建打包、集成工具链、内置配置文件等,如图 10-2 所示。

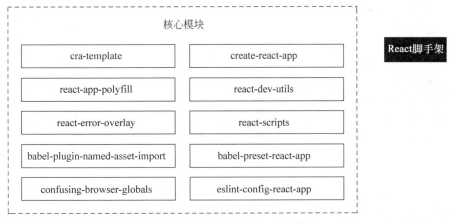

图 10-2 create-react-app 架构

1. 预配置环境

create-react-app 无须手动设置 Webpack、Babel 和其他工具,可以直接上手进行 React 应用的开发,代码如下:

```
//第 10 章/create - react - app.js
function createApp() {
  //核心 run 方法
  run();
}
```

```
function install() {
  return new Promise((resolve, reject) => {});
}
function run() {
  Promise.all([
    Promise.resolve('react - scripts'),
    Promise.resolve('cra - template'),
  ]).then(([packageToInstall, templateToInstall]) => {
    Promise.all([
      Promise.resolve({ name: packageToInstall }),
      Promise.resolve({ name: templateToInstall }),
    ])
      .then(([packageInfo, templateInfo]) => {
        return {
          packageInfo,
          templateInfo,
        }
      }
    )
      .then(({ packageInfo, templateInfo }) => {
        //安装依赖和模板
        return install();
      })
      .then(async ({ packageInfo, templateInfo }) => {
        //执行 node 命令
      })
  });
}
```

2. 自动化构建打包

create-react-app 内置了基于 Webpack 的构建和打包功能,其会将代码进行压缩、优化、并生成生产环境所需的静态文件,例如 HTML、CSS 和 JavaScript 文件等,代码如下:

```
//第 10 章/create - react - app.js
//执行 Webpack 命令
function build(previousFileSizes) {
  const compiler = webpack(config);
  return new Promise((resolve, reject) => {
    compiler.run((err, stats) => {
      const resolveArgs = {
        stats,
        previousFileSizes,
      };
      return resolve(resolveArgs);
    });
  });
}
```

3. 集成工具链

create-react-app 集成了常用的开发工具,例如 React Developer Tools 和 Redux Developer Tools,方便开发者进行调试和性能优化,代码如下:

```js
//第10章/create-react-app.js
module.exports = function (webpackEnv) {
  const isEnvDevelopment = webpackEnv === 'development';
  const isEnvProduction = webpackEnv === 'production';
  return {
    mode: isEnvProduction ? 'production' : isEnvDevelopment && 'development',
    devtool: isEnvProduction
      ? 'source-map'
      : isEnvDevelopment && 'cheap-module-source-map'
  };
}
```

4. 内置配置文件

create-react-app 自带了一些配置文件,并且可以根据项目需求进行定制,代码如下:

```js
//第10章/create-react-app.js
module.exports = {
  overrides: [
    {
      files: ['**/*.ts?(x)'],
      parser: '@typescript-eslint/parser',
      parserOptions: {
        ecmaVersion: 2018,
        sourceType: 'module',
        ecmaFeatures: {
          jsx: true,
        }
      },
      plugins: ['@typescript-eslint'],
      rules: {
        //覆盖一些 ESLint 规则
      },
    },
  ],
  rules: {
    //一些 ESLint 规则
  },
}
```

create-react-app 是一个快速启动和开发 React 应用程序的工具,同时也提供了一些方便的快捷功能,使开发过程更加顺畅。

10.1.3　create-umi

Umi 是一个基于 React 的企业级前端应用框架,其提供了一整套开箱即用的工程化配置和最佳实践,其中,create-umi 则是一个用于快速创建和初始化 Umi 项目的命令行工具,其也提供了框架集成、约定式路由和插件系统等功能,用于帮助开发者快速地构建可扩展、高质量的 React 应用。开发者可以通过选择项目模板在生成项目后自动安装相关依赖,帮助开发者快速地实现业务,如图 10-3 所示。

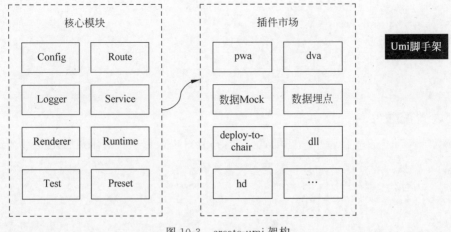

图 10-3　create-umi 架构

1. 框架集成

create-umi 会初始化一个基于 UmiJS 的 React 项目,提供一些企业级应用开发所需的核心功能,包括路由管理、插件系统、全局状态管理等,代码如下:

```
//第10章/create-umi.ts
export class Service {
  constructor(opts) {
    this.cwd = opts.cwd;
    this.env = opts.env;
    this.opts = opts;
  }
  async run(opts) {
    const { name, args = {} } = opts;
    args._ = args._ || [];
    if (args._[0] === name) args._.shift();
    this.args = args;
    this.name = name;
    //预设是插件的一种,但类型不同
    const { plugins, presets } = {
      plugins: this.opts.plugins || [],
```

```
      presets: this.opts.presets || [],
    };
    //注册 Presets 和 Plugins
    const presetPlugins = [];
    while (presets.length) {
      await this.initPreset({
        preset: presets.shift()!,
        presets,
        plugins: presetPlugins,
      });
    }
    plugins.unshift(...presetPlugins);
    while (plugins.length) {
      await this.initPlugin({ plugin: plugins.shift(), plugins });
    }
  }
  //初始化 Presets
  async initPreset(opts) {}
  //初始化 Plugins
  async initPlugin(opts) {}
}
```

2. 约定式路由

create-umi 采用了 Umi 约定式的路由配置,通过约定目录结构和文件命名规则,可以
自动生成路由配置,简化路由管理,代码如下:

```
//第 10 章/create-umi.ts
import path from 'path';
class Route {
  opts;
  constructor(opts) {
    this.opts = opts || {};
  }
  async getRoutes(opts) {
    const { config, root } = opts;
    let routes = config.routes;
    await this.patchRoutes(routes, {
      ...opts,
    });
    return routes;
  }
  async patchRoutes(routes, opts) {
    for (const route of routes) {
      await this.patchRoute(route, opts);
    }
```

```
  }
  async patchRoute(route, opts) {
    if (route.routes) {
      await this.patchRoutes(route.routes, {
        ...opts,
        parentRoute: route,
      });
    }
    //解析 component path
    if (
      route.component
    ) {
      route.component = path.join(opts.root, route.component);
    }
  }
}
```

3. 插件系统

create-umi 提供了丰富的插件系统,可以通过插件进行自定义配置和功能扩展,代码如下:

```
//第 10 章/create - umi.ts
export default class PluginAPI {
  constructor(opts) {
    this.id = opts.id;
    this.key = opts.key;
    this.service = opts.service;
  }
  register(hook) {
    this.service.hooksByPluginId[this.id] = (
      this.service.hooksByPluginId[this.id] || []
    ).concat(hook);
  }
  registerCommand(command) {
    const { name, alias } = command;
    this.service.commands[name] = command;
    if (alias) {
      this.service.commands[alias] = name;
    }
  }
  //注册 Presets
  registerPresets(presets) {}
  //在 preset 初始化阶段放后面,在插件注册阶段放前面
  registerPlugins(plugins) {}
}
```

开发者可以很方便地通过 create-umi 创建和初始化 Umi 项目,节省手动配置项目结构和安装依赖的时间和工作量。

10.2 配置

前端配置是指为前端提供配置信息的一种服务,其常用于搭建前端应用过程中的更改设置,包括接口、菜单、域名等。对前端应用统一地进行配置管理,可以提高开发效率和配置管理的规范性。

前端配置服务可以通过专门的配置管理工具实现,并且区分不同发布环境而进行分层设置,包括开发、测试和生产环境等,因此,本节将通过接口配置和菜单配置来对前端配置服务进行相关阐述。

10.2.1 接口

接口配置服务是指为应用程序提供接口配置的能力,其允许开发者或管理员通过简单的操作,帮助开发者或管理员快速搭建和配置应用程序的接口,提高开发效率和配置管理的规范性。

具体来讲,接口配置服务通常包含接口身份验证、接口路由、接口参数及接口文档等。首先,接口配置服务可以提供身份验证的配置选项,如用户名和密码、API 密钥等;其次,接口配置服务可以提供路由的配置选项,用于确定应用程序中不同接口之间的消息传递路径;再次,接口配置服务可以提供参数的配置选项,用于定义应用程序接口的输入和输出参数;最后,接口配置服务可以生成接口文档,以便开发者或管理员了解应用程序的接口配置情况。

1. Swagger

Swagger 是一个规范和完整的框架,用于生成、描述、调用可视化 RESTful 风格的 Web 服务,其可以帮助开发者或管理员创建、更新、删除和检查 RESTful 风格的 Web 服务的端点,如图 10-4 所示。

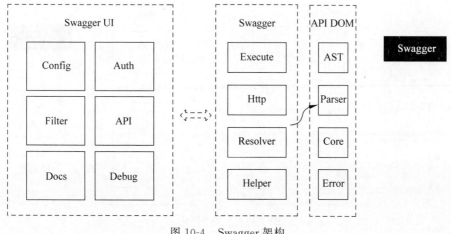

图 10-4 Swagger 架构

通俗来讲,Swagger 就是将项目中所有接口展现在页面上且可以进行接口调用和测试的服务,以 JavaScript 实现为例,代码如下:

```
//第 10 章/swagger.js
function execute({
  http,
  fetch,
}) {
  //提供默认的 fetch 实现
  const http = http || fetch;
  const request = {
    url: '',
    credentials,
    headers: {},
    cookies: {},
  };
  //构建请求并执行
  return http(request);
}
function Swagger(url, opts = {}) {}
Swagger.execute = execute;
```

2. YAPI

YAPI 是一个高效、易用、功能强大的 API 管理平台,旨在为开发、产品、测试人员提供更优雅的接口管理服务,其可以帮助开发者轻松创建、发布、维护 API,还为用户提供了优秀的交互体验。不同于 Swagger,YAPI 是一个可本地部署的打通前后端及 QA 的独立接口管理服务平台,其是由去哪儿网移动架构组(简称 YMFE)开源的可视化接口管理工具,如图 10-5 所示。

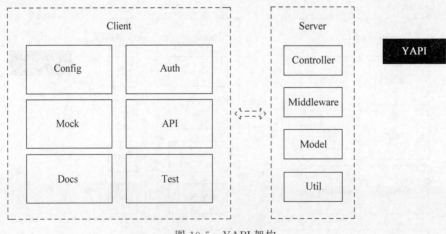

图 10-5　YAPI 架构

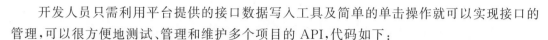

开发人员只需利用平台提供的接口数据写入工具及简单的单击操作就可以实现接口的管理,可以很方便地测试、管理和维护多个项目的 API,代码如下:

```javascript
//第10章/yapi.js
const Koa = require('koa');
const koaRouter = require('koa - router');
//对接口路由进行配置
const router = koaRouter();
const mockServer = async (ctx, next) => {
  let path = ctx.path;
  let header = ctx.request.header;
  ctx.set('Access - Control - Allow - Origin', header.origin);
  ctx.set('Access - Control - Allow - Credentials', true);
  ctx.body = '';
};
let yapi = {};
//Koa 服务器
const app = new Koa();
app.proxy = true;
yapi.app = app;
app.use(mockServer);
app.use(router.routes());
app.use(async (ctx, next) => {
  if (/^\/(?!api)[a - zA - Z0 - 9\/\ - _] * $ /.test(ctx.path)) {
    ctx.path = '/';
    await next();
  } else {
    await next();
  }
});
const server = app.listen('从配置中获取端口');
```

10.2.2　菜单

前端菜单配置服务是一种针对前端界面的配置服务,其允许开发人员或管理员通过简单的操作对前端应用程序的菜单进行配置,帮助开发者或管理员快速地创建、更新、删除和检查前端菜单的配置信息。具体来讲,前端菜单配置服务可能涉及菜单项的创建、更新和删除、菜单项的排序和分组、菜单项的属性设置、菜单项的权限管理、菜单项的样式和主题设置等内容。

若依(RuoYi)是一套基于 Spring Boot、Spring Security、MyBatis-Plus、Vue、ElementUI 的全功能权限系统的快速开发平台,采用前后端分离的方式进行开发,其内置了许多常用的功能,例如用户管理、角色管理、菜单管理、部门管理、字典管理、定时任务等。除此之外,若依还提供了代码生成器、日志管理、在线用户管理等扩展功能,可以快速地搭建企业级应用,如图 10-6 所示。

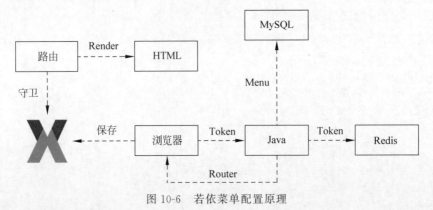

图 10-6　若依菜单配置原理

若依有两个版本的前端,分别是"jQuery＋Bootstrap"技术方案和"Vue＋Element"技术方案。以"Vue＋Element"实现为例,其菜单管理模块的代码如下:

```
<!-- 第 10 章/ruoyi.vue -->
<template>
  <div class = "app - container">
    <el - form>
      <!-- 查询 -->
    </el - form>
    <el - table
      :data = "menuList"
    >
      <!-- 通过 菜单名称 <-> 权限标识 <-> 组件路径 进行关联 -->
      <el - table - column prop = "menuName" label = "菜单名称"></el - table - column>
      <el - table - column prop = "perms" label = "权限标识"></el - table - column>
      <el - table - column prop = "component" label = "组件路径"></el - table - column>
    </el - table>
  </div>
</template>
```

10.3　Mock

在前端开发中,Mock 工具是指模拟后端接口返回数据的工具,其主要应用于前端在后端接口未完成时的数据模拟。具体来讲,Mock 可以根据数据模板生成相应的模拟数据,也可以模拟 AJAX 请求生成数据,甚至还可以基于 HTML 模板生成数据。

前端 Mock 通常用于前后端数据联调的前期,其可以独立于后端开发而使前后端开发可以同时进行,因此,本节分别以 MockJS、FakerJS 及 SuchJS 等前端 Mock 在调试过程中常见的工具库为例进行介绍。

10.3.1　MockJS

MockJS 是一个模拟数据生成接口的 JavaScript 库,其能够在不修改既有代码的情况下,拦截 AJAX 请求、返回模拟响应数据,并支持生成多种类型的随机数据。这样,即使后端接口开发落后于前端页面开发,前端工程师也可以独立地进行开发,并完成单元测试编写,如图 10-7 所示。

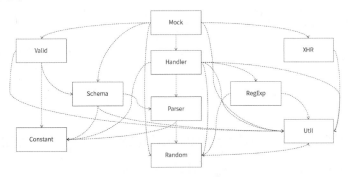

图 10-7　MockJS 原理

具体来讲,MockJS 提供了生成随机数据、模拟接口请求、数据模板、动态数据、拦截请求、延迟和网络错误等功能。

1. 生成随机数据

MockJS 可以生成各种类型的随机数据,例如字符串、数字、布尔值、日期、数组、对象等,代码如下:

```
//第 10 章/mock.js
module.exports = {
    //返回一个随机的布尔值
    boolean: function(min, max, cur) {},
    //返回一个随机的自然数(大于或等于 0 的整数)
    natural: function(min, max) {},
    //返回一个随机的整数
    integer: function(min, max) {},
    //返回一个随机的浮点数
    float: function(min, max, dmin, dmax) {},
    //返回一个随机字符
    character: function(pool) {},
    //返回一个随机字符串
    string: function(pool, min, max) {},
    //返回一个整型数组
    range: function(start, stop, step) {}
}
```

2. 模拟接口请求

MockJS 可以模拟发送 AJAX 请求,并返回随机数据作为响应。开发者可以通过定义接口的 URL、请求类型、请求参数、响应数据等,MockJS 会拦截匹配的请求并返回模拟数据,代码如下:

```javascript
//第 10 章/mock.js
//MockXMLHttpRequest 是 Mock 请求的核心方法
function MockXMLHttpRequest() {
    //初始化 custom 对象,用于存储自定义属性
    this.custom = {
        events: {},
        requestHeaders: {},
        responseHeaders: {}
    }
}
//初始化 Request 相关的属性和方法
Object.extend(MockXMLHttpRequest.prototype, {
    //XHR 的 open 方法
    open: function(method, url, async, username, password) {},
    timeout: 0,
    //XHR 的 send 方法
    send: function send(data) {},
    //XHR 的 abort 方法
    abort: function abort() {}
})
//EventTarget
Object.extend(MockXMLHttpRequest.prototype, {
    addEventListener: function addEventListener(type, handle) {
        var events = this.custom.events
        if (!events[type]) events[type] = []
        events[type].push(handle)
    },
    removeEventListener: function removeEventListener(type, handle) {
        var handles = this.custom.events[type] || []
        for (var i = 0; i < handles.length; i++) {
            if (handles[i] === handle) {
                handles.splice(i--, 1)
            }
        }
    },
    dispatchEvent: function dispatchEvent(event) {
        var handles = this.custom.events[event.type] || []
        for (var i = 0; i < handles.length; i++) {
            handles[i].call(this, event)
        }
```

```
        var ontype = 'on' + event.type
        if (this[ontype]) this[ontype](event)
    }
})
```

3. 数据模板

MockJS 支持使用数据模板来定义生成随机数据的规则,其可以使用占位符、随机函数、正则表达式等来定义数据模板,灵活地控制生成的数据,代码如下:

```
//第10章/mock.js
var Handler = {}
Handler.gen = function(template, name, context) {
    name = name == undefined ? '' : (name + '')
    context = context || {}
    context = {
            //当前访问路径,只有属性名,不包括生成规则
            path: context.path,
            templatePath: context.templatePath,
            //最终属性值的上下文
            currentContext: context.currentContext,
            //属性值模板的上下文
            templateCurrentContext: context.templateCurrentContext || template,
            //最终值的根
            root: context.root || context.currentContext,
            //模板的根
            templateRoot: context.templateRoot || context.templateCurrentContext || template
        }
    var data;
    //对模板等进行处理后返回
    return data;
}
```

4. 动态数据

MockJS 支持动态数据生成,其可以使用函数来生成动态的数据,代码如下:

```
//第10章/mock.js
function valid(template, data) {
    var schema = {
      template
    }
    var result = Diff.diff(schema, data)
    return result
}
var Diff = {
    diff: function diff(schema, data, name) {
```

```
            var result = []
            //先检测名称 name 和类型 type,如果匹配,则有必要继续检测,返回结果
            return result
        }
    }
```

MockJS 是一个强大的数据模拟和接口模拟工具,可以帮助前端开发人员在开发和测试过程中快速地生成随机数据并模拟接口请求和响应,从而减少对后端接口的依赖,提高开发效率。

10.3.2 FakerJS

FakerJS 是一个基于 Node.js 的随机数据生成库,其可以在浏览器和 Node.js 文件中生成大量的模拟数据,用于模拟测试。Faker.js 提供了各种类型的模拟数据,被广泛地应用于开发调试过程中,如图 10-8 所示。

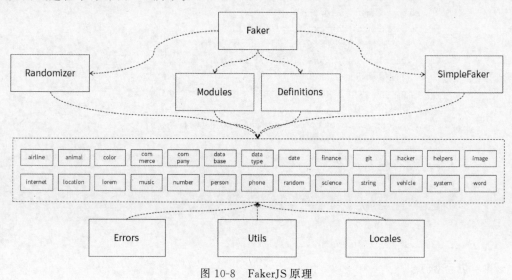

图 10-8 FakerJS 原理

注意:由于 FakerJS 的原作者马拉克·斯夸尔斯(Marak Squires)删库跑路造成了不小的影响,目前项目已由社区接管维护。

FakerJS 是一款用于生成伪造数据的 JavaScript 库,其提供了许多功能来生成各种类型的伪造数据。

1. 文本数据

FakerJS 可以生成随机的文本数据,包括句子、段落、单词等,代码如下:

```
//第10章/faker.ts
//生成段落
export class LoremModule extends ModuleBase {
    //生成指定长度的单词
    word() {}
    //生成一个以空格分隔的单词列表
    words() {}
    //生成一个以大写字母开头并以句号结尾的以空格分隔的单词列表
    sentence() {}
    //生成一个由给定数量的连字符分隔的单词组成的slug化文本
    slug() {}
    //生成指定数量的句子
    sentences() {}
    //生成具有指定数量句子的段落
    paragraph() {}
    //生成指定数量的段落
    paragraphs() {}
    //基于随机的lorem方法生成随机文本
    text() {}
    //生成指定数量的lorem文本行,并用'\n'分隔
    lines() {}
}
//生成单词
export class WordModule extends ModuleBase {
    //返回随机长度或指定长度的形容词
    adjective() {}
    //返回随机长度或指定长度的副词
    adverb() {}
    //返回随机长度或指定长度的连词
    conjunction() {}
    //返回随机长度或指定长度的感叹词
    interjection() {}
    //返回随机长度或指定长度的名词
    noun() {}
    //返回随机长度或指定长度的介词
    preposition() {}
    //返回随机长度或指定长度的动词
    verb() {}
    //返回随机长度或指定长度的随机样本
    sample() {}
    //返回一个包含若干由空格分隔的随机单词的字符串
    words() {}
}
```

2. 图像数据

FakerJS可以生成随机的图像数据,包括占位图、头像等,代码如下:

```typescript
//第 10 章/faker.ts
export class ImageModule extends ModuleBase {
  constructor(faker: Faker) {
    super(faker);
  }
  //生成随机头像图片 URL
  avatar() {}
  //生成随机图片 URL
  url() {}
  //从支持的类别之一生成随机图片 URL
  image() {}
  //生成随机动物图片 URL
  animals() {}
  //生成随机商业图片 URL
  business() {}
  //生成随机猫的图片 URL
  cats() {}
  //生成随机城市图片 URL
  city() {}
  //生成随机食物图片 URL
  food() {}
  //生成随机夜生活图片 URL
  nightlife() {}
  //生成随机时尚图片 URL
  fashion() {}
  //生成随机人物图片 URL
  people() {}
  //生成随机自然图片 URL
  nature() {}
  //生成随机体育图片 URL
  sports() {}
  //生成随机科技图片 URL
  technics() {}
  //生成随机交通图片 URL
  transport() {}
}
```

3. 文件数据

FakerJS 可以生成随机的文本数据,如文件名、文件类型、文件大小等,代码如下:

```typescript
//第 10 章/faker.ts
export class SystemModule extends ModuleBase {
  //返回一个带有扩展名的随机文件名
```

```
fileName() {}
//返回一个带有给定扩展名或常用扩展名的随机文件名,如'dollar.jpg'
commonFileName() {}
//返回 MIME 类型,如'video/vnd.vivo'
mimeType() {}
//返回一个常用的文件类型,如'audio'
commonFileType() {}
//返回一个常用的文件扩展名,如'gif'
commonFileExt() {}
//返回文件类型,如'message'
fileType() {}
//返回文件扩展名,如'json'
fileExt() {}
//返回目录路径,如'/etc/mail'
directoryPath() {}
//返回文件路径,如'/usr/local/src/money.dotx'
filePath() {}
}
```

上述功能仅仅是 FakerJS 提供的部分功能,其可以根据具体需求生成各种类型的伪造数据,帮助开发者在开发和测试过程中进行模拟和演示。

10.3.3 SuchJS

SuchJS 是一个强大的易扩展的数据模拟库,其内置了多种类型,可以生成一些特定格式的字符串,并且支持扩展类型,如图 10-9 所示。

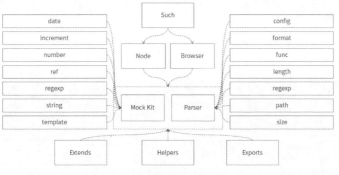

图 10-9 SuchJS 原理

SuchJS 是一个功能强大的 JavaScript 库,其提供了许多有用的功能。

1. 表单验证

SuchJS 提供了灵活易用的表单验证功能,可以对用户输入进行验证,并给出友好的错误提示,代码如下:

```
//第 10 章/such.ts
const makeCascaderData = (params, mocker) => {
    let { $ path = [], $ config } = params;
    let lastPath = $ path[0];
    let handle = $ config.handle;
    const values = [];
    //嵌套的最大层级小于 10
    let loop = 1;
    //循环以获取根模拟器
    while (loop++< 10) {
            //跳出循环条件
    }
    return {
            handle,
            lastPath,
            values,
            $ config,
    };
};
export default class ToCascader extends Mockit {
    generate(options) {
            const { mocker } = options;
            const { handle, values, $ config } = makeCascaderData(this.params, mocker);
            return handle( $ config.data, values);
    }
}
```

2. 日期和时间处理

SuchJS 提供了方便的日期和时间处理方法,如格式化、比较、计算等,使处理日期和时间变得简单,代码如下:

```
//第 10 章/such.ts
const makeDate = ( year, month, day ) => {
    const localDate = new Date();
    const fullYear = localDate.getFullYear().toString();
    year = year || fullYear;
    month = month || (localDate.getMonth() + 1).toString();
    day = day || localDate.getDate().toString();
    const yearLen = year.length;
    if (yearLen < 4) {
            year = fullYear.slice(0, fullYear.length - yearLen) + year;
    }
```

```
      return new Date(`${year}/${month}/${day} 00:00:00`);
};
export default class ToDate extends Mockit {
  public generate(options) {
    const { $size, $config = {} } = options;
    const now = $config.now;
    const [startTime, endTime] = (() => {
          const [start, end] = $size.range;
          const startDate = makeDate(start, now);
          const endDate = makeDate(end, now);
          const startTime = startDate.getTime();
          const endTime = endDate.getTime();
          return [startTime, endTime];
    })()
    const time = startTime + Math.floor(Math.random() * (endTime + 1 - startTime));
    const date = new Date();
    date.setTime(time);
    return date;
  }
}
```

3. 字符串处理

SuchJS 提供了许多有用的字符串处理方法,如截取、替换、拼接等,可以方便地处理字符串操作,代码如下:

```
//第 10 章/such.ts
const makeRandom = (min, max) => {
    if (min === max) {
            return min;
    }
    return min + Math.floor(Math.random() * (max + 1 - min));
};
export default class ToString extends Mockit {
    public generate(options) {
            const { $length, $size } = options;
            const { least, most } = Object.assign({ least: 1, most: 100 }, $length);
            const { range } = Object.assign(
                    {
                            range: [[32, 126]],
                    },
                    $size,
            );
```

```
        const index = range.length - 1;
        const total = makeRandom(Number(least), Number(most));
        let result = "";
        for (let i = 1; i <= total; i++) {
                const idx = makeRandom(0, index);
                const [min, max] = range[idx];
                const point = makeRandom(min, max);
                result += String.fromCodePoint(point);
        }
        return result;
    }
}
```

4. URL 处理

SuchJS 提供了功能强大的 URL 处理方法,如解析、构建、查询参数操作等,使处理 URL 变得简单,代码如下:

```
//第 10 章/such.ts
//枚举协议/顶级域名,并对域名进行转义处理
const protocols = [
    "https", "http", "ftp", "telnet", "mailto", "gopher", "file",
];
const tlds = [
    "com", "net", "org", "top", "wang", "ren", "xyz", "cc", "co", "io", "cn",
    "com.cn", "org.cn", "gov.cn",
];
const escapeTlds = tlds.map((name) => name.replace(/\./g, "\\."));
const domainRule = `(?<domainLabel>[a-z0-9]+(?:-?[a-z0-9]+|[a-z0-9]*))\\.(?
<tld>${escapeTlds.join(
    "|",
)}})`;
const fullDomainRule = `(?<domain>${domainRule})`;
const STORE_KEY = "generate";
//生成一个在最小值和最大值之间的随机 IP 地址
const genRandomIp = (minSegs, maxSegs) => {
    const randomIp = [];
    let isEverBigger = false;
    for (let i = 0; i < 4; i++) {
        const min = minSegs[i];
        const max = maxSegs[i];
        if (isEverBigger) {
                randomIp.push(makeRandom(min, 255));
        } else {
```

```
                const cur = makeRandom(min, max);
                randomIp.push(cur);
                isEverBigger = cur > min;
            }
        }
    return randomIp;
}
```

SuchJS 是一个功能丰富、易于使用的 JavaScript 库，可以帮助开发者更高效地完成各种编程任务。

10.4　本章小结

开发是一个复杂而重要的过程，希望各位读者通过本篇章的学习在技术方案设计过程中能够综合考虑需求、设计、技术实现、测试等多个因素，同时注重代码规范、性能优化、安全防护等方面的问题，以确保研发的质量和稳定性。

从第 11 章开始，本书将会对前端工程中的构建方案进行阐述。目前绝大多数单页应用方案会相应地进行打包构建，伴随着工程体量的增加，前端构建方案也与时俱进，希望各位读者通过构建篇章的学习可以更加优雅地提升前端构建方案的性能。

构　建

构建是指在软件开发过程中,开发人员通过特定的工具和技术,将代码和资源转换成可部署或者可运行的最终软件包的过程。前端构建主要包括对前端代码的优化、压缩、合并、打包等操作,还包括对图片、样式等资源进行处理。前端构建的核心是资源管理,其最终产出是可以直接上线或者可供后端工程师使用的资源。

前端构建是前端工程化流程中不可或缺的一部分,其可以帮助前端开发人员将代码和资源转换成最终的产品。构建过程涉及一系列工具和技术,在之前的章节中已经进行了相关介绍,如 Webpack、Gulp、Rollup 等。本章则主要介绍前端在开发过程中涉及的本地构建、泛云端构建及多语言构建等不同构建方式,也会简单地介绍其对应的原理,以便各位工程师在日常构建过程中能够合理地进行方案优化。

11.1　本地构建

前端本地构建是指在进行前端开发时,通过自动化工具和相关技术,将前端代码和资源转换成可部署在本地环境中的最终产品,以供测试、调试和演示等用途,因此,本节将通过低代码构建、IDE 插件来介绍本地构建方式的相关处理。

11.1.1　低代码构建

低代码前端构建是一种基于低代码开发平台(Low Code Development Platform)的前端开发方式,其通过图形化用户界面来配置和创建应用软件,而不需要仅仅依赖手写代码的方式进行产物输出。低代码构建方式可以使开发者更快速地开发出应用程序,同时减少对编程技能的要求,降低了开发的门槛,提升了对重复功能的开发效率。

低代码前端构建主要依赖平台的功能和约束实现专业代码的产出,开发者可以通过拖曳控件和修改可编辑区域配置等方式,实现应用程序的开发和构建。

低代码引擎(Low Code Engine)是由阿里巴巴钉钉团队开源的提炼自企业级低代码平台的面向扩展设计的低代码引擎,奉行最小内核、最强生态的设计理念,通过开箱即用的高质量生态元素、完善的工具链,支持物料体系、设置器、插件等生态元素的全链路研发周期,拥有强大的扩展能力,包括物料体系、设置器、插件等,如图 11-1 所示。

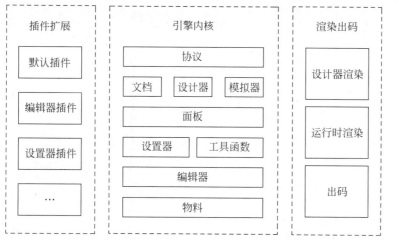

图 11-1 低代码引擎原理

1. 物料体系

无论是在纯代码(Pro Code)场景,还是在低代码(Low Code)场景,抑或是在无代码(No Code)场景下,物料不仅是非常重要的一环,也是开发搭建的基础,其易用性和丰富度极大地影响了页面开发效率。在低代码体系下,物料按颗粒度大小,主要可以分为组件、区块和模板,代码如下:

```ts
//第 11 章/low-code-engine.ts
export interface Configure {
  //属性面板配置
  props: [];
  //组件能力配置
  component: () => {};
  //通用扩展面板支持性配置
  supports: object;
  //高级特性配置
  advanced: object;
}
export interface Snippet {
  //组件分类 title
  title?: string;
  //snippet 截图
  screenshot?: string;
  //snippet 打标
  label?: string;
  //待插入的 schema
```

```
    schema?: object;
}
//组件描述协议,通过 NPM 中的 exportName 对应到 package
export interface ComponentDescription {
    //组件名称
    componentName: string;
    //组件标题
    title: string;
    //组件描述
    description?: string;
    //组件标题
    icon?: string;
    //组件标签
    tags?: string[];
    //组件关键词
    keywords?: string[];
    //组件 NPM 包依赖
    npm: object;
    //组件属性
    props: string[];
    //组件配置
    configure: Configure;
    //组件片段
    snippets: Snippet[];
}
```

2. 设置器

设置器(Setter)作为物料属性和用户交互的重要途径,其在编辑器日常使用中有着非常重要的作用,能够帮助用户更好地理解设置器,代码如下:

```
//第 11 章/low - code - engine.ts
interface SettingTarget {
    //所设置的节点集,至少一个
    readonly nodes: Node[];
    //所有属性值数据
    readonly props: object;
    //设置属性值
    setPropValue(propName: string, value: any): void;
    //获取属性值
    getPropValue(propName: string): any;
    //设置多个属性值,替换原有值
    setProps(data: object): void;
    //设置多个属性值,和原有值合并
```

```
    mergeProps(data: object): void;
    //当绑定属性值发生变化时
    onPropsChange(fn: () => void): () => void;
}
interface SettingTargetProp extends SettingTarget {
    //当前属性名称
    readonly propName: string;
    //当前属性值
    value: any;
    //是否与设置对象的值一致
    isSameValue(): boolean;
    //是否是空值
    isEmpty(): boolean;
    //设置属性值
    setValue(value: any): void;
    //移除当前设置
    remove(): void;
}
interface SettingField extends SettingTarget {
    //当前 Field 设置的目标属性,当为 group 时此值为空
    readonly prop?: SettingTargetProp;
    //当前设置项的 ref 引用
    readonly ref?: ReactInstance;
    //属性配置描述传入的配置
    readonly config: SettingConfig;
}
```

3. 插件

低代码引擎属于微内核架构,其设计理念是"最小内核,最强生态",通过统一的 API 可以对各种各样的插件进行开发,用于多个低代码平台的功能实现,代码如下:

```
//第 11 章/low-code-engine.ts
export class LowCodePluginRuntime {
    private pluginName;
    meta;
    config;
    constructor(pluginName, config, meta) {
        this.pluginName = pluginName;
        this.meta = meta;
        this.config = config;
```

```
  }
  get name() {
    return this.pluginName;
  }
  get dep() {
    if (typeof this.meta.dependencies === 'string') {
      return [this.meta.dependencies];
    }
    return this.meta.dependencies || [];
  }
  toProxy() {
    const exports = this.config.exports?.();
    return new Proxy(this, {
      get(target, prop, receiver) {
        if ({}.hasOwnProperty.call(exports, prop)) {
          return exports?.[prop as string];
        }
        return Reflect.get(target, prop, receiver);
      },
    });
  }
}
```

11.1.2　IDE 插件

IDE 是集成开发环境(Integrated Development Environment)的简称,其可以帮助开发者更高效地对应用程序进行开发和调试。集成开发环境通常会将常用的开发工具组合到一个图形界面中以供开发者构建应用程序,其组成包括源代码编辑器、自动化本地构建和调试器等部分,因此,前端构建通常会基于 IDE 实现相应的构建插件,以此来帮助开发者提升开发体验与效率。

VS Code[3](Visual Studio Code)是一款由微软开发且跨平台的免费源代码编辑器,其内置了命令行工具和 Git 版本控制系统,支持语法高亮、代码自动补全、代码重构、查看定义等功能。同时,VS Code 也可以更改主题和键盘快捷方式实现个性化设置,并通过内置的扩展程序商店安装扩展以拓展软件功能,如图 11-2 所示。

1. 工作台

VS Code 的工作台指的是整个界面,其由多个面板组成,包括编辑器、侧边栏、状态栏等。就像木匠的工作桌一样,上面摆放着各种工具,帮助开发者更高效地对应用程序进行开发和调试,代码如下:

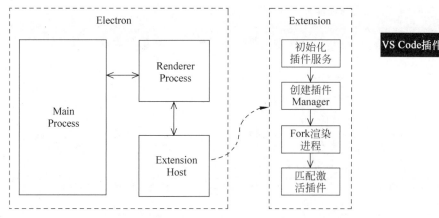

图 11-2　VS Code 插件原理

```
//第 11 章/vscode.ts
export class WindowsMainService extends Disposable implements IWindowsMainService {
  open() {
    this.doOpen();
  }
  private doOpen() {
    this.openInBrowserWindow();
  }
  private openInBrowserWindow() {
    //创建 window 实例
    const window = {};
  }
  private doOpenInBrowserWindow(configuration) {
    window.load(configuration); //加载页面
  }
}
```

2. 插件

VS Code 的插件是一种扩展程序,其可以增强 VS Code 的功能,包括代码格式化、错误检查、自动补全、代码重构等。开发者可以通过 VS Code 的插件市场或者官网下载和安装插件,以拓展 VS Code 的功能,代码如下:

```
//第 11 章/vscode.ts
let runWhenIdle = (callback, timeout) => {};
class ExtensionService extends AbstractExtensionService implements IExtensionService {
  private readonly _lifecycleService;
  constructor() {
    this._extensionHostManagers = [];
    this._lifecycleService.when(LifecyclePhase.Ready).then(() => {
```

```
        //重新安装以确保在恢复视图、面板和编辑器之后运行
        runWhenIdle(() => {
          this._initialize();
        }, 50);
      });
    }
    protected async _initialize() {
      this._startExtensionHosts(true, []);
    }
    private _startExtensionHosts() {
      //extensionHosts 包括 LocalProcessExtensionHost、RemoteExtensionHost 和 WebWorkerExtensionHost
      const extensionHosts = [];
      extensionHosts.forEach((extensionHost) => {
        //对 host 进行处理
      });
    }
}
```

11.2　泛云端构建

　　泛云端构建是指利用泛云端构建平台来管理前端代码和资源的构建过程,其通常包含泛云端编辑、自动化构建及部署发布等流程。在前端泛云端构建中,构建脚本由泛云端构建平台来控制,而不是由本地脚本或者普通的 NPM 包来执行。

　　泛云端构建的优势在于可以自动化处理烦琐、重复而有意义的任务,提高开发效率和质量。同时,泛云端构建也可以优化性能、提高用户体验,并确保应用程序的安全性,因此,本节将通过云 IDE、边缘构建及智能构建来对泛云端构建方式进行阐述。

11.2.1　云 IDE

　　云 IDE 是一种在云端环境下运行的集成开发环境,其可以让用户在浏览器中进行代码编写、调试、编译和部署等操作,而无须在本地安装开发工具。同时,云 IDE 也支持多人协作,较为成熟的产品包括 AWS Cloud9、Monaco Editor 及 CodePen 等,如图 11-3 所示。

1. AWS Cloud9

　　AWS Cloud9 是一种基于云的集成开发环境,其通过一个浏览器即可编写、运行和调试代码。AWS Cloud9 内置了一个代码编辑器、调试程序和终端,预封装了适用于 JavaScript、Python、PHP 等常见编程语言的基本工具,无须安装文件或配置开发计算机,即可开始新的项目。

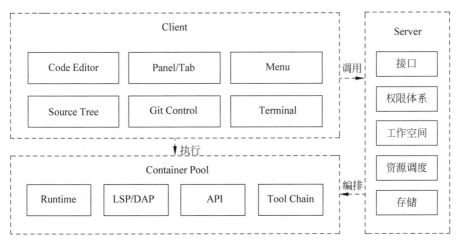

图 11-3 云 IDE 原理

2. Monaco Editor

Monaco Editor 是微软开源的一款 Web 版代码编辑器,其支持智能提示、代码高亮、代码格式化等功能。Monaco Editor 可以看作一个编辑器控件,只提供了基础的编辑器与语言相关的接口,可以被用于任何基于 Web 技术构建的项目中。

注意:Monaco Editor 也是 VS Code 依赖的文本编辑器,其运行在浏览器环境中。

---

3. CodePen

CodePen 是一个完全免费的前端代码托管服务,可以用来制作和测试网站的页面,其收集了全世界前端经典项目,以此进行展示,以便开发者从中获取创作灵感。CodePen 拥有即时预览、支持多种主流预处理器、快速添加外部资源文件、免费创建模板及优秀的外嵌体验等特点。

11.2.2 边缘构建

前端边缘构建是指将前端资源部署在靠近用户的边缘服务器上,以实现更快的页面加载速度和更好的用户体验。边缘构建通常需要使用一些前端框架和工具来自动化构建和部署前端资源,例如,React、Vue、Webpack 等。同时,还需要考虑如何使前端资源与后端服务进行通信,以及如何保证数据的安全性和隐私性。

前端边缘构建既可以选择传统的容器化方案,同时也可以考虑采用新的边缘运行时方案进行相应的底层基础环境构建。目前,以 WebAssembly 为核心技术的边缘构建方案是比较新兴的发展方向,如图 11-4 所示。

1. WasmEdge

WasmEdge(以前称为 SSVM)是一个以 C++ 为主要语言实现的高性能的 WebAssembly 虚

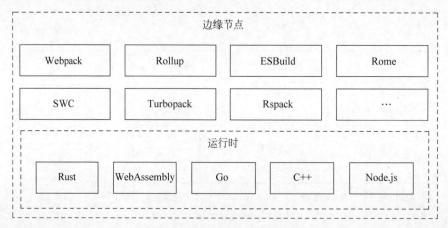

图 11-4　边缘构建原理

拟机,其可轻松地嵌入 JavaScript、Go 和其他主机应用程序中,并由 Kubernetes 配置和管理,核心代码如下:

```cpp
//第 11 章/wasmedge.cpp
namespace WasmEdge {
namespace VM {
void VM::unsafeInitVM() {
    //加载内置模块和插件
    unsafeLoadBuiltInHosts();
    unsafeLoadPlugInHosts();
    //注册所有模块实例
    unsafeRegisterBuiltInHosts();
    unsafeRegisterPlugInHosts();
}
//从配置中加载内置的主机模块
void VM::unsafeLoadBuiltInHosts() {}
void VM::unsafeLoadPlugInHosts() {
    //加载非官方插件
    for (const auto &Plugin : Plugin::Plugin::plugins()) {
        //内部安装插件
        //wasi_crypto
        //wasi_nn
        //wasi_logging
        //WasmEdge_Process
        //WasmEdge_Tensorflow
        //WasmEdge_TensorflowLite
        //WasmEdge_Image
    }
}
```

```
//注册所有创建的 WASI 主机模块
void VM::unsafeRegisterBuiltInHosts() {}
//从插件中注册所有创建的模块实例
void VM::unsafeRegisterPlugInHosts() {}
} //namespace VM
} //namespace WasmEdge
```

2. Wasmer

Wasmer 是由 Rust 语言实现的一个超快且安全的 WebAssembly 虚拟机,其可保证轻量级容器能够在任何地方运行,包括客户端、云端、边缘甚至浏览器等,其核心代码如下:

```
//第11章/wasmr.rs
impl VMContext {
    //返回与 Instance 关联的可变引用
    //这是不安全的,因为它并不适用于任何 VMContext,它必须是作为 Instance 一部分分配的
//VMContext
    #[allow(clippy::cast_ptr_alignment)]
    #[inline]
    pub(crate) unsafe fn instance(&self) -> &Instance {
        & * ((self as * const Self as * mut u8).offset( - Instance::vmctx_offset()) as * const
Instance)
    }
    #[inline]
    pub(crate) unsafe fn instance_mut(&mut self) -> &mut Instance {
        &mut * ((self as * const Self as * mut u8).offset( - Instance::vmctx_offset()) as *
mut Instance)
    }
}
```

3. WaZero

WaZero 是纯 Go 语言实现的 WebAssembly 虚拟机,不需要依赖 CGo 特性,其核心代码如下:

```
//第11章/wazero.go
//运行时允许嵌入 WebAssembly 模块
type Runtime interface {
    //实例化(Instantiate)操作使用默认配置从 WebAssembly 二进制文件( % .wasm)中实例化一个
//模块,特别是如果存在,则会调用"_start"函数
    Instantiate(ctx context.Context, source []byte) (api.Module, error)
    //使用 InstantiateWithConfig 从 WebAssembly 二进制文件( % .wasm)实例化一个模块,或者因
//为退出或验证等原因返回错误
    InstantiateWithConfig(ctx context.Context, source [ ]byte, config ModuleConfig) (api.
Module, error)
```

```
//NewHostModuleBuilder 允许开发者使用 Go 语言中定义的函数创建模块
NewHostModuleBuilder(moduleName string) HostModuleBuilder
//CompileModule 解码 WebAssembly 二进制文件(%.wasm),如果无效,则报错。解码 wasm 后进行
//的任何预编译都依赖于 RuntimeConfig
CompileModule(ctx context.Context, binary []byte) (CompiledModule, error)
//InstantiateModule 用于实例化模块,如果因为退出或验证等原因而失败,则返回错误
 InstantiateModule(ctx context.Context, compiled CompiledModule, config ModuleConfig)
(api.Module, error)
//CloseWithExitCode 使用提供的退出代码关闭在此运行时中已初始化的所有模块。如果任何模
//块在关闭时返回错误,则返回错误
CloseWithExitCode(ctx context.Context, exitCode uint32) error
//模块返回此运行时中已实例化的模块,如果没有,则返回 nil
Module(moduleName string) api.Module
//Closer 通过调用 CloseWithExitCode 方法并使用零作为退出代码来关闭所有已编译的代码
api.Closer
}
```

11.2.3　智能构建

智能构建是指利用智能化工具和平台,将产品研发流程中的产品、设计、开发、测试、部署等环节进行自动化,以提高开发效率和质量,如图 11-5 所示。

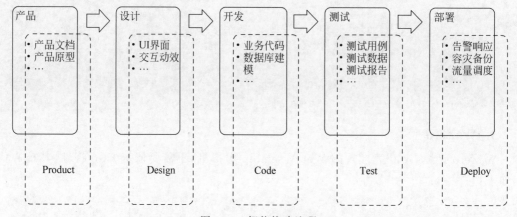

图 11-5　智能构建流程

其中,智能产品是将产品需求通过人工口述或者零散的非规范化的语言文字转化成产品文档及产品原型的输出;智能设计是利用人工智能技术,将设计人员的设计意图转换为可执行的代码,实现自动化的页面布局和样式生成;智能开发是通过智能化的开发工具和框架,实现自动化的代码补全、语法检查、代码优化等功能;智能测试是利用自动化测试工具和平台,实现测试用例的自动生成、测试数据的自动处理、测试结果的自动分析和生成报告等功能;智能部署是通过智能化的部署工具和平台,实现自动化的事件响应、容灾备份、

流量调度等功能。

目前,前端智能构建主要集中在从设计稿生成代码(D2C)的智能化构建流程方面,其通过 AI(Artificial Intelligence)相关的技术借助设计软件的插件形式可实现无人工快速构建。

1. ImgCook

ImgCook 是一款由阿里巴巴旗下淘宝技术团队出品的免费在线工具,专注于各种图像(Sketch、PSD、静态图片)处理,其通过智能化技术一键生成可维护的前端代码,包含视图代码、数据字段绑定、组件代码、部分业务逻辑代码等。

2. CodeFun

CodeFun 是一款可以将 UI 设计稿智能地转换为前端源代码的工具,其支持上传 Sketch、Photoshop、Figma 等格式的设计稿,并通过智能化技术一键生成可维护的前端代码,包括视图代码、数据字段绑定、组件代码和部分业务逻辑代码。CodeFun 可以精准还原设计稿,不再需要反复进行 UI 走查,极大地降低了工作流的复杂度,提高了整体效率。

3. Picasso

Picasso 是一款由 58 同城推出的 Sketch 设计稿智能解析工具,其可将 Sketch 设计稿自动解析成还原精准、可用度高的前端代码,从而提高前端开发效率,助力业务快速发展。

4. Deco

Deco 是京东前端团队推出的智能代码项目,其利用人工智能,结合各类自动化、工程化等手段,将 Sketch、Photoshop、图片类的设计稿转换成还原度高、可维护强的代码,致力于突破业务生产力瓶颈,为前端大规模、高效率生产赋能。

11.3 跨语言构建

前端的跨语言构建是指在不同编程语言之间进行构建和交互的过程,包括 Go 语言、Rust 语言等。前端开发人员可以利用不同编程语言的优势实现跨语言构建,提高开发效率和代码质量。

前端的跨语言构建是一种灵活且高效的前端开发方式,可以帮助开发人员更好地满足用户需求和提高代码质量,因此,本节将通过 Rust 语言和 Go 语言的前端跨语言构建为例进行阐述。

11.3.1 Rust

Rust 语言是一门专注于安全的开源系统编程语言,其支持函数式和命令式及泛型等编程,是一门多范式语言,并且 Rust 是一种深受多种语言影响的支持多模式编程(命令、函数及面向对象)的类 C 语言,具有运行快、防止段错误、保证线程安全等特点。

SWC(Speedy Web Compiler)是一种基于 Rust 实现的 TypeScript 及 JavaScript 的编

译器,旨在提供更快速和更小的代码输出,其主要用于将 JavaScript 源代码转换为高效、优化的目标代码,以提高前端应用程序的性能,如图 11-6 所示。

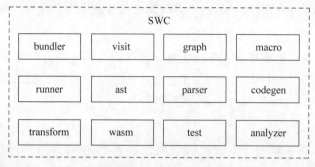

图 11-6　SWC 架构

1. 语法转换

SWC 的语法转换(Syntax Transformation)是指其可以将最新的 JavaScript 语法转换为向后兼容的版本,以便在旧版浏览器上运行。例如,SWC 可以转换 ES6 的箭头函数、模板字面量、解构赋值等语法,代码如下:

```
//第 11 章/swc.rs
pub fn arrow() -> impl Fold + VisitMut + InjectVars {
    as_folder(Arrow::default())
}
pub fn template_literal(c: Config) -> impl Fold + VisitMut {
    as_folder(TemplateLiteral {
        c,
        ..Default::default()
    })
}
pub fn destructuring(c: Config) -> impl Fold + VisitMut {
    as_folder(Destructuring { c })
}
```

2. 模块转换

SWC 的模块转换(Module Transformation)功能支持将 ES6 模块转换为其他模块系统,以便在不同的环境中使用,如 CJS、AMD 等,代码如下:

```
//第 11 章/swc.rs
//cjs
pub fn common_js() -> impl Fold {
    CommonJs {}
}
//amd
```

```
pub fn amd() -> impl Fold {
    Amd {}
}
//umd
pub fn umd() -> impl Fold {
    Umd {}
}
```

3. 代码优化

SWC 的代码优化(Code Optimization)是指其可以对代码进行各种优化,以提高性能和减小文件大小,并且可以删除未使用的代码,以及进行变量压缩和混淆等,代码如下:

```
//第11章/swc.rs
//模块优化
pub fn const_modules(
    cm: Lrc<SourceMap>,
    globals: HashMap<JsWord, HashMap<JsWord, String>>,
) -> impl Fold {
    ConstModules {
        globals: globals
            .into_iter()
            .map(|(src, map)| {
                let map = map
                    .into_iter()
                    .map(|(key, value)| {
                        let value = parse_option(&cm, &key, value);
                        (key, value)
                    })
                    .collect();

                (src, map)
            })
            .collect(),
        scope: Default::default(),
    }
}
//代码解析
fn parse_option(cm: &SourceMap, name: &str, src: String) -> Arc<Expr> {
    let fm = cm.new_source_file(FileName::Custom(format!("<const-module-{}.js>",
name)), src);
    let lexer = Lexer::new(
        Default::default(),
        Default::default(),
```

```
        StringInput::from(& * fm),
        None,
    );
    let expr = Parser::new_from(lexer)
        .parse_expr();
    let expr = Arc::new( * expr);
    CACHE.insert(( * fm.src).clone(), expr.clone());
    expr
}
```

4. 类型检查

SWC 的类型检查(Type Checking)是指其可以进行静态类型检查,帮助开发人员发现潜在的类型错误和错误用法,代码如下:

```
//第 11 章/swc.rs
//TypeScript types
pub enum TsType {
    #[tag("TsKeywordType")]
    #[tag("TsThisType")]
    #[tag("TsFunctionType")]
    #[tag("TsConstructorType")]
    #[tag("TsTypeReference")]
    #[tag("TsTypeQuery")]
    #[tag("TsTypeLiteral")]
    #[tag("TsArrayType")]
    #[tag("TsTupleType")]
    #[tag("TsOptionalType")]
    #[tag("TsRestType")]
    #[tag("TsUnionType")]
    #[tag("TsIntersectionType")]
    #[tag("TsConditionalType")]
    #[tag("TsInferType")]
    #[tag("TsParenthesizedType")]
    #[tag("TsTypeOperator")]
    #[tag("TsIndexedAccessType")]
    #[tag("TsMappedType")]
    #[tag("TsLiteralType")]
    #[tag("TsTypePredicate")]
    #[tag("TsImportType")]
}
```

SWC 是一个功能强大的前端编译器,用于将现代 JavaScript 代码转换为更高效和兼容性更好的代码,以提高前端应用程序的性能和可维护性。

11.3.2　Go

Go 语言是由谷歌公司推出的静态编译型语言,其主要用于服务器端开发并发编程和网络编程等领域。Go 语言具有语法简洁、易于上手、编程速度快和原生支持并发等特点。

ESBuild 是一个用于快速构建和打包前端应用程序的现代 JavaScript 工具,其被设计成一个高性能的构建工具,旨在加速开发人员的构建过程,如图 11-7 所示。

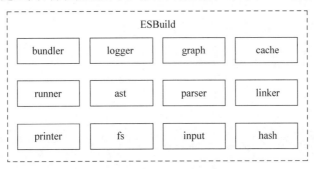

图 11-7　ESBuild 架构

1. 即时编译

ESBuild 可以对 JavaScript 和 TypeScript 代码快速且高效地进行编译,其通过 Go 语言编写的底层引擎,实现比其他构建工具更快的编译速度,代码如下:

```go
//第 11 章/esbuild.go
func (b * Bundle) Compile(options config.Options) ([]graph.OutputFile, string) {
    files := make([]graph.InputFile, len(b.files))
    for i, file := range b.files {
            files[i] = file.inputFile
    }
    //以入口点顺序合并结果以确保确定性
    var outputFiles []graph.OutputFile
    for _, group := range resultGroups {
            outputFiles = append(outputFiles, group...)
    }
    //如果必要,则生成元数据文件
    var metafileJSON string
    if options.NeedsMetafile {
            metafileJSON = b.generateMetadataJSON(outputFiles, allReachableFiles, options.
ASCIIOnly)
    }
    return outputFiles, metafileJSON
}
```

2. 模块处理

ESBuild 能够解析和处理模块引用,支持不同的模块系统,并根据需要进行静态分析和转换,包括 CJS、ESM 等,代码如下:

```go
//第 11 章/esbuild.go
func code(isES6 bool) string {
        //这些辅助函数以前的名字与 TypeScript 编译器中的辅助函数相似,然而,人们有时会将这两
    //个项目结合使用,而 TypeScript 对这些辅助函数的实现会导致命名冲突
    text := ``
    text += `
            //CommonJS => ESM
            export var __toESM = (module, isNodeMode) => {
                    return __reExport(__markAsModule(), module)
            }
            //ESM => CommonJS
            export var __toCommonJS = (cache => {
                    return (module, temp) => {
                            return __reExport(__markAsModule(), module)
                    }
            })(typeof WeakMap !== 'undefined'? new WeakMap : 0)`
    return text
}
```

3. 转换优化

ESBuild 可以对代码进行转换和优化,以提高性能和减小输出文件的大小。例如,ESBuild 可以执行压缩、混淆、删除未使用的代码等操作,代码如下:

```go
//第 11 章/esbuild.go
type Loader uint8
func parseFile(args parseArgs) {
    source := {}
    var loader Loader
    var pluginName string
    var pluginData interface{}
    result := {}
    switch loader {
            //js loader
    case config.LoaderJS:
            result.ok = true
            //jsx loader
    case config.LoaderJSX:
            result.ok = true
```

```
                    //ts loader
        case config.LoaderTS:
                result.ok = true
                    //tsx loader
        case config.LoaderTSX:
                result.ok = true
                    //css loader
        case config.LoaderCSS:
                result.ok = true
                    //json loader
        case config.LoaderJSON:
                result.ok = true
                    //text loader
        case config.LoaderText:
                result.ok = true
                    //base64 loader
        case config.LoaderBase64:
                result.ok = true
                    //binary loader
        case config.LoaderBinary:
                result.ok = true
                    //dataurl loader
        case config.LoaderDataURL:
                result.ok = true
                    //file loader
        case config.LoaderFile:
                result.ok = true
        //如果解析失败,则立即停止
        if !result.ok {
                args.results <- result
                return
        }
        args.results <- result
}
```

4. 并行构建

ESBuild 支持并行构建,可以同时处理多个文件,从而进一步提高构建速度,代码如下:

```
//第 11 章/esbuild.go
func (s * scanner) preprocessInjectedFiles() {
    injectWaitGroup := sync.WaitGroup{};
    results := make([]config.InjectedFile, len(s.options.InjectAbsPaths))
    j := 0
```

```
for _, absPath := range s.options.InjectAbsPaths {
    channel := ""
    s.maybeParseFile(channel)
    //并行等待结果,因为结果切片足够大,因此在计算过程中不会重新分配
    injectWaitGroup.Add(1)
    go func(i int) {
            results[i] = <-channel
            injectWaitGroup.Done()
    }(j)
    j++
}
injectWaitGroup.Wait()
injectedFiles = append(injectedFiles, results[:j]...)
s.options.InjectedFiles = injectedFiles
}
```

ESBuild 是一个简单、快速且高性能的前端构建工具,用于编译、打包和优化 JavaScript 和 TypeScript 代码,其可以显著地加速构建过程,提高开发人员的生产效率。

11.4　本章小结

本章介绍了本地构建、泛云端构建、跨语言构建等 3 种构建方式,其是针对软件开发不同情境和需求而采取的不同构建方式,开发人员可以根据项目的规模、合作方式和技术栈选择适合的构建方式。希望各位读者通过构建篇章的学习能够选择及设计更加高效的前端构建方案。

从第 12 章开始,本书将会对前端工程中的所有测试方案进行阐述。所有的系统服务都离不开完善的测试体系支撑,前端工程方案同样离不开系统级别的测试工程框架,希望各位读者能通过测试篇章的学习构建出完善的测试体系。

第12章

CHAPTER 12

测　　试

▷ 10min

　　软件测试是一种用来促进鉴定软件的正确性、完整性、安全性和质量的过程,也是一种实际输出与预期输出之间的审核或者比较过程。故而,软件测试可以定义为在规定的条件下对程序进行操作,以发现程序错误,衡量软件质量,并对其是否能满足设计要求进行评估的过程。

　　同样地,测试在前端工程化中扮演着重要的角色,具有提高代码质量、提供可靠的软件质量保障的作用,能够帮助开发者发现和解决代码中的错误和潜在问题,减少隐患发生的风险,从而提高团队协作效率。

　　在前端工程中,测试可以验证代码的正确性和功能是否符合预期,提高代码质量,因此,本章主要简单介绍前端在开发过程中涉及的单元测试、集成测试及 UI 测试等方面的内容,也会简单介绍常见的测试方法,以便各位工程师在日常开发过程中能够使方案落地。

12.1　单元测试

　　单元测试是针对代码中最小的可测试单元进行测试,例如函数、方法或组件。通过编写单元测试,可以验证这些单元在各种输入情况下的行为是否符合预期。单元测试通常由开发人员编写,并在编码过程中反复运行,以确保代码的各个组成部分正确,其旨在验证代码的每个组成部分是否按照预期工作,如图 12-1 所示。

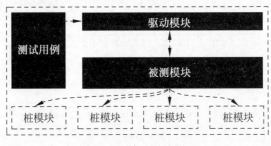

图 12-1　单元测试原理

1. 函数和方法测试

测试前端代码中的函数和方法,验证它们在不同输入情况下的行为是否符合预期,包括测试函数的输入和输出、异常处理等。

2. 组件测试

测试前端应用中的组件,例如,React、Vue 等框架中的组件。组件测试涉及测试组件的渲染、交互行为、事件处理等方面,以确保组件的功能和交互行为符合预期。

3. 状态管理测试

如果应用使用了状态管理库,如 Redux、Vuex 等,则单元测试应包括对状态管理进行测试,其通常涉及测试状态的变化、触发动作的行为和响应等。

4. 异步操作测试

如果前端代码包含异步操作,例如,API 调用、请求响应等,则单元测试应该包括对这些异步操作进行测试,其可以使用模拟异步操作的工具、测试桩或者异步测试库实现。

5. 边界条件和特殊情况测试

单元测试应该包括对边界条件和特殊情况进行测试,以确保代码在这些情况下能够正确和可靠地工作,例如测试输入为空或无效、边界值等。

6. 错误处理测试

测试前端代码的错误处理机制,确保错误能够被正确地捕获和处理,并产生预期的结果或反馈。

通过覆盖上述内容,前端单元测试可以帮助开发人员验证代码的正确性、功能完备性和稳定性,提高代码质量和应用的可靠性。

12.2 集成测试

集成测试则是将多个代码单元组合在一起进行测试,以确保它们在集成环境中能够正确地协同工作。集成测试一般用于检测潜在的接口问题和代码之间的兼容性,通常也会由开发人员编写,确保各个组件之间的交互、通信及整个系统能够按照预期的方式运行。集成测试涉及更多代码和模块之间的集成,以检测潜在的接口问题和代码之间的兼容性,如图 12-2 所示。

1. 组件间交互测试

在集成测试中,验证不同组件之间的交互是否正常,包括测试组件之间的事件传递、数据传递和状态管理等方面。

2. API 调用和数据请求测试

集成测试应包括对前端应用中的 API 调用和数据请求进行测试,其可以通过模拟后端

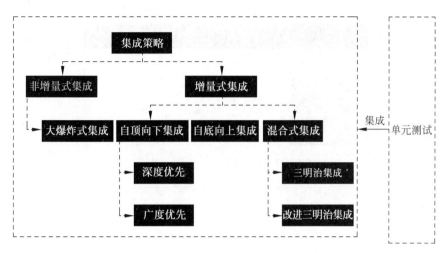

图 12-2　集成测试原理

服务或使用测试桩来模拟 API 响应,以验证前后端之间的数据交互是否正常。

3.路由和页面导航测试

测试前端应用中的路由和页面导航行为,包括页面跳转、URL 处理和路由参数等方面,其可以确保页面之间的跳转和导航行为符合预期。

4.静态资源测试

检查前端的静态资源,如样式表、JavaScript 文件等是否被正确加载和渲染。

5.第三方库和插件测试

如果应用使用了第三方库或插件,则集成测试应包括对这些库或插件进行测试,验证其与应用的集成是否正常,并确保它们的功能和交互行为符合预期。

6.兼容性和响应式测试

集成测试还涉及不同设备、浏览器和分辨率下的响应性和兼容性测试,其可以确保应用在不同环境下的显示和交互行为正常。

集成测试可以验证前端应用在各个组件、模块和外部依赖之间的协同工作是否正常,其有助于确保应用在整体上功能和交互行为符合预期,提高应用的质量和稳定性。

12.3　UI 测试

UI 测试,也称为端到端(End to End,E2E)测试,其涵盖了整个用户界面,模拟用户的操作和反馈。UI 测试旨在确保整个应用在各个环节都能正常工作,并且与用户需求相符合,通常用于模拟用户与应用程序的交互,验证用户界面的响应是否符合预期。通过执行 UI 测试,可以识别潜在问题并提高代码质量,提高应用的稳定性、安全性和用户体验,如图 12-3 所示。

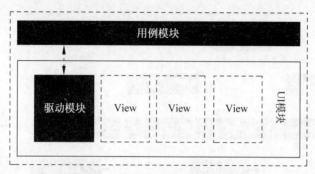

图 12-3　UI测试原理

1．页面渲染和布局测试

测试页面在不同分辨率、浏览器和设备上的渲染和布局是否正确,包括元素的位置、大小、对齐和排列等方面。

2．用户交互和行为测试

测试用户在页面上的交互行为,包括单击、输入、滚动和拖曳等操作,其可以验证用户界面的响应是否符合预期。

3．表单验证测试

测试表单验证和反馈,确保输入的数据符合规定的格式和要求,包括测试必填字段、输入限制和错误提示等。

4．动画和特效测试

测试页面中的动画和特效效果,确保它们的流畅性和正确性,包括测试页面过渡效果、动态加载内容和交互动画等。

5．多语言和国际化测试

测试页面在不同语言和地区环境下显示和翻译是否准确,其可以确保应用支持多语言,并且国际化功能可以正常工作。

通过进行 UI 测试,可以验证前端应用在用户界面和交互方面是否符合预期,确保应用在不同环境和用户场景下的展示和体验一致,其有助于提供高质量的用户体验,增加用户对应用的满意度和忠诚度。

12.4　本章小结

测试是前端工程化中不可或缺的一部分,其不仅可以发现问题,还可以帮助开发人员理解出现问题的根本原因,并采取适当的措施进行修复。通过合理的测试策略和工具,规范化和标准化开发团队的编码和测试流程,使团队成员之间可以更加高效地协同工作和交流,共同致力于提供高质量的前端应用,确保前端应用程序的稳定性、可靠性和可维护性,增加用户的满意度和忠诚度。希望各位读者能够通过测试篇章的学习更好地认识到测试的重要性，并配合测试工程师共同打造完善的测试体系。

从第 13 章开始，本书将会对前端工程中的发布方式进行阐述。尽管发布上线的工作通常归属于运维的范畴，但在 DevOps 盛行的目前，完整的发布流程也是前端工程体系中不可或缺的一环，希望各位读者通过发布篇章的学习能够根据用户画像等业务需求制定出符合自己团队的发布策略方案。

发　布

　　软件发布上线是指将软件的最终版本发布到用户可访问的环境中,使用户可以使用和享受该软件提供的功能和服务的过程,包括将软件部署到服务器或通过应用商店供用户下载和安装。在软件发布上线之前,通常会经过一系列开发和测试,一旦软件被认为达到了预期的质量和功能要求,就可以发布上线,其包含多个过程,包括部署配置、负载均衡、域名和SSL 证书配置、灰度发布和回滚策略、技术支持和用户反馈、更新和维护等多个方面。

　　本章主要简单介绍前端应用发布过程中涉及的发布策略及权限控制等方面内容,也会简单介绍常见的发布模式,以便各位工程师能够在日常开发过程中选择合理的部署上线方式。

13.1　发布策略

　　前端部署是指将前端应用程序的最终版本从开发环境推送到生产环境的过程,其主要操作是将 HTML、CSS、JavaScript 和其他前端资源部署到 Web 服务器。在前端部署策略中,需要考虑部署流程、自动化工具、版本管理、缓存策略、安全性等要素,而常见的前端发布策略按照不同的分类方式可以划分为大爆炸(Big Bang)发布、灰度发布、A/B 测试发布、渐进式发布、回滚发布、自动化发布等。

　　在选择发布策略时,需要根据软件的特性、用户规模、需求敏感度等因素进行评估,并结合实际情况来决定哪种策略最适合本软件的发布。同时,可以根据发布过程中的反馈和数据来不断地优化和调整发布策略,因此,本章按照渐进式发布的不同模式将分别介绍灰度发布、蓝绿发布及滚动发布等策略。

13.1.1　灰度发布

　　灰度发布是一种渐进式的软件发布策略,其目的是降低发布过程中的风险,包括潜在的Bug、性能问题或不兼容等。在灰度发布的过程中,新版本的软件被逐步推送给一小部分用户进行测试和验证后,再逐步扩大用户范围,从而进行全量发布。

　　通过逐步引入新版本,可以在较小规模的用户群体中及时发现和解决问题,确保软件的

稳定性和可靠性。同时,灰度发布也为开发团队提供了反馈和改进的机会,其通常可分为内部测试、阶段性发布、监测和反馈、逐步扩大用户范围及全量发布等过程,如图 13-1 所示。

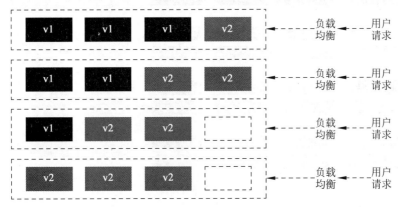

图 13-1　灰度发布流程

首先,在内部环境中部署新版本,由开发团队或测试团队进行测试和验证,确保新版本在基本功能和性能方面稳定。

其次,将新版本的软件推送给一小部分用户或特定的用户群体,通常以特定的标识或者特权来标识这些用户,包括内部员工、合作伙伴或一部分终端用户。

再次,在灰度发布过程中,通过集中收集用户的反馈意见和问题报告,可及时发现和解决可能存在的问题,以便在全量发布之前对软件进行修复和优化。一旦在阶段性发布中验证了新版本的稳定性和可靠性,并修复了用户反馈的问题,就可以逐步扩大用户范围,将新版本推送给更多用户。

最后,当新版本经过阶段性发布并得到验证后,将全量推送给所有用户,实现新版本的全面上线。

通过灰度发布,软件发布过程中的风险可以得到有效控制。同时,灰度发布也能够提供一个错误逐渐纠正和改进的机会,从而可以确保用户获得更稳定、更可靠的体验。

13.1.2　蓝绿发布

蓝绿发布也是一种渐进式的软件发布策略,其通常会同时存在两个独立的环境,分别是当前生产环境(蓝环境)及新版本环境(绿环境)。在蓝绿发布中,新版本的软件被部署到绿环境中,并进行测试和验证。一旦新版本通过测试并验证稳定可靠,就可以将流量逐渐切换到绿环境,向用户提供新版本服务。

蓝绿发布的优势在于可以避免在生产环境中发布新版本时的风险,同时还能保持系统的高可用性和稳定性。如果在绿环境中发现了任何问题,则可以灵活地切换回蓝环境,以确保用户始终获得正常的服务,其通常包括准备绿环境、验证和测试、切换流量及监测和回滚等过程,如图 13-2 所示。

首先,准备绿环境阶段需要将新版本的软件部署到绿环境中,并进行必要的配置和测

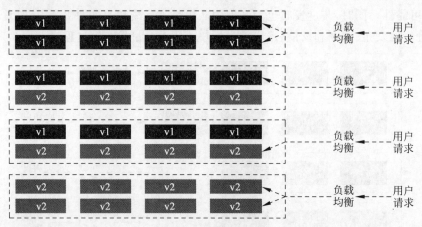

图 13-2　蓝绿发布流程

试,确保绿环境可用。

其次,在绿环境中进行测试和验证,以确保新版本在绿环境中的可靠性和稳定性,包括功能测试、性能测试和负载测试等。

再次,当新版本通过验证后,将流量逐渐切换到绿环境,使用户能够访问和使用新版本的服务。

最后,在切换流量后,密切监测新版本的运行情况和用户反馈。如果发现问题,则可及时回滚到蓝环境,以保证用户体验和系统稳定性。

通过蓝绿发布,可以在保证业务持续运行的同时,逐步将用户引导到新版本,并能够在出现问题时快速恢复到旧版本。蓝绿发布策略可以降低发布风险,提高系统的可用性和稳定性。

13.1.3　滚动发布

除了灰度发布和蓝绿发布外,滚动发布同样也是一种渐进式的软件发布策略,其也被称为逐步发布或增量发布。滚动发布的优势在于能够降低全量发布带来的风险,增加新版本的稳定性和可靠性。通过逐步增加发布节点的方式,可及时发现和解决问题,最大限度地减少对用户的影响。

在滚动发布中,将新版本的软件逐步部署到生产环境中,取代旧版本,直到全量发布为止,其过程分为少量节点发布、监测和验证、持续发布、监测和回滚及全量发布等过程,如图 13-3 所示。

首先,在生产环境中选择一小部分节点,将新版本的软件部署在这些节点上,其可以是一台服务器、一个用户组或一个特定的地理区域。

其次,在少量节点上部署新版本后,通过监测和验证来确保新版本的稳定性和可用性,包括新版本的性能表现、错误日志和用户反馈等指标。

然后,根据验证结果,逐步增加新版本的部署节点的数量,并且可以通过自动化工具或

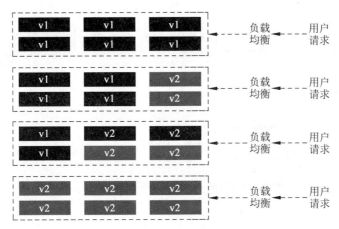

图 13-3 滚动发布流程

手动操作进行发布,确保发布过程的可控性和安全性。

再次,在持续发布过程中,密切监测新版本的运行情况和用户反馈。如果发现问题或错误,则可及时回滚到旧版本,避免对用户产生不利影响。

最后,经过逐步发布和验证,确定新版本的稳定性和可靠性后,可以进行全量发布,将新版本应用到所有生产环境中。

滚动发布需要密切关注系统的性能和指标,以及时进行监测和回滚。同时,还应备份旧版本的软件,以便在需要时能够快速地回退到原始状态。

注意:滚动发布强调的是所有节点的更换,灰度发布强调的是部分节点的验证,蓝绿发布强调的是节点验证比例均分。

13.2 权限控制

前端发布的权限控制是指对前端应用程序中的资源进行访问权限控制的一种策略,其可以防止未经授权的用户访问或操作敏感数据或资源,从而保护应用程序发布的安全性和数据完整性。

通过合理地设置权限控制策略,前端发布过程可以确保只有经过授权的用户才能访问应用程序中的敏感数据和资源,其通常包括以下几种权限控制方式,例如,开发者权限、测试人员权限、运维人员权限、管理员权限、自动化发布权限及审批权限等,如图 13-4 所示。

1. 开发者权限

开发者权限是只有开发人员或开发团队拥有发布上线的权限,该控制方式适用于小团队或个人开发者,能够确保代码质量和安全性,但可能会对发布效率有一定影响。

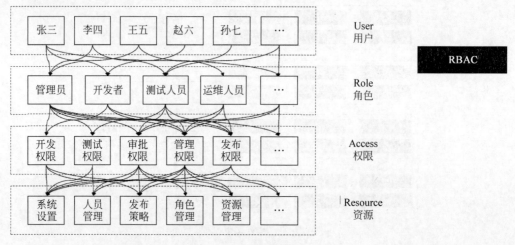

图 13-4　发布权限控制卡口

2. 测试人员权限

测试人员权限是只有测试人员具备发布上线的权限,能够保证软件在发布前充分经过测试,避免发布出现问题。

3. 运维人员权限

运维团队负责软件的部署和维护,在发布过程中具备发布上线的权限。该权限控制方式能够确保发布过程的稳定性和可靠性,同时运维团队也需要及时响应和解决发布中的问题。

4. 管理员权限

管理员拥有最高级别的权限,可以对整个软件发布上线的过程进行控制和管理。管理员可以分配和撤销其他人员的发布权限,并对发布流程进行监控和审计。

5. 自动化发布权限

通过自动化持续集成和持续交付工具,可以实现自动化的发布流程,并根据预设的规则和条件进行权限控制。例如,只有在特定的代码分支通过了自动化测试时才能触发自动化发布。

6. 审批权限

采用审批流程来控制发布上线的权限,其发布需要经过一系列审批,包括开发负责人、测试负责人、运维负责人等,进而确保发布满足预定的条件和标准。

上述是常见的发布上线权限控制方式,具体的权限控制方式应根据组织的需求、团队规模和安全要求等因素进行合理配置和设置。同时,需要定期审查和更新权限控制策略,确保发布过程的安全性和可控性。

13.3 本章小结

前端软件发布上线的重要性体现在提升用户体验、增强功能、解决问题、安全性更新、竞争优势、技术进步和用户满意度等方面,希望各位读者通过发布篇章的学习后能够合理地制定出符合业务用户画像的前端发布方案。合理发布更新策略可以满足用户的需求,做到"千人千面",保持软件的竞争力,并提升用户满意度和忠诚度。

从第 14 章开始,本书将会对前端工程中的监控方案进行阐述。产品的发布不代表终点,反而是产品新阶段的起始,前端监控体系是前端业务稳定性的重要保证,希望各位读者通过监控篇章的学习能够构建出完善的前端监控体系。

监　控

　　监控是指通过在代码中接入特定的程序或代理用以实时收集和监视代码执行和异常情况的过程,其可以捕捉代码中存在的问题并提供解决方案。前端监控则主要用于在大前端侧进行相关监控,其可及时捕捉用户在网页或应用中遇到的问题和错误,包括页面加载速度、JavaScript 错误、API 请求错误、用户操作行为等。

　　通常来讲,企业级的监控体系通常不局限于前端部分,还涉及后端、大数据等部分的相互关联,其体系架构大体包括数据埋点、数据采集、数据存储、数据传输、数据统计、数据告警、数据分析等,如图 14-1 所示。

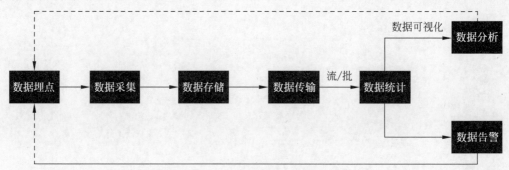

图 14-1　监控体系架构

　　本章主要简单介绍前端监控中常见的性能监控、错误监控及行为监控,同时也会介绍所需监控指标的设计,使各位工程师在日常开发过程中能够和产品及运营同事配合,以便合理地对监控指标进行设计并使其落地。

14.1　性能监控

　　前端性能监控是开发人员用来跟踪和维护前端应用程序运行状况的过程,涉及对页面加载过程的全方位监控,包括初始化、重定向、DNS 解析、DOM 渲染等过程,如图 14-2 所示。

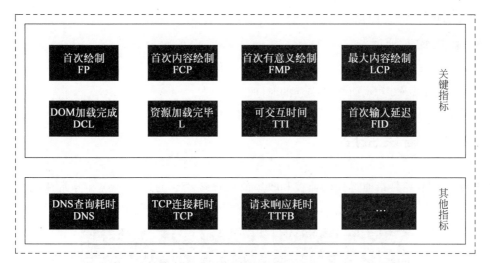

图 14-2 前端性能监控

1. 首次绘制

首次绘制字段是 FP(First Paint),包括任何用户自定义的背景绘制,其是首先将像素绘制到屏幕的时刻。

2. 首次内容绘制

首次内容绘制的字段是 FCP(First Content Paint),其含义是浏览器将第 1 个 DOM 渲染到屏幕的时间,例如,文本、图像、SVG 等,这其实就是白屏时间。

3. 首次有意义绘制

首次有意义绘制的字段是 FMP(First Meaningful Paint),其含义是页面有意义的内容渲染的时间。

4. 最大内容渲染

最大内容渲染的字段是 LCP(Largest Contentful Paint),代表在 viewport 中最大的页面元素加载的时间。

5. DOM 加载完成

DOM 加载完成的字段是 DCL(DOM Content Loaded),代表当 HTML 文档被完全加载和解析完成之后,DOM Content Loaded 事件被触发,无须等待样式表、图像和子框架的完成加载。

6. 资源加载完毕

资源加载完毕的字段是 L(onLoad),意味着当依赖的资源全部加载完毕后才会触发。

7. 可交互时间

可交互时间的字段是 TTI(Time to Interactive),用于标记应用已进行视觉渲染并能可靠地响应用户输入的时间点。

8. 首次输入延迟

首次输入延迟的字段是 FID(First Input Delay),表示用户首次和页面交互(如单击链接、单击按钮等操作)到页面响应交互的时间。

14.2 错误监控

前端错误监控是指通过代码监控和收集前用户端代码的运行错误和异常情况,包括脚本错误监控、请求错误监控(Promise 异常)及资源错误监控,如图 14-3 所示。

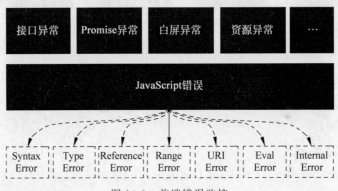

图 14-3 前端错误监控

1. JavaScript 错误

JavaScript 错误主要用于监控 JavaScript 代码中的错误,包括语法错误、未定义的变量、异常抛出等。

2. 资源加载错误

资源加载错误用于监控网页中静态资源加载失败或出错的情况,例如,图片、样式表、脚本等。

3. 接口请求错误

接口请求错误用于监控前端发送的请求是否返回错误状态码或其他异常情况,例如,网络异常、超时等。

4. 浏览器兼容性错误

浏览器兼容性错误是监控页面在不同浏览器和设备上的兼容性问题,包括不支持的属性或方法、CSS 兼容性等。

14.3 行为监控

前端行为监控主要是指通过数据监控来记录用户在前端应用程序中的行为,以数据为导向,帮助团队做出决策,包括记录用户的页面浏览量(PV)、页面停留时间、访问入口、页面中的行为等,以及通过数据分析和挖掘来了解用户的使用情况和业务数据,指导产品升级,如图 14-4 所示。

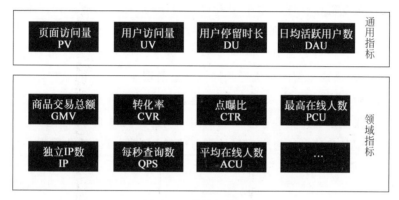

图 14-4 前端行为监控

1. 页面展示与交互

对页面展示与交互行为进行监控,主要包括监控页面的展示次数、停留时长、滚动行为、单击操作、表单提交等用户交互行为。

2. 页面导航与跳转

页面导航与跳转是监控用户从一个页面导航到另一个页面的行为,并记录跳转时间、URL 变化等信息。

3. 锚点跳转与内部链接

锚点跳转与内部链接是监控用户通过锚点或内部链接在页面内部导航的行为,包括锚点单击、内部链接单击等。

4. 弹出窗与提示框

弹出窗与提示框是监控用户与页面上弹出的对话框、提示框的交互行为,包括弹出、关闭、单击操作等。

14.4　本章小结

　　前端监控在提高网站或应用的稳定性、性能和用户体验方面起着至关重要的作用,其能够帮助开发人员及时发现并解决前端问题,提供对用户行为和体验的洞察,发现并防止安全威胁。故而,对于任何一个拥有网站或应用的企业或个人来讲,前端监控都是不可或缺的一项技术。

　　最后,监控系统在现代软件开发中起着重要的作用,对于其他各种技术进行数据采集(如 Kafka、Filebeat)、数据上报(如图片上报)、数据存储(如日志存储、ELK)等内容涉及范围较广,感兴趣的读者可参考相关资料进行学习。对于前端监控体系,希望各位读者通过本篇章的学习能够与产品或运营同事沟通共同设计出前端业务领域的监控体系。

　　从第 15 章开始,本书将会进入实践篇章,笔者将会根据自身的实践经验及业界的解决方案,对前端工程化体系进行企业业务层级的闭环阐述。同样地,工程化理念也需要为整个产研流程赋能,希望各位读者通过实践篇的学习能够为产品设计环节提供一定的工程化解决方案。

实　践　篇

产　　品

2min

产品经理是指在公司中针对某一项或某类的产品进行规划和管理的人员，主要负责产品的研发、制造、营销、渠道等工作。

产品经理负责从市场调研、竞争分析、用户洞察等角度来定义产品需求和特性，制定产品路线图、协调开发团队，并跟进产品开发的每个阶段，从概念设计到产品发布和市场推广。同时，产品经理还需要与用户、销售、市场等部门进行沟通协调，收集反馈并对产品进行改进。

为了能更好地帮助产品经理打通产研体系流程，前端工程基建团队通常需要配合公司体系构建完善的产品使用工具。本章主要简单介绍笔者已有项目落地的实践方案，为各位读者分享产品文档及产品原型等案例。

15.1　产品文档

4min

15.1.1　背景介绍

产品文档是一种技术文档，是一份详细描述产品功能、特性和使用方法的文件。产品文档的目标是使用户能够最大限度地理解和使用相关产品，并且还可以帮助用户更深入地与公司互动。

为了提升产研效率，同时也为了保证信息元的统一控制，Alaya 富文本编辑器旨在提供完善的产品文档文本编辑能力。本节将介绍 Alaya 的一些设计理念及实现方案，希望能给工程基础建设中涉及产品文档相关实践方案提供一些帮助和思路。

15.1.2　架构设计

整体架构是采用插件式分层思路进行设计的，可将模块划分为模型（Model）、渲染（Render）、指令（Direction）及编辑（Edit）共 4 部分，通过暴露 Alaya 类对整体富文本编辑器进行导出，如图 15-1 所示。

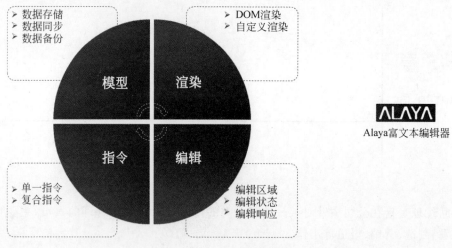

图 15-1 Alaya 架构设计

15.1.3 技术选型

Alaya 富文本编辑器借鉴了 Quill、Draft 及 Slate 等同类型第 3 代富文本编辑器的技术实现思路,如图 15-2 所示。

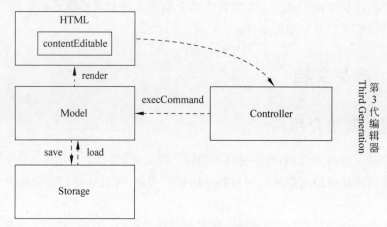

图 15-2 Alaya 技术选型

15.1.4 源码浅析

基于现代浏览器架构体系的 Web 领域富文本编辑器,一般采用经典 MV* 架构,可将整个源码逻辑分为模型(Model)、指令(Direction)、渲染(Render)及编辑(Edit)共 4 部分。

1. 模型

模型主要用于对数据进行相应处理,包括内存模型及存储模型,其中,存储模型是数据存储、同步和备份的模型，需要考虑带宽、存储方式、模型处理、算法设计等因素，代码如下：

```javascript
//第15章/alaya.js
export class Store {
  constructor(domNode) {
    this.domNode = domNode;
    this.build();
  }
  build() {
    this.formatters = {};
    const dom = Registry.find(this.domNode);
    const formatters = Formatter.keys(this.domNode);
    const styles = Style.keys(this.domNode);
    formatters.concat(styles).forEach((name) => {
      const formatter = dom.query(name);
      if (formatter instanceof Formatter) {
        this.formatters[formatter.name] = formatter;
      }
    });
  }
}
```

内存模型是数据渲染的模型，一般数据渲染的直接操作对象会基于存储模型进行相应转化处理，代码如下：

```javascript
//第15章/alaya.js
export class Model {
    scroll = null;
    parent = null;
    prev = null;
    next = null;
    domNode = null;
    constructor() {}
    attach() {}
    clone() {}
    detach() {}
    offset(root) {}
    update(records, context) {}
    remove() {}
    deleteAt(index, length) {}
    formatAt(index, length, name, value) {}
    insertAt(index, value) {}
};
export class Block extends Model {
```

```
    constructor() {
        super();
    }
}
export class Inline extends Model {
    constructor() {
        super();
    }
}
export class Text extends Model {
    constructor() {
        super();
    }
}
export class Embed extends Model {
    constructor() {
        super();
    }
}
```

2. 指令

指令是控制操作的行为动作,其可修改模型以保证数据一致。富文本编辑器既可直接修改 HTML 数据,也可通过发布订阅模式监听拦截视图区域的事件,从而实现上一步(Undo)、下一步(Redo)、保存(Save)、预览(Preview)等功能,代码如下:

```
//第 15 章/alaya.js
export class Direction {
    directives = {};
    constructor() {
        this.model = new Model();
    }
    bind(key, fn) {
        this.directives[key] = fn;
    }
    call(key) {
        const ctx = this;
        this.directives[key].call(ctx);
    }
}
```

3. 渲染

渲染是将模型渲染成视图的过程,其也是各大富文本编辑器核心攻关的重点技术,包括 DOM 渲染及自定义渲染,代码如下:

```
//第 15 章/alaya.js
//默认渲染器
export function render(node, container) {}
export function createElement(node, container) {}
export function unmount(node) {}
export function mountElement(node, container) {}
export function patch(n1, n2, container) {}
//输出创造函数,可根据 options 对自定义渲染器进行渲染
export function createRenderer(options) {
    if(options.render) {
        if(typeof render == 'function') {
            return {render: options.render}
        } else {
            return { render }
        }
    } else {
        return {
            render
        }
    }
}
```

4．编辑

编辑是指用户在编辑区域编辑文档的操作,其可感知用户在特定编辑区域的编辑动作并触发数据模型进行修改。浏览器提供了 contentEditable 属性,其可以对状态进行修改,也可以拦截 contentEditable 事件对自定义事件进行派发,代码如下:

```
//第 15 章/alaya.js
export class Edit {
    constructor() {}
    onBeforeInput() {}
    onFocus() {}
    onBlur() {}
    onCopy() {}
    onCut() {}
    onCompositionStart() {}
    onDragOver() {}
    onDragStart() {}
    onInput() {}
    onSelect() {}
}
```

15.1.5　总结展望

富文本编辑器是产品文档中最重要的核心组件,其对于协同编辑、文档导出、信息流转等业务功能具有重要的作用。对于工程化能力而言,统一的文档处理及变更留存可以减少信息损耗、提升沟通效率,其对于企业数字化转型具有重要意义。

15.2　产品原型

15.2.1　背景介绍

产品原型是产品上市前详细设计的产品模型,其是交互设计师与产品经理、开发工程师沟通的最好工具。UI设计师则负责维护用户界面原型的完整性,并确保按照用例示意板和边界对象的要求,使用原型构建一个可用的用户界面。

Axure是一个专业的原型设计工具,其可以帮助产品设计师、交互设计师等快速创建应用软件或Web网站的线框图、流程图、原型和规格说明文档等。VeeUI Axure插件旨在为产品经理提供基于Axure工具的Axure HTML压缩包上传功能,本节将介绍VeeUI Axure插件的一些设计理念及实现方案,希望能给前端工程师提供一些帮助。

15.2.2　架构设计

整体采用多进程的架构设计思路,可划分为主进程(Main Process)和渲染进程(Render Process)两大部分,采用基于Web技术的桌面端构建,如图15-3所示。

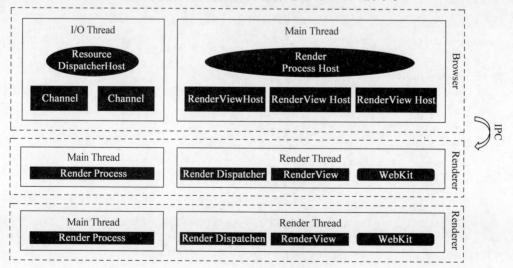

图 15-3　VeeUI Axure 插件架构设计

15.2.3 技术选型

VeeUI Axure 插件采用了基于 Electron 的技术实现思路,如图 15-4 所示。

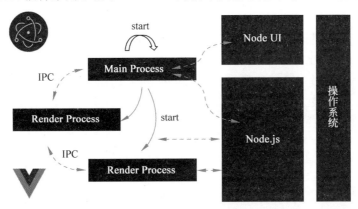

图 15-4 VeeUI Axure 插件技术选型

15.2.4 源码浅析

整个源码逻辑可按照跨端应用构建进行分拆,包括 Web 及 PC 两大部分。

1. Web

Web 部分采用基于 Vue 全家桶的登录上传业务逻辑,代码如下:

```
<!-- 第 15 章/veeui-axure.vue -->
<template>
  <div class="home">
    <div class="home-axure" v-if="isAxure">
      <!-- 预览文件进行上传 -->
    </div>
    <div class="home-guide" v-else>
      <!-- Axure 插件操作向导 -->
    </div>
  </div>
</template>
<script>
import { mapState } from 'vuex'
export default {
  name: 'Home',
  computed: {
    //isAxure 用于判断是否开启了 Axure 的 Web 页面,其通过 window.isAxure 进行判断来自
//electron 的 Main 线程向 Render 线程传递
    ...mapState(['isAxure']),
```

```
    },
  }
</script>
```

2. PC

桌面端应用主要基于 Electron 对于 macOS 系统和 Windows 系统进行打包构建,而对于插件与 Axure 的交互,其核心逻辑是监听 Axure 中单击"预览"按钮后生成的 Web 页面,在获取元素信息后通过 IPC 通信通知 renderer 对相应文件上传页面进行展示,代码如下:

```
//第 15 章/veeui-axure.js
const { app, BrowserWindow, ipcMain } = require("electron");
const curl = require("curl");
const path = require("path");
const fs = require("fs");
const createWindow = () => {
  const win = new BrowserWindow({
    width: 450,
    height: 750,
  });
  //用于监听 Axure 单击预览后生成的 Web 服务,该服务默认使用 32767 端口访问
  curl.get(
    "http://127.0.0.1:32767/start.html",
    {},
    function (err, response, body) {
      if (err) {
        console.error(err);
        win.webContents.send("update-isAxure", false);
      }
      if (response) {
        win.webContents.send("update-isAxure", true);
      }
      if (body) {
        win.webContents.send("update-isAxure", true);
      }
    }
  );
  win.loadFile("dist/index.html");
};
app.whenReady().then(() => {
  ipcMain.on("isAxure-value", (_event, value) => {});
  createWindow();
  app.on("activate", () => {
```

```
  if (BrowserWindow.getAllWindows().length === 0) {
    createWindow();
  }
  });
});
app.on("window - all - closed", () => {
  if (process.platform !== "darwin") {
    app.quit();
  }
});
```

15.2.5　总结展望

Axure 能够快速、高效地创建原型,其对于业务模型的输入/输出具有重要的作用。对于工程化能力而言,提供统一的产品工具插件在提升工程效率方面具有重要意义。

15.3　本章小结

1min

产品经理作为整个产研链路的起点,其不仅是工程研发的上游输入方,更重要的是其也是打通各项环节信息沟通的重要组成部分。希望各位读者通过本章的学习后能够结合公司内部使用的工具及平台搭建出可以帮助产研提效的工程工具。

从第 16 章开始,本书将会对产研链路中的设计师所涉及的设计过程及工具进行阐述,希望各位读者学习后能够更好地与本团队的设计师协同合作。

1min

第 16 章

CHAPTER 16

设　　计

UX/UI 设计师是在互联网公司或其他相关行业中负责用户体验(User Experience)和用户界面(User Interface)设计的专业人员,其主要职责是研究用户需求和行为并设计出美观且易于使用的用户界面。UX/UI 设计师通常会运用用户研究、信息架构、交互设计、视觉设计等技能,创建具有良好用户体验和界面美学的数字产品或应用程序,其与开发团队紧密合作、迭代优化,以提升产品的用户满意度和市场竞争力。

为了能更好地协同设计师提升用户体验,前端工程基建团队通常需要消除协作壁垒来提升双方的合作能力。本章主要简单介绍笔者在已有项目中落地的实践方案,通过图床、设计工具插件及设计走查平台等案例来为各位读者提供一些借鉴。

1min

16.1　图床

16.1.1　背景介绍

前端在开发过程中不可避免地会用到图片、视频等多媒体物料,其通用处理方案是将图片等静态资源放置在图床上。除了使用业界常用的图床资源外,为了保护资源的安全性及资产的可复用性,前端工程基建团队需要搭建各自的图床,为团队业务开发提供更好的基础服务,提升开发体验及效率。

为了保证设计资产的一致性和安全性,ImagePic 图床旨在为前端所需静态资源提供完善的上传、下载、引用等功能,本节将介绍 ImagePic 的一些设计理念及实现方案,希望能给工程基础建设中涉及的图床实现方案提供一些帮助。

16.1.2　架构设计

整个图床应用采用前后端分离的架构设计,通过前后端一体化开发实现前端基础设施的快速搭建,如图 16-1 所示。

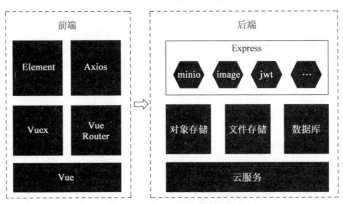

图 16-1　ImagePic 架构设计

16.1.3　技术选型

前端技术选型采用基于 Vue 3 全家桶进行前端页面的相关呈现,其使用 Vite+Vue 3+Vuex 4+Vue-Router 4 的组合方案,如图 16-2 所示。

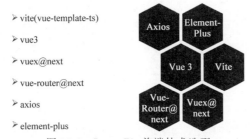

➢ vite(vue-template-ts)

➢ vue3

➢ vuex@next

➢ vue-router@next

➢ axios

➢ element-plus

图 16-2　ImagePic 前端技术选型

后端技术选型采用前端开发者所熟悉的 Node.js 进行开发,配合云数据库等进行后端服务的快速构建,如图 16-3 所示。

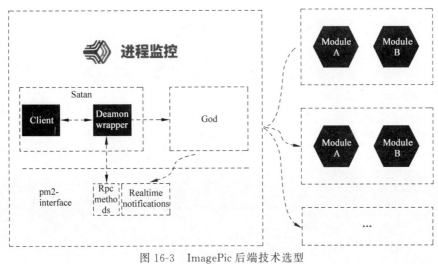

图 16-3　ImagePic 后端技术选型

16.1.4　源码浅析

1. 前端部分

Vue 3 中可以通过 class 及 template 语法来书写，支持使用 Composition API 和 Options API 两种写法。

前端工程环境可根据项目需求对 vite.config.js 进行环境配置，代码如下：

```javascript
//第16章/imagepic-fe.js
module.exports = {
  //配置 Web 服务的代理
  proxy: {
    //如果以 /bff 开头,则访问地址如下
    '/bff/': {
      target: 'xxx',              //后端地址
      changeOrigin: true,
      rewrite: (path) => path.replace(/^\/bff/, ''),
    },
    '/tmp/': {
      target: 'xxxx',            //对象存储地址
      changeOrigin: true,
      rewrite: (path) => path.replace(/^\/tmp/, ''),
    },
  }
}
```

每个子项目页面的展示，只需一个组件便可以对不同的数据进行渲染，代码如下：

```vue
<!-- 第16章/imagepic-page.vue -->
<template>
  <div class="page-header">
    <!-- 页面头部 -->
  </div>
  <div class="page">
    <el-row :gutter="10">
      <el-col v-for="(item, index) in cards" :xs="12" :sm="8" :md="6" :lg="4" :xl="4">
        <!-- 每个资源的展示 -->
        <Card
          @next="handleRouteView(item.ext, item.name)"
          @delete="handleDelete"
          :name="item.name"
```

```
                :src = "item.src"
                :ext = "item.ext"
                :key = "index"
            />
        </el-col>
      </el-row>
      <!-- <router-view /> -->
    </div>
  </template>
</template>
<script lang = "ts">
export default defineComponent({
  name: 'Page',
  watch: {
    $route: {
      immediate: true,
      handler(val) {
        if (val) {
          this.handleCards()
        }
      }
    }
  },
  methods: {
    //处理路由展示
    handleRouteView(ext, name) {},
    //用于处理图片展示
    handleCards() {}
  },
  computed: {
    //计算路径
    computedPath: function() {
      return this.$route.fullPath.split('/').slice(2)
    }
  }
})
</script>
```

对于实现基础的登录、注册功能，可在外侧对弹窗及嵌入进行包裹，将业务逻辑与展现形式分离，代码如下：

```
<!-- 第 16 章/imagepic-login.vue -->
<template>
  <div :class="loginClass">
    <section class="login-header">
      <!-- 登录页头部 -->
    </section>
    <section class="login-form">
      <template v-if="form == 'login'">
        <!-- 登录表单 -->
      </template>
      <template v-else-if="form == 'register'">
        <!-- 注册表单 -->
      </template>
    </section>
    <section class="login-button">
      <template v-if="form == 'login'">
        <el-button @click="handleLogin">登录</el-button>
      </template>
      <template v-else-if="form == 'register'">
        <el-button @click="handleRegister">注册</el-button>
      </template>
    </section>
  </div>
</template>
<script lang="ts">
export default defineComponent({
  name: 'Login',
  methods: {
    //登录逻辑
    handleLogin() {},
    //注册逻辑
    handleRegister() {}
  }
})
</script>
```

对于路由管理,vue-router@next 中的动态路由方案略有不同,其提供了类似 rank 的排名机制,代码如下:

```
//第 16 章/imagepic-fe.js
//定义路由组件,注意,这里一定要使用文件的全名(包含文件后缀名)
```

```
const routes = [
  {
    path: "/",
    component: WrapperLayouts,
    children: [
        {
            path: '/page/:id',
            name: 'page',
            component: () => import('../views/Page.vue'),
            children: [
              {
                path: '/page/:id(.*)*',
                //redirect: `/page/${Object.keys(menuMap)[0]}`,
                name: 'page',
                component: () => import('../views/Page.vue')
              }
            ]
        }
    ]
  },
  {
    path: '/login',
    component: LoginView
  },
];
```

同时,结合路由可进行左边侧边栏的路由跳转及显示,代码如下:

```
<!-- 第16章/imagepic-aside.vue -->
<template>
  <div class="aside">
    <el-menu @select="handleSelect" :default-active="Array.isArray($route.params.id) ? $route.params.id[0] : $route.params.id">
      <el-menu-item v-for="(menu, index) in menuLists" :index="menu.id">
        <span>{{menu.label}}</span>
      </el-menu-item>
    </el-menu>
  </div>
</template>
<script lang="ts">
export default defineComponent({
```

```
    name: 'Aside',
    watch: {
      '$ store. state. key': {
        immediate: true,
        handler(val, oldVal) {
          if(val != oldVal) {
            this.handleMenuLists()
          }
        }
      }
    },
    data() {
      return {
        menuLists: [ ]
      }
    },
    methods: {
      //处理菜单逻辑
      handleMenuLists() { }
    },
  })
</script>
```

2. 后端部分

后端部分抽象出云函数来为后端提供服务,模拟实现类似 MongoDB 的一些数据库操作。

对于 model.js,定义了 model 相关的数据格式,代码如下:

```
//第 16 章/imagepic - be. js
/ **
 * documents 数据结构
 * @params
 * _name String 文件的名称
 * _collections Array 文件的集合
 */
exports. DOCUMENTS_SCHEMA = {
    "_name": String,
    "_collections": Array
}
/ **
```

```
 * collections 数据结构
 * @params
 * _id String 集合的默认 id
 * _v Number 集合的自增数列
 */
exports.COLLECTIONS_SCHEMA = {
    "_id": String
}
```

利用 Node.js 文件中的 fs 模块可相应地对操作符进行定义,代码如下:

```
//第 16 章/imagepic - be.js
//查
exports.find = async (...args) => await read('FIND', ...args);
//删
exports.remove = async (...args) => await write('REMOVE', ...args);
//增
exports.add = async (...args) => await write('ADD', ...args);
//改
exports.update = async (...args) => await write('UPDATE', ...args);
```

对于接口权限设定,可进行相关配置,代码如下:

```
//第 16 章/imagepic - be.js
const expireTime = 60 * 60;
//生成 token
exports.signToken = (rawData, secret) => {
    return jwt.sign(rawData, secret, {
        expiresIn: expireTime
    });
};
//验证 token
exports.verifyToken = (token, secret) => {}
```

同时,在登录注册页面进行接口验证,代码如下:

```
//第 16 章/imagepic - be.js
//注册接口
router.post('/register', async function (req, res) {});
//登录接口
router.post('/login', async function (req, res) {});
```

在对象存储中,有关桶操作相关的接口,代码如下:

```
//第 16 章/imagepic - be.js
//获取桶列表
router.get('/listBuckets', function (req, res) {})
```

```
//获取对象列表
router.post('/listObjects', function (req, res) {})
//获取某个具体对象
router.post('/getObject', function (req, res) {})
//获取临时对象
router.post('/presignedGetObject', function (req, res) {})
//上传文件夹
router.post('/putFolder', async function (req, res) {})
//上传对象
router.post('/putObject', multer({dest: ''}).single('file'), async function (req, res) {})
//删除对象
router.post('/removeObject', async function (req, res) {})
```

16.1.5   总结展望

前端图床作为前端工程中的一项重要基础建设,不仅能为业务开发人员提供更好的开发体验,也能节省业务在开发过程中造成的成本损耗。前端展示的实现有多种不同的方案,对于有着更高要求的前端图床实现也可以基于需求进行更高层次的展示与提升。

16.2   设计工具插件

▶ 3min

16.2.1   背景介绍

设计工具插件是用于增强设计软件功能的外部插件,其可以提供额外的功能,帮助设计师更快速、更高效地完成设计任务。设计工具插件通常由第三方开发者开发,其可以与各种设计软件集成,包括 Photoshop、Sketch 等。

设计工具插件是设计师必备的利器,可以帮助他们提高设计效率和质量,同时也可以扩展他们的设计能力和创造力。VeeUI Sketch 插件和 VeeUI Photoshop 插件旨在为设计工具提供完善的组件库 UI 能力,本节将分别介绍以上两款插件的设计理念及实现方案,希望能给需要进行相关设计软件插件工具开发的工程实践提供一些帮助和思路。

16.2.2   架构设计

1. Sketch 插件

由于 Sketch 提供了底层的插件机制,故而整个架构采用分层设计模式并结合 Sketch 所提供的工具包中的 API 进行自定义功能开发,如图 16-4 所示。

2. Photoshop 插件

同样地,Photoshop 也提供了其对应的插件机制,架构设计也采用对应的分层设计思

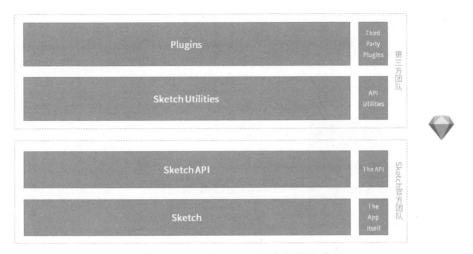

图 16-4　VeeUI Sketch 插件架构设计

路,如图 16-5 所示。

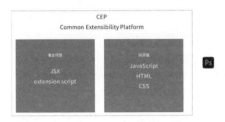

图 16-5　VeeUI Photoshop 插件架构设计

16.2.3　技术选型

1. Sketch 插件

VeeUI Sketch 插件采用了基于 Sketch 官方提供的 skpm 脚手架进行定制开发,如图 16-6 所示。

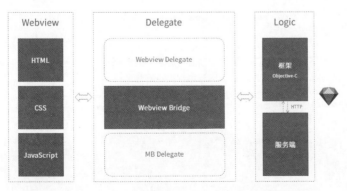

图 16-6　VeeUI Sketch 插件技术选型

2. Photoshop 插件

VeeUIPhotoshop 插件则采用基于 jsx 的方案进行定制开发,如图 16-7 所示。

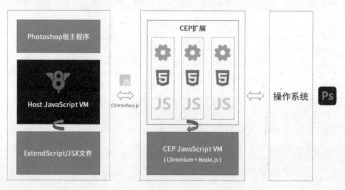

图 16-7　VeeUI Photoshop 插件技术选型

注意：操作 ExtendScript 的 JavaScript 文件后缀名为.jsx,其与 React 中的.jsx 文件完全不同。

16.2.4　源码浅析

1. Sketch 插件

Sketch 插件主要可分为对脚本和资源两部分内容进行开发,插件清单代码如下:

```
//第 16 章/veeui - sketch.json
{
  "compatibleVersion": 3,
  "bundleVersion": 1,
  "commands": [
    {
      //启动动作提示
      "name": "启动",
      "identifier": "veeui - plugin - sketch.actions",
      "script": "./actions.js",
      "handlers": {
        "actions": {
          "StartUp": "onStartUp",
          "Shutdown": "onShutdown"
        }
      }
    },
```

```
    {
      //展示主界面
      "name": "组件库",
      "identifier": "veeui-plugin-sketch.library",
      "script": "./library.js",
      "shortcut": "ctrl shift l",
      "handlers": {
        "run": "onRun",
        "actions": {
          "OpenDocument": "OpenDocument",
          "Shutdown": "onShutdown"
        }
      }
    }
  ],
  "menu": {
    "title": "veeui-plugin-sketch",
    "items": [
      "veeui-plugin-sketch.library"
    ]
  }
}
```

2. Photoshop 插件

Photoshop 插件主要可分为脚本插件、面板插件、独立插件及内置 C++ 插件，脚本插件实现功能的代码如下：

```
//第 16 章/veeui-Photoshop.js
//获取所有图层
function getAllLayers() {}
//隐藏所有图层
function hideAllTextLayers() {}
//通过 CSInterface.js 进行交互操作
const cs = new CSInterface();
var c = cs.getSystemPath(SystemPath.EXTENSION) + "/jsx/";
console.log(`$.evalFile("${c}json3.jsx")`);
cs.evalScript(`$.evalFile("${c}json3.jsx")`);
const evalJSXScript = (script) =>
  new Promise((resolve) => {
    cs.evalScript(script, (res) => {
      console.log(res);
      resolve(JSON.parse(res));
    });
```

```
});
export const getLayers = () => evalJSXScript("getAllLayers()");
export const hideLayers = () => evalJSXScript("hideAllTextLayers()");
```

16.2.5　总结展望

设计工具插件的种类非常多,可以根据不同的设计领域和需求进行相应开发,帮助设计师提高工作效率、扩展设计能力、提高设计质量和增强与其他人的协作能力。同时,设计工具插件也是推动设计行业发展的重要力量之一,其对设计与开发的协作具有重要的意义。

16.3　走查平台

16.3.1　背景介绍

随着前端业务的不断发展,前端对设计稿的还原程度也成为影响用户对产品体验的一个关键指标。作为最靠近用户侧的研发,前端工程师通常需要和设计师通力配合来提升用户体验,其中,设计走查是设计师最常见的检测前端工程是否完美还原了设计理念的方式。

为了辅助设计师能够更高效地进行设计走查,减少肉眼比对误差,PixelPiper 设计走查平台提供了对于视觉稿还原程度比对的实现方案。本节将通过 PixelPiper 的实践,总结分析研发链路中的智能化方式,以期能够对有相关需求的工程化方案提供一些思路。

16.3.2　架构设计

整个设计走查平台应用采用前后端分离的架构设计,提供浏览器插件及 Web 的访问服务方式,如图 16-8 所示。

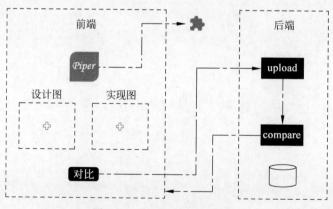

图 16-8　PixelPiper 架构设计

16.3.3　技术选型

前端技术方案选择使用 Svelte 的框架生态，其可以方便地进行浏览器插件的构建和简单 Web 页面的开发，如图 16-9 所示。

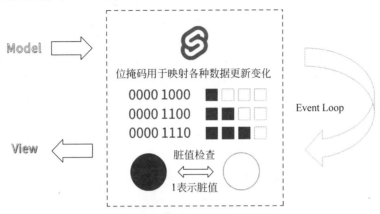

图 16-9　PixelPiper 前端技术选型

后端技术方案选择使用 Node.js 进行处理，配合云服务对图片进行对比计算，同时使用定时任务 cron 对临时文件进行定时清理，如图 16-10 所示。

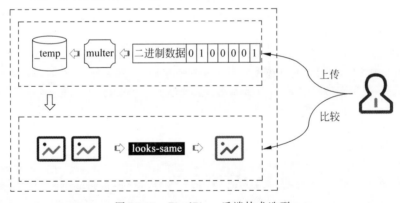

图 16-10　PixelPiper 后端技术选型

16.3.4　源码浅析

1. 前端部分

由于 Svelte 的组件库生态相对不是特别丰富，在对比了业界几个相关的组件库后，决定自己实现业务中需要用到的组件，具体组件存放在 components 目录下。

对于构建环境，配置 rollup.config.js，代码如下：

```
//第 16 章/pixelpiper - fe.js
export default {
    input: 'src/main.js',
      //构建输出方式
    output: {
            sourcemap: true,
            format: 'iife',
            name: 'app',
            file: 'public/build/bundle.js'
    }
}
```

对于构建浏览器插件的脚本,可通过 minio 库对私有云平台的对象存储库进行上传,并使用 archiver 进行压缩,代码如下:

```
//第 16 章/pixelpiper - fe.js
//获取压缩后的 zip
const output = fs.createWriteStream(path.resolve(__dirname,'../pixelpiper.zip'));
const archive = archiver('zip', {
  zlib: { level: 9 }
});
output.on('close', function() {
  console.log(archive.pointer() + 'total bytes');
  console.log('archiver has been finalized and the output file descriptor has closed.');
  //压缩完成后向 cdn 中传递压缩包
  const file = path.resolve(__dirname, '../pixelpiper.zip');
  fs.stat(file, function(error, stats) {
    if(error) {
      return console.error(error)
    }
    minio.putObject('cdn', 'pixelpiper.zip', fs.createReadStream(file), stats.size,
'application/zip', function(err, etag) {
      return console.log(err, etag) //err should be null
    })
  })
});
```

对于设置 TypeScript 的配置,实现代码如下:

```
//第 16 章/pixelpiper - fe.js
//添加 TS 的配置
const tsconfig = `{
```

```
  "extends": "@tsconfig/svelte/tsconfig.json",
  "include": ["src/**/*"],
  "Excelude": ["node_modules/*", "__sapper__/*", "public/*"]
}`
const tsconfigPath = path.join(projectRoot, "tsconfig.json")
fs.writeFileSync(tsconfigPath, tsconfig)
```

项目中用到了一些通用组件,包括 Button(按钮)、Dialog(对话框)、Icon(图标)、Input(输入框)、Message(消息)、Tooltip(提示工具)、Upload(上传)等几个组件。

对于应用,实现代码如下:

```
<!-- 第 16 章/pixelpiper-fe.svelte -->
<script>
    //调用接口对图片进行比较
    const handleCompare = () => {};
    //图片上传
    const handleBeforeUpload = async function(rawFile, id) {}
</script>
<div class="pixel-piper">
    <section class="main">
        <div class="upload-container">
            <div class="uploader">
                <!-- 图片上传 -->
                <Upload></Upload>
            </div>
        </div>
    </section>
</div>
```

2. 后端部分

upload 用于图片上传,使用 multer 对 multipart/form-data 进行转换,代码如下:

```
//第 16 章/pixelpiper-be.js
//存储设置
const storage = multer.diskStorage({})
//上传图片接口
router.post('/putImage', multer({
    storage: storage
}).single('img'), async function (req, res) {});
```

对于 compare 部分,使用 looks-same 库对图片进行比对,单击下载后即可获取对比的图片,代码如下:

```
//第16章/pixelpiper - be. js
//调用 look - same 库实现图片比较接口
router.post('/compareImage', function (req, res) {});
//图片比较后的下载接口
router.post('/downloadImage', function (req, res) {});
```

16.3.5　总结展望

前端设计走查平台本质上利用像素之间的匹配来计算相似度,另外还可以使用深度学习的方法来处理。在前端智能化领域中,应用场景通常是应用于上游设计部分的落地,可以以此为切入点在智能化方向进行深入研讨。

1min

16.4　本章小结

设计师在数字产品开发中扮演着至关重要的角色,其通过深入了解用户需求、设计优秀的界面和交互方式,提高了用户体验和满意度,并增加了产品的市场竞争力和商业价值。希望各位读者通过本篇章的学习后能够更好地发现前端与设计上下游链路中存在的需求与问题,通过不断改善链路瓶颈,提高研发效率。

从第17章节开始,本书将会对产研链路中的前端工程师所涉及的研发流程工具进行阐述,希望各位读者通过学习能够更好地构建本团队的前端研发基础设施。

第 17 章

CHAPTER 17

前　　端

▷ 1min

前端工程师是负责实现和维护网站或应用程序客户端的专业人员,其专注于开发和优化前端界面,确保用户能够获得良好的使用体验。随着 Web 技术的不断发展,"大前端"理念下的前端工程师也承担了越来越多的责任。

为了帮助前端工程师更加专注于本身业务需求的开发,前端工程基建团队提供了面向前端工程师所需的各种基建能力,包括前端物料、前端静态转发、前端监控等。本章主要介绍笔者在已有项目实践落地过程中的方案,通过 Lint 规范、Babel 插件、微前端及监控 SDK 等案例为各位读者提供一些思路作为借鉴。

17.1　Lint 规范

▷ 2min

17.1.1　背景介绍

前端规范的制定是约束团队成员高效协同的一个重要保障,制定前端代码规范需要综合考虑多个因素,包括团队的实际情况、技术的最佳实践和个人经验等。关于前端规范的内容已在之前的篇章中进行了介绍,本节将着重阐述如何使方案落地。

ESLint 是一个静态代码分析工具,其可以帮助开发者检查代码中存在的编码风格和潜在问题,并提供修复建议,因此,本节旨在通过 eslint-config-vee 的实践配置来介绍基于 ESLint 的团队规范工程化实践。

17.1.2　架构设计

ESLint 是基于抽象语法树(Abstract Sytax Tree)的流程化机制设计,整个方案架构设计同样基于流程化的转换思路,通过规则模式对代码进行规范校验,如图 17-1 所示。

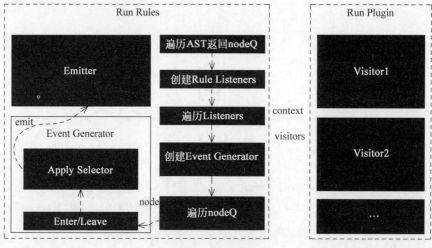

图 17-1　ESLint 架构

17.1.3　技术选型

技术方案以 ESLint 本身提供的基于 Yeoman 脚手架模板进行构建,如图 17-2 所示。

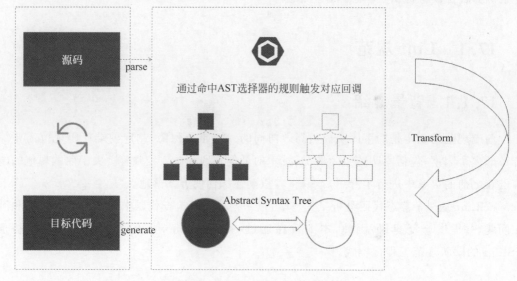

图 17-2　ESLint Config 技术方案

17.1.4　源码浅析

整个核心逻辑在于对规则的配置修改,代码如下:

```javascript
//第 17 章/eslint-config-vee.js
module.exports = {
    //Possible Errors
    "for-direction": 2,
    "getter-return": 2,
    "no-async-promise-executor": 2,
    "no-compare-neg-zero": 2,
    "no-case-declarations": 2,
    "no-class-assign": 2,
    "no-cond-assign": 2,
    "no-constant-condition": 1,
    "no-control-regex": 2,
    "no-debugger": 0,
    "no-dupe-args": 2,
    "no-dupe-keys": 2,
    "no-duplicate-case": 2,
    "no-empty": 2,
    "no-empty-character-class": 0,
    "no-ex-assign": 2,
    "no-extra-boolean-cast": 0,
    "no-extra-semi": 1,
    "no-func-assign": 1,
    "no-inner-declarations": 2,
    "no-invalid-regexp": 2,
    "no-irregular-whitespace": 1,
    "no-misleading-character-class": 0,
    "no-obj-calls": 2,
    "no-prototype-builtins": 0,
    "no-regex-spaces": 1,
    "no-sparse-arrays": 1,
    //Best Practices
    "no-empty-pattern": 1,
    "no-fallthrough": 2,
    "no-global-assign": 2,
    "no-octal": 0,
    "no-redeclare": 2,
    "no-self-assign": 0,
    "no-unexpected-multiline": 1,
    "no-unreachable": 2,
    "no-unsafe-finally": 1,
```

```
    "no - unsafe - negation": 0,
    "no - unused - labels": 0,
    "no - useless - catch": 0,
    "no - useless - escape": 0,
    "no - with": 2,
    "use - isnan": 2,
    "valid - typeof": 0,
    //Variables
    "no - delete - var": 0,
    "no - shadow - restricted - names": 2,
    "no - undef": 2,
    "no - unused - vars": 2,
    //Stylistic Issues
    "no - mixed - spaces - and - tabs": 0,
    //ECMAScript 6
    "constructor - super": 1,
    "no - const - assign": 2,
    "no - dupe - class - members": 2,
    "no - new - symbol": 0,
    "no - this - before - super": 2,
    "require - yield": 2
};
```

17.1.5　总结展望

前端规范对于提高代码质量和开发效率具有重要意义,其可以降低项目风险、促进团队合作及统一代码风格,因此,在前端开发过程中,应该制定适合自己团队的规范,并要求团队成员严格遵守。对于具体配置内容的描述,不同团队可根据自身约定的规则相应地进行修改,见表17-1。

表 17-1　团队 ESLint 配置

规则名称	错误级别	说　　明
for-direction	error	for 循环的方向要求必须正确
getter-return	error	getter 必须有返回值
no-async-promise-executor	error	禁止使用异步函数作为 Promise executor
no-compare-neg-zero	error	禁止与−0 进行比较
no-class-assign	error	禁止修改类声明的变量
no-cond-assign	error	禁止条件表达式中出现赋值操作符
no-constant-condition	warn	不建议在条件中使用常量表达式
no-control-regex	error	不允许在正则表达式中使用控制字符

规则名称	错误级别	说　明
no-debugger	off	允许使用 debugger
no-dupe-args	error	禁止在 function 定义中出现重名参数
no-dupe-keys	error	禁止在对象字面量中出现重复的 key
no-duplicate-case	error	禁止出现重复的 case 标签
no-empty	error	禁止出现空语句块
no-empty-character-class	off	允许在正则表达式中使用空字符集
no-ex-assign	error	禁止对 catch 子句的参数重新进行赋值
no-extra-boolean-cast	off	允许显式布尔转换
no-extra-semi	warn	警告不必要的分号
no-func-assign	warn	不建议对 function 声明重新进行赋值
no-inner-declarations	error	禁止在嵌套的块中出现变量声明或 function 声明
no-invalid-regexp	error	禁止在 RegExp 构造函数中存在无效的正则表达式字符串
no-irregular-whitespace	warn	提示不规则的空白
no-misleading-character-class	off	允许在字符类语法中出现由多个代码点组成的字符
no-obj-calls	error	禁止把全局对象作为函数调用
no-prototype-builtins	off	允许直接调用 Object.prototypes 的内置属性
no-regex-spaces	warn	提示正则表达式字面量中出现多个空格
no-sparse-arrays	warn	不建议使用稀疏数组
no-empty-pattern	warn	不建议使用空解构模式
no-fallthrough	error	禁止 case 语句落空
no-global-assign	error	禁止对原生对象或只读的全局对象进行赋值
no-octal	off	允许八进制字面量
no-redeclare	error	禁止多次声明同一变量
no-self-assign	off	允许自我赋值
no-unexpected-multiline	warn	提示令人困惑的多行表达式
no-unreachable	error	禁止在 return、throw、continue 和 break 语句之后出现不可达代码
no-unsafe-finally	error	提示在 finally 语句块中出现 return、throw、break 和 continue 语句
no-unsafe-negation	off	允许对关系运算符的左操作数使用否定操作符
no-unused-labels	off	允许出现未使用过的标签
no-useless-catch	off	允许不必要的 catch 子句
no-useless-escape	off	允许不必要的转义字符
no-with	error	禁用 with 语句
use-isnan	error	检测 NaN 必须使用 isNaN
valid-typeof	off	关闭 typeof 表达式与有效的字符串进行比较
no-delete-var	off	允许删除变量
no-shadow-restricted-names	error	禁止将标识符定义为受限的名字
no-undef	error	禁用未声明的变量,除非它们在/* global */注释中被提到
no-unused-vars	error	禁止出现未使用过的变量
no-mixed-spaces-and-tabs	off	允许空格和 Tab 的混合缩进

续表

规则名称	错误级别	说　明
constructor-super	warn	建议在构造函数中有 super() 的调用
no-const-assign	error	禁止修改 const 声明的变量
no-dupe-class-members	error	禁止在类成员中出现重复的名称
no-new-symbol	off	允许 Symbolnew 操作符和 new 一起使用
no-this-before-super	error	禁止在构造函数中,在调用 super() 之前使用 this 或 super
require-yield	error	要求 generator 函数内有 yield

▷ 3min

17.2　Babel 插件

17.2.1　背景介绍

Babel 是一个 JavaScript 编译器,其主要用于将 ECMAScript 2015+ 版本的代码转换为向后兼容的 JavaScript 语法,以便能够运行在当前和旧版本的浏览器或其他环境中。同时,Babel 也是一个工具链,其可以帮助开发者对自定义语法进行转换并提供其他功能,如格式整理、代码优化等。

为了更快、更高效地帮助开发者实现单元测试,babel-plugin-testus 旨在通过识别特定符号语法配合测试工具套件来帮助前端工程师更好地进行测试。本节旨在介绍 TestUS 的Babel 插件的一些设计理念及实现方案,对于测试套件的实现将在后续篇章进行介绍。

17.2.2　架构设计

整个插件符合 Babel 的架构设计体系,通过流程化的步骤对源码对应地进行语法转换,如图 17-3 所示。

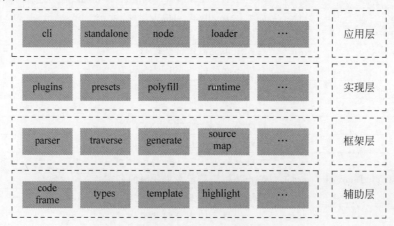

图 17-3　Babel 架构

17.2.3　技术选型

技术选型使用 Babel 所需的各种依赖包兼容处理 Babel 6.x 和 Babel 7.x，包括 parser、traverse 及 generator 等，如图 17-4 所示。

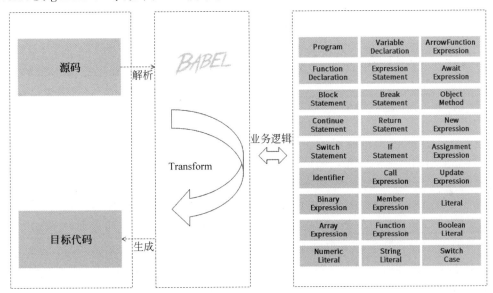

图 17-4　babel-plugin-testus 技术选型

17.2.4　源码浅析

Babel 插件的核心实现主要是对转换阶段的执行操作，代码如下：

```
//第 17 章/babel-plugin-testus.js
module.exports = function (babel) {
  const { types } = babel;
  return {
    name: 'babel-plugin-testus',
    visitor: {
      Program(path) {
        path.node.body.forEach((node) => {
          const { leadingComments, type } = node;
          if(leadingComments[0].value.trim() == '@testus') {
            //识别到@testus后相应地进行操作
          }
        })
      }
    },
  };
};
```

17.2.5　总结展望

Babel 插件是扩展 Babel 的重要工具,其可以帮助开发者实现更多的转换和优化功能,以提高代码的性能和可读性,并支持更多的编程语言和框架。同时,Babel 插件也对自定义 DSL 的延展具有重要意义,其可帮助前端生态更好地进行推进与发展。

7min

17.3　微前端

17.3.1　背景介绍

随着技术的发展,前端应用承载的内容日益复杂,各种问题也随即产生。从多页应用(Multi-Page Application,MPA)到单页应用(Single-Page Application,SPA),各种技术方案层出不穷。

对于多页应用来讲,其具有部署简单、各应用之间天然硬隔离的优势,并且具备技术栈无关、独立开发、独立部署等特点;对单页应用来讲,其虽然解决了切换的延迟问题,但也带来了首次加载时间长及工程体积爆炸增长后的"巨石应用"(Monolithic)问题。至此,前端业界在借鉴了后端微服务理念之后,微前端技术方案便应运而生。

根据业界所达成的共识来看,微前端[4]是一种由独立交付的多个前端应用组成的整体架构风格,因此,本节将通过 MicroWay 来介绍本团队在工程实践中的应用,同时也会介绍业界不同的微前端方案架构。

注意:微前端并不是一种框架或者库,而是一种风格或者说是一种思想,其实现方案有很多种。

17.3.2　架构设计

目前业界微前端架构方案,大体可分为路由分发、iframe、微服务、微件化、微应用及 Web Components 等,见表 17-2。

表 17-2　微前端架构方案对比

方案	开发成本	维护成本	可行性	统一框架要求	实现难度	潜在风险	落地实践
路由分发	低	低	高	否	easy	无	HTTP 服务器反向代理,如 Nginx 配置 location

续表

方案	开发成本	维护成本	可行性	统一框架要求	实现难度	潜在风险	落地实践
iframe	低	低	高	否	easy	seo 不友好、cookie 管理、通信机制、弹窗问题、刷新后退、安全问题	前后端不分离项目常用
应用微服务	高	低	中	否	hard	共享及隔离粒度不统一	qiankun、icestark、mooa 及类 single-spa 应用
微件化	高	中	低	是	hard	实现微件管理机制	无
微应用化	中	中	高	是	normal	多个项目组合，需要考虑各个部署升级情况	emp
Web Components	高	低	高	否	normal	新 API,浏览器兼容性	无

通常来讲,在业务实践中会采用以上一种或几种架构方案组合,从共享能力、隔离机制、数据方案、路由鉴权等不同维度去考虑工程的平滑迁移,从而实现架构的迭代升级。

1. 路由分发

路由分发模式是最常见的一种微前端实现方式,其具有高可行性、低开发成本的优点,如图 17-5 所示。

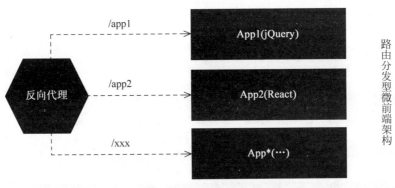

图 17-5 路由分发型微前端架构

2. iframe

iframe 是浏览器最早由底层支持的微前端方式,其具有高隔离性的优点,但安全性及权限管理等一直被业界所诟病,如图 17-6 所示。

3. 应用微服务

应用微服务是目前业界最熟知的一种微前端实现方式,其以类 SingleSPA 方式实现而通常作为微前端的代名词,但其在实现方式上其实一直都在做着各种各样的填充(Polyfill)处理,如图 17-7 所示。

图 17-6　iframe 型微前端架构

图 17-7　应用微服务型微前端架构

4. 微件化

微件化与应用微服务实现方式类似,只是其颗粒度更小,只是落脚到构件(Widget)层面,如图 17-8 所示。

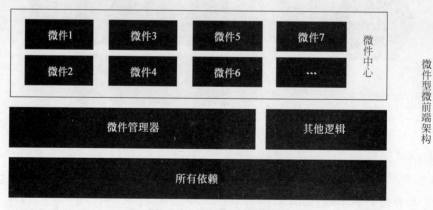

图 17-8　微件型微前端架构

5. 微应用化

微应用化其实是路由分发的另一种实现方式,只不过其可通过抽离共享依赖并在构建层面进行统一融合,如图 17-9 所示。

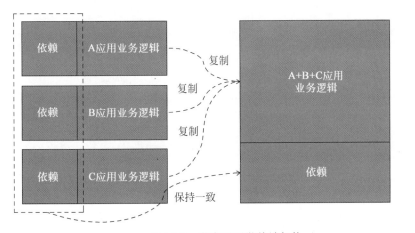

图 17-9　微应用型微前端架构

6．Web Components

Web Components 的方式则是浏览器底层的又一重大特性支持,其可脱离框架层面而实现真正意义上的前端组件,但目前兼容性仍有待完善,如图 17-10 所示。

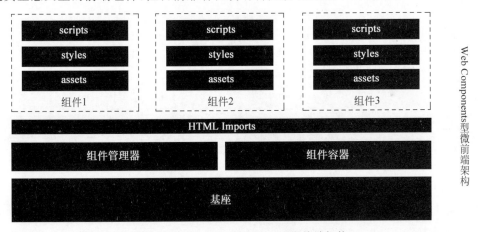

图 17-10　Web Components 型微前端架构

可以看出,任何技术都是合适的才是最好的,切忌为了架构而架构,不要无谓地炫技,"软件工程中没有银弹"。

17.3.3　技术选型

结合团队已有建制及开发流程,技术选型采用"路由分发＋iframe＋应用微服务化"的混合技术方案,如图 17-11 所示。

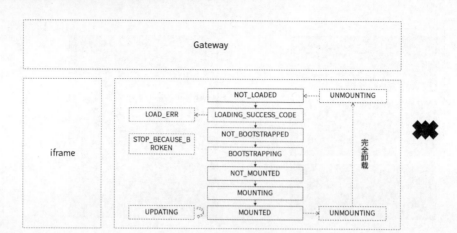

图 17-11　MicroWay 技术选型

17.3.4　源码浅析

路由分发主要采用以 Nginx 为主的网关代理转发,对于前端网关的详细设计将在后续篇章中进行介绍,代码如下:

```
server {
  location /a/ {
    proxy_pass http://a.com/
  }
  location /b/ {
    proxy_pass http://b.com/
  }
}
```

对于老旧项目,则采用 iframe 内嵌部署子应用模式,代码如下:

```
< iframe src = "子应用地址" sandbox = "安全限制"></iframe>
```

对于新项目,采用阿里巴巴蚂蚁金服所推出的 qiankun 微前端框架进行接入,代码如下:

```
//第 17 章/microway.js
import { registerMicroApps, start } from 'qiankun';
registerMicroApps([
  {
    name: 'reactApp',
    entry: '//localhost:3000',
    container: '#container',
    activeRule: '/app - react',
```

```
    },
    {
      name: 'vueApp',
      entry: '//localhost:8080',
      container: '#container',
      activeRule: '/app-vue',
    },
]);
//启动 qiankun
start();
```

qiankun 是基于 single-spa 封装的框架，其简化了 single-spa 的相关生命周期，并且提供
了沙箱隔离机制及共享机制，代码如下：

```
//第17章/qiankun.ts
//Proxy 沙箱
export default class ProxySandbox implements SandBox {
  proxy: WindowProxy;
  constructor(name: string) {
    //实例化 proxy
    const proxy = new Proxy(fakeWindow, {
      set(){},
      get(){},
      has() {},
      defineProperty() {},
      deleteProperty() {},
    });
    this.proxy = proxy;
  }
}
//快照 snapshot 沙箱
export default class SnapshotSandbox implements SandBox {
  constructor(name: string) {
    this.name = name;
    this.proxy = window;
  }
  active() {
    //记录当前快照
    this.windowSnapshot = {} as Window;
    iter(window, (prop) => {
      this.windowSnapshot[prop] = window[prop];
```

```
    });
    //恢复之前的变更
    Object.keys(this.modifyPropsMap).forEach((p: any) => {
      window[p] = this.modifyPropsMap[p];
    });
  }
  inactive() {
    this.modifyPropsMap = {};
    if (window[prop] !== this.windowSnapshot[prop]) {
      //记录变更,恢复环境
      this.modifyPropsMap[prop] = window[prop];
      window[prop] = this.windowSnapshot[prop];
    }
  }
}
```

对于全局状态,实现代码如下:

```
//第 17 章/qiankun.ts
//触发全局监听
function emitGlobal() {}
//全局状态
export function initGlobalState() {
  return getMicroAppStateActions(`global-${+new Date()}`, true);
}
export function getMicroAppStateActions ( id: string, isMaster?: boolean ):
MicroAppStateActions {
  return {
    //onGlobalStateChange 全局依赖监听,收集 setState 时所需要触发的依赖,限制条件: 每个子
    //应用只有一个激活状态的全局监听,新监听覆盖旧监听,若只是监听部分属性,则使用 onGlobal
    //StateChange 这样的设计是为了减少全局监听滥用导致的内存爆炸,依赖数据结构为 { {id}:
    callback}
    onGlobalStateChange() {},
    //setGlobalState 更新 store 数据.1. 对输入 state 的第 1 层属性进行校验,只有初始
    //化时声明过的第 1 层(bucket)属性才会被更改。2. 修改 store 并触发全局监听
    setGlobalState() {},
    //注销该应用下的依赖
    offGlobalStateChange() {},
  };
}
```

17.3.5　总结展望

微前端的本质在于资源的隔离与共享,其颗粒度既可以是应用,也可以是模块,抑或自定义的抽象层都是为了更好地实现"高内聚,低耦合"。软件工程中不存在能够解决所有问题的"通式",只有结合具体业务,选择合适的技术方案,才能最大限度地发挥架构的作用,切勿为了"微"而"微"。

17.4　监控 SDK

3min

前端监控[5]SDK(Software Development Kit)是一种工具包,通常可以用于收集和分析用户在前端应用程序中的行为数据、性能指标和错误信息等,以便开发人员能够快速地发现和解决问题,提高应用程序的质量和稳定性。

为了更好地辅助业务功能,同时也为了保证前端应用的稳定性,Monere 前端监控 SDK 旨在为前端应用提供性能、错误及行为监控,本节将通过 Monere 的实践总结为案例蓝本介绍前端工程化中关于前端监控的一些设计思路。

17.4.1　架构设计

整个前端监控 SDK 采用插件式的架构设计方案,通过各种插件组合后形成对应的功能,如图 17-12 所示。

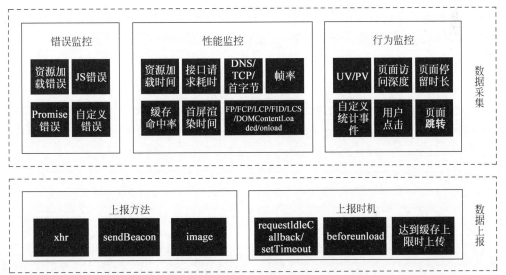

图 17-12　Monere 架构设计

17.4.2 技术选型

在技术选型方面,Monere 选择基于面向对象编程(Object Oriented Programming)的程序设计方式,分别对性能、错误、行为等功能进行集成,如图 17-13 所示。

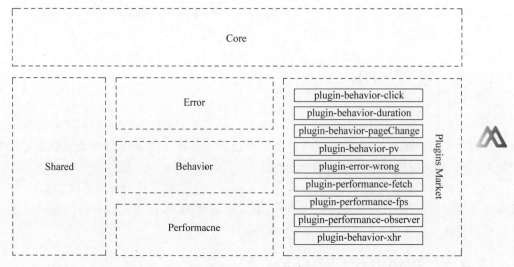

图 17-13　Monere 技术选型

17.4.3 源码浅析

在之前的章节中已介绍过前端监控体系相关的一些理论方案,源码实现部分则分别通过性能(performance)、错误(error)及行为(behavior)集成到核心(core)中。

1. 核心模块

@monere/core 是整个前端监控 SDK 的核心部分,用于集成各种插件,代码如下:

```
//第 17 章/monere.ts
//核心模块,也是对外暴露的主要可实例化类
export class Core {
  constructor(options: IOptions) {
    this.options = options;
    this.behaviorPlugins = [];
    this.performancePlugins = [];
    this.errorPlugins = [];
    this.init()
  }
  plugin(name: String, handler: Function) {
    if (!isPlugin(name)) {
```

```
        if (console && console.warn) {
          console.warn(
            name +
              ': 插件名称不符合要求,可查看文档\n' +
              'https://github.com/veeui/monere/blob/main/README.md',
          )
        }
      }
      switch (name) {
        case 'behavior':
          isFunction(handler) && this.behaviorPlugins.push(handler)
          break
        case 'performance':
          isFunction(handler) && this.performancePlugins.push(handler)
          break
        case 'error':
          isFunction(handler) && this.errorPlugins.push(handler)
          break
        default:
          break
      }
    }
}
```

2. 性能模块

性能模块主要用于对性能插件进行监控调度,官方提供了对 fetch 请求、XMLHttpRequest 等性能进行监控的诸多插件,包括 @ monere/plugin-performance-fetch、@ monere/plugin-performance-fps、@ monere/plugin-performance-observer 及 @ monere/plugin-performance-xhr 等,代码如下:

```
//第17章/monere.ts
//性能基类
export class Performance {
    plugins: any[];
    constructor(performancePlugins: []) {
        this.plugins = performancePlugins;
        this.run();
    }
    run() {
        this.plugins.length > 0 && this.plugins.forEach(plugin => {
```

```
            if(isFunction(plugin)) {
                plugin()
            }
        })
    }
}
```

3. 错误模块

错误模块主要用于对错误插件进行监控调度,代码如下:

```
//第 17 章/monere.ts
//错误基类
export class Error {
    plugins: any[];
    constructor(errorPlugins: []) {
        this.plugins = errorPlugins;
        this.run();
    }
    run() {
        this.plugins.length > 0 && this.plugins.forEach(plugin => {
            if(isFunction(plugin)) {
                plugin()
            }
        })
    }
}
```

官方提供了对 JavaScript 错误进行监听处理,也可通过自定义插件实现错误标记等功能,代码如下:

```
//第 17 章/monere.ts
import { lazyReportCache, onBFCacheRestore, getPageURL } from '@monere/shared'
//错误函数
export function wrong() {
    const oldConsoleError = window.console.error;
    window.console.error = (...args) => {
        oldConsoleError.apply(this, args);
        lazyReportCache({
            type: 'error',
            subType: 'console - error',
            startTime: performance.now(),
```

```
            errData: args,
            pageURL: getPageURL()
        })
    }
    window.addEventListener('error', e => {
        //错误上报
    }, true);
    window.onerror = ( msg, url, line, column, error ) => {
        //错误上报
    };
    window.addEventListener('unhandledrejection', e => {
        //错误上报
    });
    onBFCacheRestore(() => {
        wrong()
    })
}
```

4. 行为模块

行为模块主要用于对数据监控埋点插件进行监控调度,代码如下:

```
//第17章/monere.ts
export class Behavior {
    plugins: any[];
    constructor(behaviorPlugins: []) {
        this.plugins = behaviorPlugins;
        this.run();
    }
    run() {
        this.plugins.length > 0 && this.plugins.forEach(plugin => {
            if(isFunction(plugin)) {
                plugin()
            }
        })
    }
}
```

由于行为模块中涉及的相关自定义功能较多,所以每个业务的具体监控指标也大相径庭。故而,官方实现仅针对常见行为进行拦截监听。

其中,对于单击事件的监听,代码如下:

```
//第 17 章/monere.ts
import { lazyReportCache, getPageURL, getUUID } from '@monere/shared'
//包装单击事件
export function click() {
    ['mousedown', 'touchstart'].forEach(eventType => {
        let timer:any = null;
        window.addEventListener(eventType, event => {
            clearTimeout(timer);
            timer = setTimeout(() => {
                lazyReportCache({
                    //上报事件信息
                })
            });
        })
    })
}
```

对于页面切换、停留时长及浏览的统计监听,代码如下:

```
//第 17 章/monere.ts
import { lazyReportCache, getPageURL, getUUID, onBeforeunload, report } from '@monere/shared'
//页面切换
export function pagechange() {
    let from = '';
    window.addEventListener('popstate', () => {
        const to = getPageURL();
        //事件上报
        from = to;
    }, true);
    let oldURL = '';
    window.addEventListener('hashchange', event => {
        const newURL = event.newURL;
        //事件上报
        oldURL = newURL;
    }, true)
}
//停留时长
export function duration() {
    onBeforeunload(() => {
        report({
            type: 'behavior',
```

```
            subType: 'page - access - duration',
            startTime: performance.now(),
            pageURL: getPageURL(),
            uuid: getUUID()
        })
    })
}
//pv 统计
export function pv() {
    //事件上报
}
```

17.4.4　总结展望

前端监控 SDK 可以帮助开发人员收集和分析用户在应用程序中的行为数据、性能指标和错误信息等,其对提高前端应用程序的质量和稳定性,以及指导产品升级和降低运营成本等方面都具有重要意义。

17.5　本章小结

1min

前端工程师不仅要能够以用户为中心,提高用户体验,保证产品的跨平台兼容性和高性能。同时,还要能够与其他团队成员紧密合作,共同推动产品取得成功。

通过工程化基础建设能够帮助前端工程师更好地专注于其本身的业务逻辑和用户体验,希望各位读者通过本篇章的学习能够构建出符合自己团队的前端工程基建及工具体系。

从第 18 章开始,本书将会对前端工程中的后端方案进行阐述。自 Node.js 诞生以来,前端工程方案便开始不断地向后延展,呈现出"前端向后,后端向云"的开发趋势,希望各位读者能通过后端篇章的学习更好地拓展大前端体系下的工程能力。

第 18 章

CHAPTER 18

后　　端

后端工程师是一种负责构建和维护服务器端应用程序的技术专业人员,负责处理服务器、数据库、API 和业务逻辑等后端系统的开发和功能实现。后端工程师通常会使用 Java、Python、Ruby、Node.js 等编程语言来开发后端应用,需要熟悉数据库管理和系统架构设计等技术。

在大型互联网公司中,除了传统后端工程师外,还会提供一个中间层,用于对接前后端之间的业务及数据传递。通常来讲,以 Node.js 为主的脚本型语言会成为中间层的首选,本章主要简单介绍笔者在项目实践落地过程中的解决方案,通过 BFF(Backend-for-Frontend)、Serverless 及网关等案例来为各位读者提供一个借鉴。

18.1　BFF

18.1.1　背景介绍

BFF 是一种架构模式,主要用于解决前后端协作和微服务架构中的数据聚合问题。随着各种端的融合开发,终端应用程序不再直接与后端服务通信,而是通过一个专门为前端定制的 BFF 中间层与后端服务交互。

BFF 中间层的主要作用是为前端应用程序提供所需要的 API,简化前端应用程序的开发和维护。同时,BFF 还提供负载均衡、服务发现、缓存、错误处理和重试策略等功能,提高系统的性能和可用性,因此,本节旨在通过 bff-node 来介绍关于基于 Node.js 的面向前端的后端中间层实践。

18.1.2　架构设计

整体架构方案采用多副本的分模块单体架构,配合云原生相关能力实现服务的高可用,如图 18-1 所示。

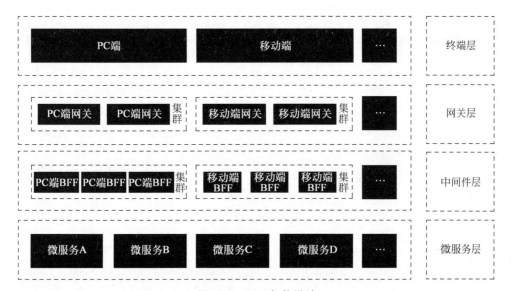

图 18-1　BFF 架构设计

18.1.3　技术选型

技术选型采用以 Express 框架为基础的 BFF 应用,通过路由模块为各种业务逻辑提供服务,如图 18-2 所示。

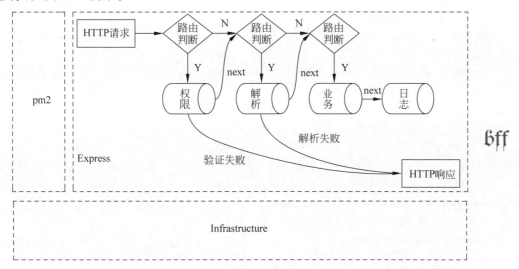

图 18-2　BFF 技术选型

18.1.4　源码浅析

BFF 应用通过 pm2 来提供进程守护,配置代码如下:

```
//第 18 章/bff-node.js
module.exports = {
    apps: [
        {
            name: 'server',
            script: './server',
            exec_mode: 'cluster',
            instances: 3,
            max_restarts: 4,
            min_uptime: 5000,
            max_memory_restart: '1G'
        }
    ]
}
```

基于 Express 实例化单个应用,提供 HTTP 及 HTTPS 的 Web 服务,代码如下:

```
//第 18 章/bff-node.js
const express = require('express');
const {port} = require('./config.js');
const fs = require('fs');
const path = require('path');
const cron = require('node-cron');
const https = require('https');
const app = express();
if(process.env.NODE_ENV === 'https') {
    const key = 'https 的私钥',
        cert = 'https 的证书文件';
    const options = { key, cert }
    https.createServer(options, app).listen(443)
}
//定时任务
cron.schedule("59 23 * * *", function() {});
//挂载静态文件目录
app.use(express.static('public'));
app.listen(port, () => {});
```

对于每个实例应用,通过 use()方法来挂载相关的中间件,包括静态资源、接口文档等,
代码如下:

```
//第 18 章/bff-node.js
const app = require('./app');
```

```
const bodyParser = require('body-parser');
app.use(bodyParser.json());
app.use(bodyParser.urlencoded({
    extended: false
}));
app.use((req, res, next) => {
    //跨域源处理
    res.header("Access-Control-Allow-Origin", "xxx");
    //请求头处理
    res.header("Access-Control-Allow-Headers", "Origin, X-Requested-With, Content-
Type, Accept");
    next();
})
```

18.1.5　总结展望

BFF 的主要意义在于解决了前端与后端协作中的复杂性问题,通过中间层的引入优化了后端服务满足多端数据使用的不同需求,也使前后端开发更加独立和高效。然而,中间件层的引入加大了研发流程的链路深度,同时也意味着研发成本的增加。

对于不同规模的研发团队和人员构成,各位前端架构师应该因地制宜、合理斟酌是否需要引入 BFF 及如何选择出合适的技术方案来满足企业的业务开发需求。

18.2　Serverless

18.2.1　背景介绍

Serverless[6](无服务器架构)是一种云计算模型,其允许用户无须管理服务器、虚拟机或基础设施。对无服务器计算架构而言,服务器端逻辑由非服务器端开发者实现并运行在无状态的计算容器中,其由事件触发且完全被第三方管理,而业务层面的状态则记录在数据库或存储资源中。

Serverless 架构的核心特性是按用量付费(Pay As You Go)和弹性计算(Elastic Compute),开发人员无须管理服务器等基础设施,只需编写代码而其余工作全部由系统托管,包括实例选择、扩缩容、部署、容灾、监控、日志、安全补丁等。

对于前端调用部分来讲,云服务能力通常会通过云函数的形式进行提供,对函数功能统一地进行 SDK 封装,通过云平台相关的权限对服务能力进行调用。vw-service-sdk 是实现云边端一体化开发服务的 SDK,本节将介绍其在 Serverless 方面的一些设计理念及实现方案。

18.2.2 架构设计

整个 Serverless 大体可以分为 FaaS(Function as a Service)和 BaaS(Backend as a Service)两层,FaaS 层为前端工程师提供函数粒度的服务,BaaS 层则是整个底层的基础服务,如图 18-3 所示。

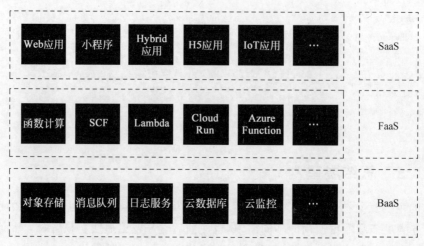

图 18-3 Serverless 架构设计

18.2.3 技术选型

对前端而言,其核心是 FaaS 层的构建,通过借鉴微信云函数及 AWS 云函数相关设计理念,技术实现如图 18-4 所示。

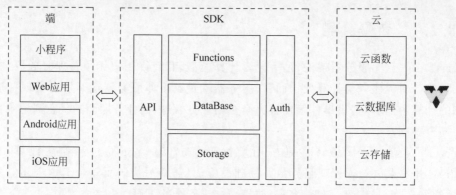

图 18-4 Serverless 技术选型

18.2.4 源码浅析

整个 Serverless 提供给前端的核心引用主要在于函数的调用与设计,代码如下:

```
//第18章/vw-service-sdk.js
//云函数调用基类
class Cloud {
    static parseContext(context) {}
    //获取当前函数内的所有环境变量
    static getCloudbaseContext(context) {}
    constructor(config) {
        this.init(config);
    }
    init(config = {}) {}
    registerExtension(ext) {}
    async invokeExtension(name, opts) {}
    database(dbConfig = {}) {}
    //调用云函数
    callFunction(callFunctionOptions, opts) {}
    auth() {}
    uploadFile() {}
    deleteFile() {}
    getTempFileURL() {}
    downloadFile() {}
    //复制文件
    copyFile() {}
}
```

具体而言,Serverless 主要通过 auth、database、functions、storage 等功能模块来对应实现鉴权、云数据库、云函数、云存储等服务,代码如下:

```
//第18章/vw-service-sdk.js
//唯一 uuid 鉴别
function validateUid(uid) {}
function auth() {
    return {
        getUserInfo() {},
        queryUserInfo(query, opts) {},
        async getAuthContext(context) {},
        getClientIP() {},
        createTicket: () => {}
    };
}
//调用云函数
async function callFunction(ctx, { name, data }) {
```

```
    //获取上下文信息
    const {} = ctx;
    let transformData = {
        //对 data 进行转换
        ...data
    };
    const params = {
        action: 'invoke',
        name: name,
        data: transformData
    };
    //返回调用信息
    return (function(params){})(params)
}
//云数据库
function database() {
    //monogodb
}
```

18.2.5　总结展望

Serverless 的意义在于将开发者从烦琐的服务器运维工作中解放出来,让其能够更专注于代码的编写和业务逻辑的实现。真正的 Serverless 不应该仅用到了函数的业态,对于 BaaS 层的调度才是更加应该注重的焦点,因而,是不是 Serverless 无所谓,应该主要关注的是服务而不是资源。

▶ 5min

18.3　网关

18.3.1　背景介绍

在后端微服务中,通常会通过暴露一个网关入口来对整个系统服务进行收敛。目前,业界以 Nginx 作为服务网关是比较常见的一种方式,其可以收敛前端应用的出入口,对端口、域名限制等场景都有很好的应用。

因此,通过借鉴后端网关的思路,GateWay 实现了一个前端网关代理的转发方案,本节旨在对本次前端网关实践过程中的一些思考进行归纳总结,也希望能给有相关场景应用的读者提供一些解决问题的思路。

18.3.2 架构设计

整体架构采用分层设计,通过网关层、应用层及接口层来为前端应用提供全流程设计,如图 18-5 所示。

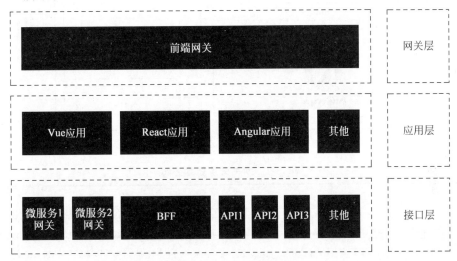

图 18-5 GateWay 架构设计

每个层的作用及设计方式不同,见表 18-1。

表 18-1 网关分层设计内容

名称	作 用	备 注
网关层	用来承载前端流量,作为统一入口	可以使用前端路由或后端路由来承载,主要作用是流量切分,也可以将单一应用布置于此处,作为路由与调度的混合
应用层	用来部署各个前端应用,不限于框架,各个应用之间的通信可以通过 HTTP 或者向网关派发,前提是网关层有接收调度的功能存在	不限于前端框架及版本,每个应用已经单独部署完成,相互之间的通信需要通过 HTTP 进行通信,也可以借助 Kubernetes、Docker 等容器化部署进行通信
接口层	用来从后端获取数据,由于后端部署的不同形式,可能有不同的微服务网关,可能有单独的第三方接口,也可能是 Node.js 等 BFF 接口形式	对于统一共用的接口形式可将其上承至网关层进行代理转发

18.3.3 技术选型

对于业务逻辑较为复杂的系统,选择以 Nginx 为主要技术形态的前端网关切分形式进行构建,利用服务注册机制实现前端应用的代理访问,如图 18-6 所示。

对于每层的技术实现,见表 18-2。

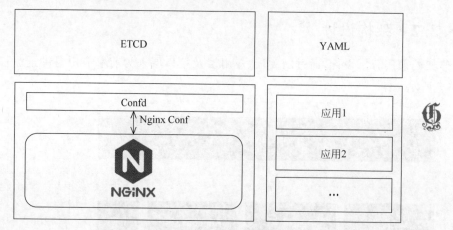

图 18-6　GateWay 技术选型

表 18-2　网关分层技术方案

层级	方案	备注
网关层	使用一个 Nginx 作为公网流量入口,利用路径对不同子应用进行切分	父 Nginx 应用作为前端应用入口,需要对负载均衡进行处理,利用 Kubernetes 的负载均衡配置多副本实现,如果某个 pod 挂掉,则可以利用 Kubernetes 的机制进行拉起
应用层	多个不同的 Nginx 应用,由于做了路径的切分,因而需要对资源进行定向处理	利用 Docker 挂载目录进行处理
接口层	多个不同的 Nginx 应用对接口做了反向代理后,接口由于是浏览器正向发送,因而无法进行转发,需要对前端代码进行处理	配置 CI/CD 构建脚手架及配置一些常见前端脚手架以接入插件包

18.3.4　源码浅析

Nginx 作为一个轻量的高性能 Web 服务器,其架构及设计极具借鉴意义,对 Node. js 或其他 Web 框架的设计具有一定的指导意义。

对于服务注册机制,主要通过 Confd 来动态地读取 Etcd 存储的注册表,从而修改代理对应用进行转发,代码如下:

```
//第 18 章/gateway.c
pstream {{getv "/web/nginx/subdomain"}} {
{{range getvs "/web/nginx/upstream/ * "}}
server {{.}};
{{end}}
}
```

```
server {
server_name {{getv "/web/nginx/subdomain"}}.example.com;
location / {
proxy_pass http://{{getv "/web/nginx/subdomain"}};
proxy_redirect off;
proxy_set_header Host $ host;
proxy_set_header X－Real－IP $ remote_addr;
proxy_set_header X－Forwarded－For $ proxy_add_x_forwarded_for;
}
}
```

18.3.5　总结展望

对于前端网关而言,不仅可以将网关单独独立出来进行分层,也可以采用类 SingleSPA 的方案利用前端路由进行网关处理和应用调起,从而实现对单页应用的控制。相较于前端网关,类 SingSPA 方案可以单独拆分出各个子应用,其优势是各个子应用之间可以通过父应用或者总线相互间进行通信,保证公共资源的共享和各自私有资源的隔离。

18.4　本章小结

1min

后端工程师在产研链路中扮演着非常重要的角色,其直接关系到系统和应用的稳定性和可扩展性。对于多端体系下的后端服务能力,希望各位读者通过本篇章的学习能够配合后端工程师构建出符合自己研发团队中间件方案。

从第 19 章开始,本书将会对前端工程中的测试开发工作的参与进行阐述。通常来讲,白盒测试对测试工程师的技能和代码编写水平都会有不同程度的要求,前端工程方案可以帮助测试开发人员更快地介入前端测试中。希望各位读者通过下一篇章的学习能够帮助测试开发人员更好地了解和测试前端代码,保障业务质量。

1min

第 19 章

CHAPTER 19

测 试 开 发

测试开发是一种软件开发领域的工作角色,主要负责编写自动化测试脚本、设计测试框架和工具,以提高软件在开发过程中的产品质量和测试效率。测试开发人员会与软件开发团队密切合作,参与到整个开发周期中,早期阶段负责需求分析和测试计划制定,中期阶段编写测试用例和自动化测试脚本,后期阶段进行持续集成和自动化测试。通过测试开发工作,可以提早发现和解决软件中的缺陷和问题,并确保软件的稳定性、安全性和可靠性。

本章主要简单介绍笔者在已有项目中配合测试开发人员落地的实践方案,通过测试套件及测试平台等案例来为各位读者提供一些借鉴。

5min

19.1 测试套件

19.1.1 背景介绍

在日常开发过程中,前端工程师常常会忽略单元测试的功能和重要性。作为软件工程研发领域不可或缺的步骤,一个好的测试覆盖是软件稳定运行的前提和保证,其按照测试粒度可以区分为单元测试、集成测试及 E2E 测试(UI 测试)等,如图 19-1 所示。

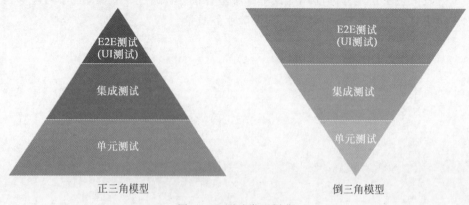

图 19-1   测试类型划分

为了提升前端的开发效率,同时为了减少前端编写单元测试代码的烦琐工作,TestUS 测试套件旨在为前端测试开发工作提供便利,本节将介绍 TestUS 的一些设计理念及实现方案,希望能给前端基础建设中有测试构建相关工作的人员提供一些帮助和思路。

19.1.2 架构设计

整体架构思路是采用函数式编程的思路进行组合式构建,整体流程包含预处理(preprocess)、解析(parse)、转换(transform)、生成(generate)4 个阶段,通过脚手架构建的方法对用户配置的 testus.config.js 文件内容进行解析、转换、生成,如图 19-2 所示。

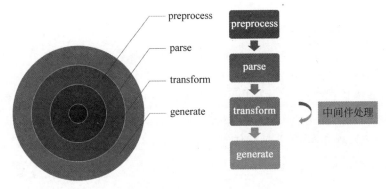

图 19-2　TestUS 架构设计

最后,通过组合式函数编程对外暴露出一个复合构建函数,即导出类似 $f(g(h(e(x))))$ 的结果,可通过 compose 函数编写相关的代码。

注意:TestUS 借鉴了 Redux 的思路,Redux 实现方案在之前的篇章中已有所介绍。

19.1.3 技术选型

对于技术选型,TestUS 采用扩展应用插件化配置的中间件处理方案。不同于后端的中间件为上下游提供功能的思路,前端中间件本质上其实是一个调用器。对前端中间件而言,中间件处理方式可分为切面型中间件(串行型中间件)及洋葱型中间件等。

不同于 Redux 中间件的精巧设计 Context 上下文的思路,TestUS 采用了切面的方式实现中间件的调度方案,其可以为用户提供扩展但核心业务逻辑不受影响,如图 19-3 所示。

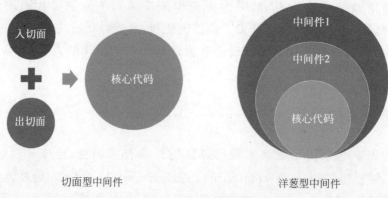

切面型中间件   洋葱型中间件

图 19-3 TestUS 技术选型

19.1.4 源码浅析

1. 核心模块

core 是核心模块,其提供了架构中的主要核心设计,其中,common.js 主要用于对目录树进行相关操作,抽离了 4 个模块所需要的公共方法。整个核心过程其实都是基于自定义的 DSL 进行相关处理和实现,其结构代码如下:

```
//第 19 章/testus.js
DSL = {
    tree: [],
    originName: 'src',
    targetName: 'tests',
    middleName: 'spec',
    libName: 'jest',
    options: {},
    middlewares: []
};
```

其中,对 tree 的定义最重要,也是生成目录文件的关键,设计的基本节点结构的代码如下:

```
//第 19 章/testus.js
{
    name: '',                //文件或文件夹名称
    type: '',                //节点类型 'directory' 或者 'file'
    content: undefined,      //文件内容,文件夹为 undefined
    ext: undefined,          //文件扩展名,文件夹为 undefined
    children: [
        //子节点内容,叶节点为 null
    ]
}
```

2. 预处理模块

preprocess 是预处理阶段，主要通过解析用户提供的配置文件对相关的自定义传输数据结构 DSL 进行构建，代码如下：

```
//第 19 章/testus.js
//创建 DSL
const createDSL = (options) => {
    if(fs.existsSync(`${rootDir}/testus.config.js`)) {
        const testusConfig = eval(fs.readFileSync(`${rootDir}/testus.config.js`, 'utf-8'));
        return handleConfig(testusConfig);
    } else {
        return handleConfig(DEFAULT_TESTUSCONFIG)
    }
}
//处理配置信息
function handleConfig(config) {
    const DSL = {};
    config.entry && extend(DSL, processEntry(config.entry || DEFAULT_TESTUSCONFIG.entry));
    config.output && extend(DSL, processOutput(config.output || DEFAULT_TESTUSCONFIG.output));
    config.options && extend(DSL, processOptions(config.options || DEFAULT_TESTUSCONFIG.options));
    config.plugins && extend(DSL, processPlugins(config.plugins || DEFAULT_TESTUSCONFIG.plugins));
    return DSL;
}
//入口处理流程
function processEntry(entry) {}
//出口处理流程
function processOutput(output) {}
//选项处理流程
function processOptions(options) {}
//插件处理流程
function processPlugins(plugins) {}
```

3. 解析模块

parse 是解析阶段，主要用于对生成的 DSL 构建的目录树结构进行相关的读取文件内容操作，并修改树中的内容，代码如下：

```
//第 19 章/testus.js
//读取内容
```

```
function handleContent(path, item) {
    item.content = fs.readFileSync(path, 'utf-8')
    return item;
}
```

4. 转化模块

transform 是转化阶段,主要用于对已有配置内容进行相关的模板转化及注释解析,其中,用户配置中的插件设置也会进行相应的中间件转换,代码如下:

```
//第 19 章/testus.js
const doctrine = require('doctrine');
//处理 content 具体内容
function handleContent(p, item, { middlewares, libName, originName, targetName }) {
    let templateFn = jestTemplateFn;
    switch (libName) {
        case 'jest':
            templateFn = jestTemplateFn;
            break;
        case 'jasmine':
            templateFn = jasmineTemplateFn;
            break;
        case 'karma':
            templateFn = karmaTemplateFn;
            break;
        default:
            break;
    }
    const reg = new RegExp(`${originName}`);
    item.content = transTree(
            doctrine.parse(fs.readFileSync(p, 'utf-8'), {
                unwrap: true,
                sloppy: true,
                lineNumbers: true
            }),
            middlewares,
            templateFn,
            path.relative(p.replace(reg, targetName), p).slice(3)
    );
    return item;
}
```

5. 生成模块

generate 是生成阶段，主要用于对已转化后的 DSL 进行相应的文件及文件夹生成操作，代码如下：

```
//第 19 章/testus.js
const handleOptions = (libName, options) => {
    switch (libName) {
        case 'jest':
            createJestOptions(options);
            break;
        case 'jasmine':
            createJasmineOptions(options);
            break;
        case 'karma':
            createKarmaOptions(options);
            break;
        default:
            break;
    }
};
//创建 Jest 的配置项
function createJestOptions(options) {}
//创建 Jasmine 的配置项
function createJasmineOptions(options) {}
//创建 Karma 的配置项
function createKarmaOptions(options) {}
```

6. 公共模块

common 模块提供公共的方法及数据结构，代码如下：

```
//第 19 章/testus.js
//生产树数据结构的基本方法
exports.toTree = ( dirPath, originName, extFiles, Exceludes ) => {
    //递归
    const recursive = (p) => {}
    return recursive(dirPath);
}
//遍历树的方法
exports.goTree = ( tree, originName, fn, args ) => {
    //深度优先遍历
    const dfs = ( tree, p ) => {}
```

```
        return dfs(tree, originName)
}
//转化树的方法
exports.transTree = ( doctrine, middlewares, templateFn, relativePath ) => {}
//生成树的方法
exports.genTree = ( tree, targetName, dirPath, middleName ) => {}
```

除此之外,TestUS 也集成了业界常见的一些单元测试框架,并通过插件的形式提供。

19.1.5　总结展望

单元测试对于前端工程来讲是不可或缺的步骤,对于编写公共模块方法或者暴露组件方法等场景有着重要的作用和价值。作为前端也应深刻理解编写单元测试用例的意义,虽然烦琐,但却不可或缺。

通过借鉴后端以注解方式读取代码的思路,TestUS 对于简单的批量操作实现定制模板来快速地进行测试覆盖,从而提升效率及开发体验。前端工程领域不仅要关注用户体验,更要关注开发体验的提升,为前端开发建设提供更多的支持和帮助。

▷ 2min

19.2　测试平台

19.2.1　背景介绍

测试管理平台是贯穿测试整个生命周期的平台,主要解决测试过程中团队协作的问题。测试管理平台对测试管理的规范、流程、标准、数据和资产等实现精细化管理,实现从需求分析、测试计划到测试执行、缺陷管理等测试全过程的管控。

为了保证前端与测试人员对测试用例的验证及协同配合,Quality 测试平台旨在为前端单元测试用例提供测试套件、测试用例的平台化功能。本节旨在介绍 Quality 的一些设计理念及实现方案,希望能给基础建设中涉及测试平台构建的工程化方案提供一些借鉴。

19.2.2　架构设计

整个测试平台采用类似即时文档的分层架构设计,通过测试用例的即时呈现并配合文档来提供服务,如图 19-4 所示。

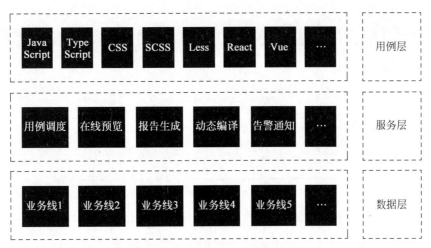

图 19-4 Quality 架构设计

19.2.3 技术选型

为了实现"即编即现"的效果,整个技术选型采用基于 Webpack ＋ React ＋ MDX ＋ CodePen 的文档化即时呈现的组合方案,如图 19-5 所示。

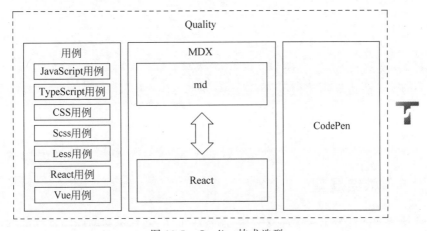

图 19-5 Quality 技术选型

19.2.4 源码浅析

对于 MarkDown 文档与 HTML 标签的相互转换,需配置 Webpack 进行相应处理,代码如下:

```
//第 19 章/quality.js
module.exports = {
    module: {
        rules: [
            //对 MDX 进行处理
            {
                test: /\.mdx?$/,
                use: ['babel-loader', '@mdx-js/loader']
            }
        ]
    }
}
```

对于即时呈现,则使用 CodePen 实现代码的即时预览功能,并配合前端路由对页面进行渲染,代码如下:

```
//第 19 章/quality.js
import { MDXProvider } from '@mdx-js/react';
//内容组件
const Content = ({mdx, codepen}) => {
    return (<>
        <div className='mdx'>
            {mdx}
        </div>
        <div className='codepen'>
            {codepen}
        </div>
    </>)
}
```

19.2.5　总结展望

测试管理平台的优势主要是高效协作、流程规范化,并提供缺陷跟踪管理及统计分析能力等。通过测试平台能够帮助测试与开发人员更好地进行协作,促进团队更好地进行测试管理,提高产品质量和工作效率。

19.3　本章小结

1min

测试开发在软件开发过程中起着至关重要的作用,其不仅能提高软件质量、降低成本,还能够增强团队的协作和效率。前端工程师除了要完成业务功能的开发,同时也要保证业务功能的健壮,希望各位读者通过本篇章的学习能够与测试开发人员一起共同保障业务的质量及稳定性。

　　从第 20 章开始,本书将会对前端工程中的运维部署方案进行阐述。尽管在大型团队中会设置运营维护的专业角色,但随着 DevOps 理念推进及企业降本增效的需求,前端工程师也需要掌握相应的运维部署方案。希望通过下一篇章的学习各位前端工程师能够配合运维人员更好地维护项目及平台应用。

1min

第 20 章

CHAPTER 20

运　维

在计算机科学和信息技术领域中,运维工程师主要负责管理和维护计算机系统、网络设备及相关软件的工作。随着时间的演进,运维领域的技术也不断发展,包括自动化运维、容器化技术和云计算等。

本章主要简单介绍笔者参与过项目的落地方案,通过故事板、私有仓库及云平台等案例来为各位读者分享一个实践。

3min

20.1　故事板

20.1.1　背景介绍

故事板也称为剧本(Playbook),是一种用于配置、部署和管理托管主机剧本的工具。通过详细的描述,执行其中一系列任务(tasks),便可以让远程主机达到预期状态。

在现实中,剧本是需要由演员进行表演的,而在运维场景中,则需要由计算机进行安装、部署应用等一系列"表演",从而对外提供服务并组织计算机处理各种各样的事情。

为了保证按不同发布场景进行持续化构建,PlayStory 旨在为前端应用提供批量化的部署能力,其对于区分版本及多地部署场景具有重要意义。本节旨在介绍 PlayStory 的一些设计理念及实现方案,希望能给工程基础建设中涉及自动化部署方案的运维工程师提供一些帮助。

20.1.2　架构设计

整个故事板采用模型驱动的配置架构设计,通过通信协议进行多节点发布及远程任务执行等操作,如图 20-1 所示。

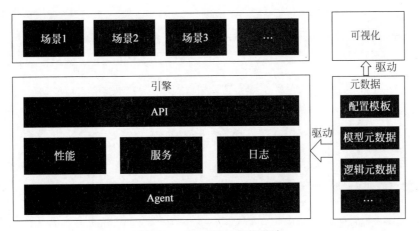

图 20-1　PlayStory 架构设计

20.1.3　技术选型

整个技术选型采用基于 Ansible 的技术方案,通过配置 Inventory 及任务集对故事板进行配置输出,如图 20-2 所示。

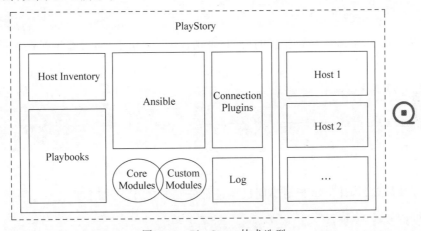

图 20-2　PlayStory 技术选型

20.1.4　源码浅析

构建 Ansible 镜像,通过 Docker 来启动安装服务,代码如下:

```
#第20章/playstory.Dockerfile
FROM CentOS:7
#安装必要依赖,openssh-clients 是为了支持 SSH 连接
RUN yum -y install wget curl vim openssh-clients
RUN wget -O /etc/yum.repos.d/epel.repo http://mirrors.aliyun.com/repo/epel-7.repo
```

```
RUN yum clean all
RUN yum makecache
#将公钥、私钥复制进镜像内
COPY ssh /root/.ssh/
#公钥、私钥赋权
RUN chmod 755 ~/.ssh/
RUN chmod 600 ~/.ssh/id_rsa ~/.ssh/id_rsa.pub
#安装 Ansible
RUN yum - y install ansible
#将主机组清单复制进 ansible 目录
COPY hosts /etc/ansible/
#关闭 known_hosts 校验
RUN sed - i 's/^ # host_key_checking = False/host_key_checking = False/' /etc/ansible/
ansible.cfg
RUN ansible -- version
```

使用 Docker 命令进行构建,代码如下:

```
#第 20 章/playstory.sh
docker build - t ansible:latest
```

对于免密操作,则需要配置相应的公钥、私钥;对于主机清单,可通过配置 hosts 文件实现,代码如下:

```
#第 20 章/playstory.sh
vim ./hosts
[servers]
xxx.xx.xx.ip1
xxx.xx.xx.ip2
```

根据业务需要,构建故事板对不同机器进行分发部署,代码如下:

```
#第 20 章/playstory.yaml
---
- hosts: all
  remote_user: root
  vars:
    timestamp: 19700101235959
  tasks:
    - name: docker pull new images
      shell: 'chdir = ~ docker pull xxx - {{timestamp}}'
    - name: docker rmf
      shell: 'chdir = ~ docker ps | grep xxx && docker rm - f xxx'
```

```
      ignore_errors: true
  -  name: docker run
      shell: 'chdir = ~ docker run - p xxx - {{timestamp}}'
```

其中,hosts 用于指定机组执行任务集合,remote_user 用于表示哪个用户进行远程执行,vars 可定义变量用于脚本注入,tasks 则用于配置任务集合,shell 则用于执行对应的脚本命令。

20.1.5 总结展望

故事板的作用和意义在于提供一种简单的可重复的配置管理和多机部署系统,非常适合部署复杂的应用程序。故事板可以帮助开发运维人员对应用程序、服务、服务器节点或其他设备进行编程,而无须从头开始创建所有内容,大大地简化了运维操作,提升了运维的效率。

20.2 私有仓库

▶ 4min

20.2.1 背景介绍

制品库是指在软件开发和交付过程中用于存储和管理各种制品(Artifacts)的中央化存储库,其可以是软件包、二进制文件、库文件、配置文件、文档等。制品库的主要功能是提供一个可靠的存储和管理平台,确保团队成员可以方便地访问和共享这些制品。

同样地,前端私有仓库也是制品库方案的一种,其本质是一种存储在私有网络或内部服务器上的 NPM 包仓库,帮助团队更方便地管理和使用 NPM 包。建立私有仓库的过程包括配置 NPM 或 YARN、将公共 NPM 包转换为私有包、上传私有包,以及在项目中使用私有包等。私有仓库可以像 NPM 官方仓库一样包含各种前端组件和库,但其通常只能在内部使用,而不能被公开访问。

私有仓库的建立一般需要使用 NPM 或 YARN 等工具,以及一个私有仓库管理工具,例如 Sinopia 或 Verdaccio,因此,本节将通过 CodeFact 前端制品仓库介绍在私仓建设中的一些落地方案,希望能给工程基础建设中涉及需要构建各种制品方案的读者提供一些帮助。

20.2.2 架构设计

整个私有仓库采用服务存储模型进行架构设计,通过优化缓存、精简存储文件格式等来配合之前介绍的包管理方案更好地进行工程管理,如图 20-3 所示。

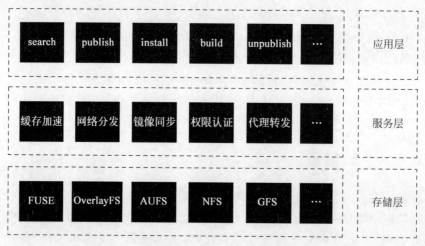

图 20-3　CodeFact 架构设计

20.2.3　技术选型

　　整个技术选型可以分为对注册表方案和存储方案进行设计,包括界面、注册表、存储格式等,其中,对于私有 NPM 注册表而言,采用 Verdaccio 的轻量化私有代理注册方案;对于存储方案,则采用 Nexus 代理转发并配合 Docker 构建持久化于对象存储中,如图 20-4 所示。

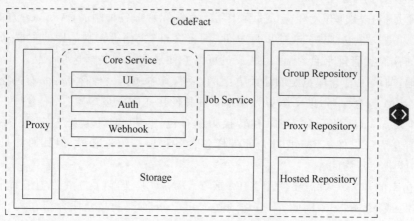

图 20-4　CodeFact 技术选型

20.2.4　源码浅析

　　对于 NPM 的代理注册,使用 Verdaccio 进行安装构建,代码如下:

```
#第20章/codefact-verdaccio.Dockerfile
FROM verdaccio/verdaccio:nightly-master
RUN verdaccio
```

对于权限控制及制品打造则可以通过 Nexus 进行设置,代码如下:

```
♯第20章/codefact-nexus.Dockerfile
FROM sonatype/nexus3
Run nexus
```

通过界面化配置,对启动的 NPM 服务器进行私有设置,并配置其他公共仓库源,以便提供给前端。存储方案可借鉴常见的文件存储方案,包括 FUSE、OverlayFS 等。对于元信息的分发,则可以通过 Kubernetes 的卷挂载对存储信息进行持久化保存。

除此之外,对于元信息还可以依据需求进行一定程度的压缩优化,代码如下:

```
{
-  "readme": "♯ README XXX",
+  "readmeFilename": "README.md"
}
```

20.2.5 总结展望

前端私有仓库对于企业来讲是非常有价值的工具,既可以提高软件开发效率和安全性,也可以更好地管理和保护公司的资产。另外,前端私有仓库还可以提高团队的工作效率,减少对公共 NPM 仓库的依赖,同时也对前端技术资产的沉淀起到了很好的作用。

20.3 云平台

▶ 4min

20.3.1 背景介绍

云计算是一种基于互联网相关服务的计算交付模式,通常涉及分布式计算并行计算、效用计算、网络存储、虚拟化、负载均衡等技术。云计算通过提供动态易扩展的虚拟化资源,其具有高可用性、高可扩展性、高灵活性等优点,可划分为公有云、私有云及混合云等类型。

云平台则是一种基于云计算技术的平台服务,为开发者提供计算、网络和存储能力,包含计算、存储、网络、数据库、安全、分析和其他相关服务,如图 20-5 所示。

云平台可以按照服务类型进行划分,包括软件即服务(Software as a Service,SaaS)、平台即服务(Platform as a Service,PaaS)、基础设施即服务(Infrastructure as a Service,IaaS)等,如图 20-6 所示。

注意:云计算领域的服务模型按照不同颗粒度划分层次的不同,还包括函数即服务(Function as a Service,FaaS)、后端即服务(Backend as a Service,BaaS)及数据即服务(Data as a Service,DaaS)等。

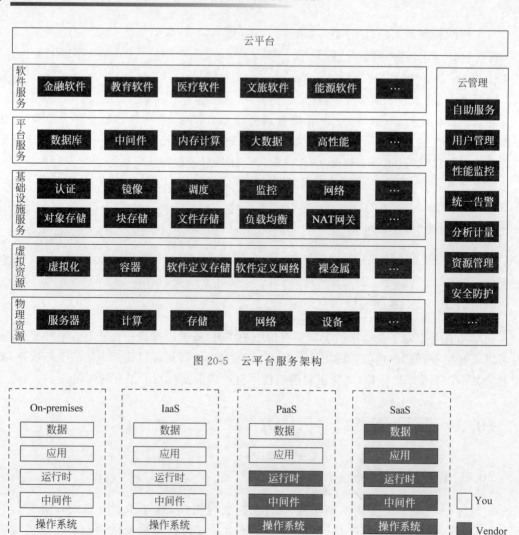

图 20-5 云平台服务架构

图 20-6 云平台服务类型

　　为了提高企业运营效率、满足自身产业价值,前端工程同样需要进行相应的云化构建来保证前端应用的高可用和高性能,因此,本节将通过 Koupa 介绍常见的企业级云平台中前端应用的容器调度方案,以期能够为各位读者扩展关于工程云化建设的相关思路。

20.3.2 架构设计

整个容器调度方案采用分布式的架构设计方案,通过共享隔离对资源进行合理调度,如图 20-7 所示。

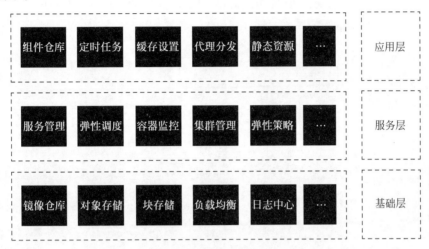

图 20-7 Koupa 架构设计

20.3.3 技术选型

技术选型采用基于 Kubernetes[7] 为容器调度的基础底座,配合前端容器资源的使用级别,进行高密度部署运维,保证 Serverless 形式的资源可以整合使用,如图 20-8 所示。

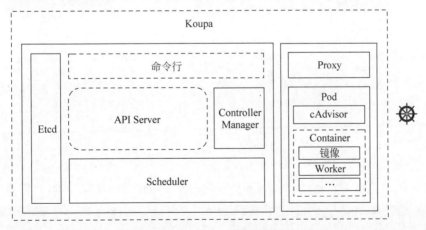

图 20-8 Koupa 技术选型

20.3.4　源码浅析

对于企业级的云平台而言,通常是从物理机开始相应地进行基础建设的,通过容器编排引擎对各业务线的 CI/CD 过程提供支持。

前端应用部署,则通常局限于 Kubernetes 的 Pod 粒度的使用,代码如下:

```yaml
# 第20章/koupa - pod.yaml
apiVersion: apps/v1
kind: Deployment
metadata:
  name: 应用名称
spec:
  replicas: 1
  selector:
    matchLabels:
      app: 应用名称
  template:
    metadata:
      labels:
        app: 应用名称
    spec:
      containers:
        - name: 应用名称
          image: 应用名称:应用版本
          imagePullPolicy: Always
          resources:
            limits:
              cpu: 5
              memory: 10G
            requests:
              cpu: 1
              memory: 1G
          ports:
            - containerPort: 80
```

对于 Service 服务则可以选择云服务负载均衡器相应地进行流量分发,代码如下:

```yaml
# 第20章/koupa - service.yaml
apiVersion: v1
kind: Service
metadata:
```

```
          name: 服务名称
      spec:
        ports:
          - port: 80
            protocol: TCP
            targetPort: 80
        type: NodePort
        selector:
          app: Pod 名称
```

对于 Kubernetes 内部,也可以使用 Ingress 相应地使负载均衡,代码如下:

```
#第 20 章/koupa - ingress.yaml
apiVersion: extensions/v1beta1
kind: Ingress
metadata:
  name: 名称
  annotations:
    nginx.ingress.kubernetes.io/rewrite - target: /
    kubernetes.io/ingress.class: nginx
spec:
  rules:
  - http:
      paths:
        - path: 转发路径
        - backend:
            serviceName: 服务名称
            servicePort: 80
  backend:
      serviceName: 服务名称
      servicePort: 80
```

事实上,Ingress 可以在 Deployment 和 Service 之间实现对服务的访问,并且还会根据请求路径前缀的匹配、权重,甚至根据 cookie 及 header 的值去访问不同的服务。结合之前章节提到的发布模式,可以做到不同形式的服务降级,以及微前端形式的效果。

对于前端应用,其调度容器本质上是一个镜像,对于镜像的存储和构建可以结合之前介绍的私仓、制品库、故事板等相应地对流程进行串联,其中,前端常见的镜像构建则主要以 Nginx 及 Node.js 为主。

对于 Nginx 服务器配置,其代码如下:

```
# 第 20 章/koupa - nginx.yaml
server {
    listen        80;
    server_name localhost;
    # 前端打包地址
    location / {
            root /usr/share/nginx/html;
            index index.html;
    }
    # 后端服务地址
    location /api/ {
            proxy_pass http://ip:port/;
    }
    error_page 500 502 503 504 /50x.html;
    location = /50x.html {
            root html;
    }
}
```

对于 Nginx 镜像构建,代码如下:

```
# 第 20 章/koupa - nginx.Dockerfile
FROM nginx
COPY 前端构建产物 /usr/share/nginx/html/
COPY nginx.conf 文件 /etc/nginx/conf.d/
EXPOSE 80
```

对于 Node.js 应用,其镜像构建代码如下:

```
# 第 20 章/koupa - nodejs.Dockerfile
FROM node
COPY . .
EXPOSE 80
CMD [ "npm","run" ,"Node.js 的运行命令" ]
```

20.3.5 总结展望

云平台对于企业研发效率提升及运维成本降低具有重要的作用,前端合理利用云平台可以保证更好的服务体验及灵活性。企业选择上云可以促进创新和数据共享,打破技术烟囱和重复建设,从而提升企业的竞争力和发展潜力。

20.4 本章小结

  运维的重要性在于为企业和用户提供稳定、安全、高效的技术支持,保障业务连续性和用户体验。前端工程师不仅要满足于业务的开发,更要懂运维、善运维,更好地提供服务支撑。希望各位读者通过本篇章的学习能够独立开发部署自己团队的业务应用,做到全链路的技术闭环。

  "不忘初心,方得始终",第21章将是本书的最后一章。面对不断演进的技术生态,前端将会如何在纷繁复杂的局面中更好地发展与前进,希望能与读者一同展望前端的未来。

第21章

CHAPTER 21

▶ 12min

展　望

"回顾过去,展望未来",前端技术在过去近三十年的发展过程中取得了巨大突破。从最初的"切图",到如今"万物皆可 JavaScript",各位前端人都做出了不可磨灭的贡献。正如杰夫·阿特伍德(Jeff Atwood)所讲的那样,"任何可以用 JavaScript 来写的应用,最终都将用 JavaScript 来写"。

注意:阿特伍德在 2007 年一篇博客文章所提出的观点被称为阿特伍德定律,即 Any Application that can be written in JavaScript, will eventually be written in JavaScript。

同样地,前端工程化也从最初的草莽时代,逐步进入如今的红海浮沉。本书正是遵循着整个前端历史发展的脉络,逐步为各位读者呈现前端工程化的具体内容。从技能到流程再到角色,系统地为各位前端工程师阐述了前端工程化中所涵盖的细节和要点,如图 21-1 所示。

"路漫漫其修远兮",面对不断发展的前端领域,前端开发的未来必将继续充满创新和变化,因此,本章将通过定位与趋势两个维度来阐述前端未来发展过程中可能遇到的机遇与挑战。

21.1 定位

所谓"分久必合,合久必分",整个软件工程领域也是如此。从最初的区分于硬件的软件工程师,到后来的前端工程师、后端工程师、客户端工程师等各种细分领域工种,再到目前已初见端倪的云工程师和端工程师,整个软件领域的发展虽然看似又有"合"的趋势,但相较于最初的发展却提升了一个维度,因此,对于前端工程师而言,应该立足于做软件工程师而不仅是前端工程师,如图 21-2 所示。

所有软件领域内的涉猎范围都应该纳入前端工程师的考量范畴,只有掌握更复杂的技术并提升解决问题的能力,才能应对现代前端发展的复杂性和多样性。

1. 守正

"持中守正,方可行稳致远",作为现代化的前端工程师,需舍弃虚妄无用的奇技淫巧,而

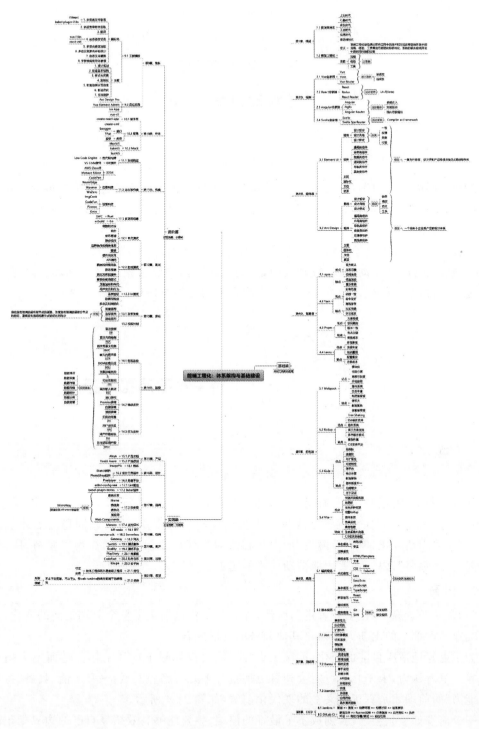

图 21-1　《前端工程化——体系架构与基础建设》思维导图

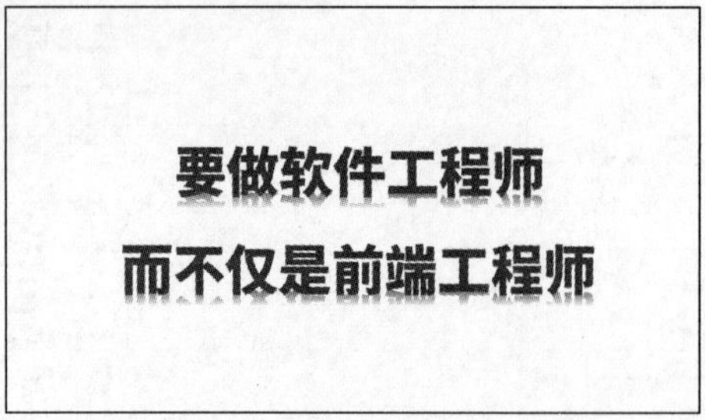

要做软件工程师
而不仅是前端工程师

图 21-2 定位

着力提升底层内核。何谓"奇技淫巧"? 笔者认为前端中的奇技淫巧无外乎各种绚丽效果之
呈现技巧,而不探究其内在底层内核,即仅着眼于目前一时之实现,而无论内在之原理,所谓
"不求甚解"大致如此。

笔者认为,过度关注于技法则易陷入细节完成后之满足,而唯有透过现象看到本质内
层,才可触类旁通。"点动成线,线动成面,面动成体",抓住底层相通之处,形成自己的体系
化系统,由内核带动外延才能真正保持一个高水平的眼界与格局,如图 21-3 所示。

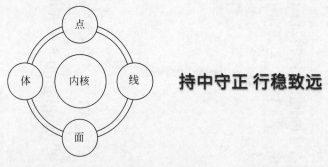

持中守正 行稳致远

图 21-3 守正

只有保持对底层原理的探索与思考,才能守道之法而行术之器。举个例子,对
JavaScript 语言本身的探究就较之实现一个页面逻辑本身重要,当内修固稳之后才能形成
质的飞跃,内固而外化,厚积而薄发,而内功心法的修炼往往却十分枯燥难以坚持,所以"仰
之弥高,钻之弥坚",内核强大才能催动外物的延展。

2. 出奇

"知常明变者赢,守正出新者进",诚然,外界的变化也催化了整个前端走向的变化,近几
年前端业界大部分的出新大体来自其他领域的延展融合。

为了更好地适应目前的变化,前端工程师不能仅仅局限于本身工作范畴而不去拓展新
的边界。笔者认为,未来几年一定会朝着更加整合多元的趋势发展,一专多能、具备"特种化
作战能力"的前端才是真正意义上的现代化前端,如图 21-4 所示。

一个前端如果只会前端,则成不了最好的前端,想要能够高效拓展自己的边界则正需要
源于"守正"沉淀下来的内核系统而带来的无限放大。故,"凡战者,以正合,以奇胜",抱朴守

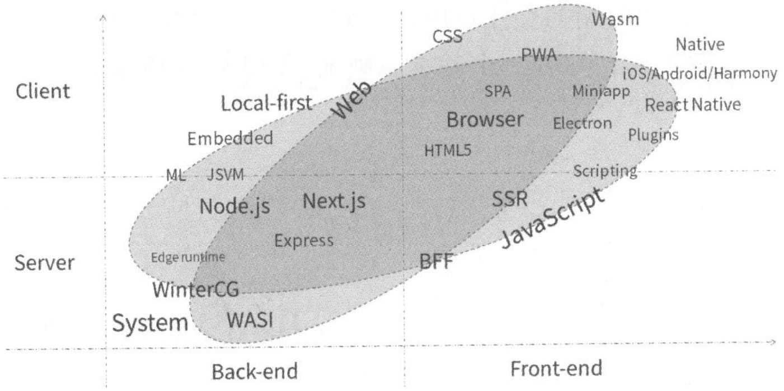

图 21-4　出奇

拙才能推陈出新。

作为新时代的前端工程师,前端不会消亡而只会演化。或者更准确地说,传统意义上的前端确实已死,但是现代化的前端则会要求是有一专长且具备更加全面"特种化单兵作战能力"的 T 型人才。

21.2　趋势

随着前端工程师定位的不同,前端的定义也会随之发生变化,从最初的面向浏览器开发的工程师,再到可以面向操作系统开发的工程师,最后将会逐步面向多运行时开发的工程师进行扩展。

有运行时的地方就有开发生态,传统意义上的前端工程师只能受制于宿主环境,而未来前端将会面向更加广泛的 Web Runtime 发展。不要止步于浏览器,不要止步于 JavaScript,有 Web Runtime 的地方就属于前端领域,如图 21-5 所示。

图 21-5　趋势

面对多运行时生态的前端工程趋势,前端工程师应该找准其所擅长的优势,同时对不擅长的领域进行突破延展,以专带新、循序渐进地提升前端工程的技术生态。

1. 专注

如果以用户为中心点来对整个 IT 领域工种进行划分,则前端无疑是最贴近用户的软件工程师。那么,笔者认为前端的关注点应该落脚到"以用户为中心,坚持前端核心技术为基石,关注服务与形态的结合"这样一个基本原则下,如图 21-6 所示。

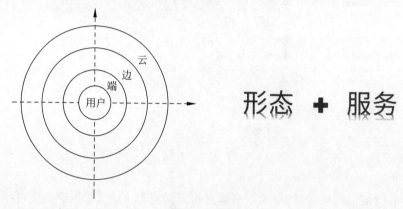

图 21-6　形态

形态是指提供给用户的展现形式,包括多端、视觉、交互等;服务则是对应于不同的形态所能提供的产品解决方案,包括渲染方式、构建方式、组合方式等。

将用户作为整个前端关注的核心,寻找不同的维度,配合形态,提供不同的服务,例如可以以与用户的远近作为基准,对于不同交互体验,可以配合提供云服务、边服务、端服务等。

这些提供形态服务的前提应该以前端技术为基础,对于诸如计算等前端不擅长的方面,笔者认为还是以辅助为主,毕竟每个领域都有各自特定的局限性,将有限的精力投入到更适合、更擅长的领域,不失为一种上善之策。

2. 突破

在探讨了前端应该专注的方向与方式后,那么对于整个前端领域,前端工程师又应该去做哪些突破呢?

相信各位读者在学习了前面篇章后,对前端领域的核心技术难点也都有了一个大致的认知,因此,笔者把整个前端领域的一些涉猎按照层次化的方案进行梳理,大致可以分出:交付层、基建层、容器层、系统层 4 个层次,如图 21-7 所示。

交付层主要涉及应用代码、业务逻辑、用户体验、领域模型等相关开发,这也是前端工程师入门中基础的基础。作为前端开发的基本要求,当然这也相对属于前端领域的浅水区。

再往下一层次,则通常为基建层,这主要包括框架/库、工程效能、安全兜底、性能稳定等相关建设,其也是绝大多数有一定开发经验的前端开发者最喜欢探索和涉猎的层级。这一层级仍然以前端常见的开发为主,但又比业务交付层更加抽象一些。通常来讲,大部分前端工程师会在这一层次游走,既不脱离业务,又未涉及底层。

再往深处,则通常会来到关于容器运行的层次,这通常包括浏览器内核、运行时环境、标准、协议等相关的深入研究,其也是最不为大多数前端所能触及的部分,但却是前端领域需要攻克的难关。尽管可能下了功夫见效甚微,但对于前端天花板的突破,笔者认为其是一个比较重要的层次。

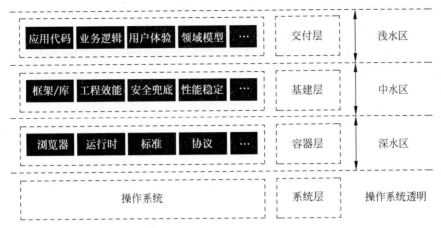

图 21-7 突破

最后,对于系统层次,这里目前并不属于前端的范畴。一般来讲,不会要求用类JavaScript语言去书写操作系统。

因而,对于前端工程师来讲,突破领域主要在于前3个层次,即交付层、基建层、容器层,保证交付能力,拓展基建能力,涉猎容器能力,这样在纵深层次上也可以得到一定的突破。

21.3 本章小结

本章通过回顾前面所阐述前端工程化各个章节的知识要点出发,站在整个前端工程的角度对前端的定位及趋势进行了梳理与研判。前端工程化作为前端的一个细分方向,其对所有前端领域的发展都起到了基底和支撑作用。

笔者愚见,未来前端工程化发展也会像传统供应链一样形成"软件供应链"上下游链路,围绕不同时期的IT技术发展来与前端领域的融合,从而保证软件基础设施及架构的一致性,例如基础设施代码化(Infrastructure as Code,IaC)、平台工程(Platform Engineering)、大库处理(Monolithic Repository)、AI编程(Artificial Intelligence Programming)等。

注意:软件研发链路中包含版本升级、安全漏洞、依赖治理等许多纯成本,其也是工程化降本增效的关键。

尽管本书尽可能多地展现了前端工程化所涵盖的大部分领域,但前端领域的快速发展及笔者本身的眼界实践所限,并不能完全地涉及前端工程化的所有领域。希望各位读者能够将此书作为个人前端工程化的敲门砖,掌握其中的思想观与方法论,做到举一反三、触类旁通。

"授人以鱼不如授人以渔",工程化本身就是一个需要不断与实践相结合的课题,希望各位前端架构师在今后的工作中能够结合自身公司、团队及个人的资源优势,合理地利用工程思维来科学地解决工程问题,提升工程效能。

"大巧不工,重剑无锋",希望各位前端工程师在今后的工程实践中能够时刻以"工程师"的身份来要求自己,系统化、流程化、规范化地为企业及业务打造完善的体系结构与基础建设。

参 考 文 献

[1] 阿拉·霍尔马托娃.设计体系：数字产品设计的系统化方法[M].望以文,译.北京：人民邮电出版社,2019.

[2] 李恒谦,张勍,冯毅.前端脚手架及业务开发系统：中国,CN115840557A[P].2023-03-24.

[3] 韩骏.Visual Studio Code 权威指南[M].北京：电子工业出版社,2020.

[4] 黄峰达.前端架构：从入门到微前端[M].北京：电子工业出版社,2019.

[5] 陈辰.从零开始搭建前端监控平台[M].北京：人民邮电出版社,2020.

[6] 杨凯.前端 Serverless：面向全栈的无服务器架构实战[M].北京：电子工业出版社,2021.

[7] 龚正.Kubernetes 权威指南[M].北京：电子工业出版社,2019.

图 书 推 荐

书 名	作 者
仓颉语言实战(微课视频版)	张磊
仓颉语言核心编程——入门、进阶与实战	徐礼文
仓颉语言程序设计	董昱
仓颉程序设计语言	刘安战
仓颉语言元编程	张磊
仓颉语言极速入门——UI全场景实战	张云波
HarmonyOS 移动应用开发(ArkTS版)	刘安战、余雨萍、陈争艳 等
公有云安全实践(AWS版·微课视频版)	陈涛、陈庭暄
Vue+Spring Boot 前后端分离开发实战(第2版·微课视频版)	贾志杰
TypeScript 框架开发实践(微课视频版)	曾振中
精讲 MySQL 复杂查询	张方兴
Kubernetes API Server 源码分析与扩展开发(微课视频版)	张海龙
编译器之旅——打造自己的编程语言(微课视频版)	于东亮
Spring Boot+Vue.js+uni-app 全栈开发	夏运虎、姚晓峰
Selenium 3 自动化测试——从 Python 基础到框架封装实战(微课视频版)	栗任龙
Unity 编辑器开发与拓展	张寿昆
跟我一起学 uni-app——从零基础到项目上线(微课视频版)	陈斯佳
Python Streamlit 从入门到实战——快速构建机器学习和数据科学 Web 应用(微课视频版)	王鑫
Java 项目实战——深入理解大型互联网企业通用技术(基础篇)	廖志伟
Java 项目实战——深入理解大型互联网企业通用技术(进阶篇)	廖志伟
深度探索 Vue.js——原理剖析与实战应用	张云鹏
前端三剑客——HTML5+CSS3+JavaScript 从入门到实战	贾志杰
剑指大前端全栈工程师	贾志杰、史广、赵东彦
JavaScript 修炼之路	张云鹏、戚爱斌
JavaScript 基础语法详解	张旭乾
Flink 原理深入与编程实战——Scala+Java(微课视频版)	辛立伟
Spark 原理深入与编程实战(微课视频版)	辛立伟、张帆、张会娟
PySpark 原理深入与编程实战(微课视频版)	辛立伟、辛雨桐
HarmonyOS 应用开发实战(JavaScript 版)	徐礼文
HarmonyOS 原子化服务卡片原理与实战	李洋
鸿蒙操作系统开发入门经典	徐礼文
鸿蒙应用程序开发	董昱
鸿蒙操作系统应用开发实践	陈美汝、郑森文、武延军、吴敬征
HarmonyOS 移动应用开发	刘安战、余雨萍、李勇军 等
HarmonyOS App 开发从 0 到 1	张诏添、李凯杰
Android Runtime 源码解析	史宁宁
恶意代码逆向分析基础详解	刘晓阳
网络攻防中的匿名链路设计与实现	杨昌家
深度探索 Go 语言——对象模型与 runtime 的原理、特性及应用	封幼林
深入理解 Go 语言	刘丹冰
Spring Boot 3.0 开发实战	李西明、陈立为

图 书 推 荐

书 名	作 者
编程改变生活——用 PySide6/PyQt6 创建 GUI 程序(基础篇·微课视频版)	邢世通
编程改变生活——用 PySide6/PyQt6 创建 GUI 程序(进阶篇·微课视频版)	邢世通
编程改变生活——用 Python 提升你的能力(基础篇·微课视频版)	邢世通
编程改变生活——用 Python 提升你的能力(进阶篇·微课视频版)	邢世通
Python 量化交易实战——使用 vn.py 构建交易系统	欧阳鹏程
Python 从入门到全栈开发	钱超
Python 全栈开发——基础入门	夏正东
Python 全栈开发——高阶编程	夏正东
Python 全栈开发——数据分析	夏正东
Python 编程与科学计算(微课视频版)	李志远、黄化人、姚明菊 等
Python 数据分析实战——从 Excel 轻松入门 Pandas	曾贤志
Python 概率统计	李爽
Python 数据分析从 0 到 1	邓立文、俞心宇、牛瑶
Python 游戏编程项目开发实战	李志远
Java 多线程并发体系实战(微课视频版)	刘宁萌
从数据科学看懂数字化转型——数据如何改变世界	刘通
Flutter 组件精讲与实战	赵龙
Flutter 组件详解与实战	[加]王浩然(Bradley Wang)
Dart 语言实战——基于 Flutter 框架的程序开发(第 2 版)	亢少军
Dart 语言实战——基于 Angular 框架的 Web 开发	刘仕文
IntelliJ IDEA 软件开发与应用	乔国辉
FFmpeg 入门详解——音视频原理及应用	梅会东
FFmpeg 入门详解——SDK 二次开发与直播美颜原理及应用	梅会东
FFmpeg 入门详解——流媒体直播原理及应用	梅会东
FFmpeg 入门详解——命令行与音视频特效原理及应用	梅会东
FFmpeg 入门详解——音视频流媒体播放器原理及应用	梅会东
FFmpeg 入门详解——视频监控与 ONVIF+GB28181 原理及应用	梅会东
Python Web 数据分析可视化——基于 Django 框架的开发实战	韩伟、赵盼
Python 玩转数学问题——轻松学习 NumPy、SciPy 和 Matplotlib	张骞
Pandas 通关实战	黄福星
深入浅出 Power Query M 语言	黄福星
深入浅出 DAX——Excel Power Pivot 和 Power BI 高效数据分析	黄福星
从 Excel 到 Python 数据分析:Pandas、xlwings、openpyxl、Matplotlib 的交互与应用	黄福星
云原生开发实践	高尚衡
云计算管理配置与实战	杨昌家
虚拟化 KVM 极速入门	陈涛
虚拟化 KVM 进阶实践	陈涛
HarmonyOS 从入门到精通 40 例	戈帅
OpenHarmony 轻量系统从入门到精通 50 例	戈帅
AR Foundation 增强现实开发实战(ARKit 版)	汪祥春
AR Foundation 增强现实开发实战(ARCore 版)	汪祥春